Roland M. Horn
Leben im Weltraum

Roland M. Horn

LEBEN IM WELTRAUM

MOEWIG

Bildnachweis

S. 21 (Perry Rhodan, VPM KG)

S. 37, 65, 95, 105, 106, 121, 122, 125, 155, 156, 159, 163, 193, 195, 211 u., 233 (© NASA/JPL/RPIF/DLR)

S. 173 o., 211 o. (Roland Horn)

S. 73, 75, 79, 99, 100, 173 u., 174, 181, 315, 316, 321, 322, 327 (Archiv Magin)

Inhalt

Vorwort

»Der Weltraum – unendliche Weiten...«, so beginnt »Star Trek«, eine der populärsten Science-fiction-Serien unserer Zeit. Das Raumschiff Enterprise befindet sich im Weltraum, um neues Leben, neue Zivilisationen, zu suchen. Es dringt dabei in Galaxien vor, die noch nie ein Mensch zuvor gesehen hat.

Wie steht es mit den Erfolgsaussichten des Raumschiffs Enterprise? Gibt es irgendwo im fernen Weltall fremde Zivilisationen? Und werden wir einst auf solche Intelligenzen stoßen? Besteht eine Möglichkeit, mit diesen fremden Zivilisationen in Kontakt zu treten, sei es mittels eines Raumschiffs oder mit Hilfe der modernen Radioastronomie? Schließlich horchen etliche Radioteleskope in den Weltraum hinein, bereit zum Empfang akustischer Signale außerirdischer Zivilisationen.

Gibt es Leben im Weltraum? Wenn ja – wo und in welcher Form?

Und was ist überhaupt der Weltraum, dessen Grenzen sich immer mehr zu erweitern scheinen? Früher glaubte man, die Erde sei der Mittelpunkt des Weltraums, um den Sonne und Mond und sechs Planeten sowie die »Fixsternsphäre« kreisten. Fixsterne nannte man die Sterne, die – abgesehen von der Scheinbewegung von Ost nach West, die durch die Erddrehung verursacht wird – fest am Himmel zu stehen scheinen – während die Planeten durch die »festen« Sternbilder wandern und daher Wandelsterne (Planeten) genannt wurden. Mittlerweile sind aus sechs

Planeten neun geworden, und die »Fixsternsphäre« hat sich als eine unzählige Menge von Sternen entpuppt, die unbegreiflich weit nicht nur von der Erde, sondern auch voneinander entfernt sind. Je besser unsere Teleskope werden, desto mehr müssen wir erkennen, daß wir immer weiter blicken. Und da jeder Stern eine gewisse Zeit braucht, um sein Licht zu uns zu senden, blicken wir dabei auch immer weiter in die Vergangenheit. Mit dem in der Erdumlaufbahn stationierten Hubble-Weltraum-Teleskop blicken wir beinahe bis an den Beginn des Universums zurück!

Zu Beginn unseres Jahrhunderts glaubten Astronomen zu wissen, daß zumindest Mond, Venus und Mars bewohnt seien, vermutlich sogar von intelligenten Wesen. Die Science-fiction-Literatur nahm sich besonders den Mars vor.

Nach und nach kam dann die Ernüchterung. Der Mond ist tot. Kein Wind weht auf diesem Körper. Er hat keine Atmosphäre, keine Luft. Es gibt nur Krater und totes Gestein, kein Leben. Nachdem man endlich Wege gefunden hatte, die permanente Wolkenhülle der Venus zu durchdringen, mußte man erkennen, daß hier über 400° C herrschen! Die Hölle. Einzig der Mars blieb als Lebensträger übrig. Hoffnungsvoll schickte man in den sechziger Jahren die Mariner-Raum-Sonden auf die Reise. Die Bilder dieser Sonden zeigten, daß der Mars dem Mond ähnlicher war als der Erde. Unser Sonnensystem mit Ausnahme der Erde ist tot.

Leben im Weltraum? Selbstverständlich gibt es das, war dennoch der allgemeine Tenor. Aber lange konnte man kein fremdes Sonnensystem nachweisen, das Planeten beherbergte.

Die Wende kam erst in jüngster Zeit. Plötzlich wurde ein Sonnensystem nach dem anderen entdeckt. Noch immer überschlagen sich die Meldungen. »Wieder ein extra-

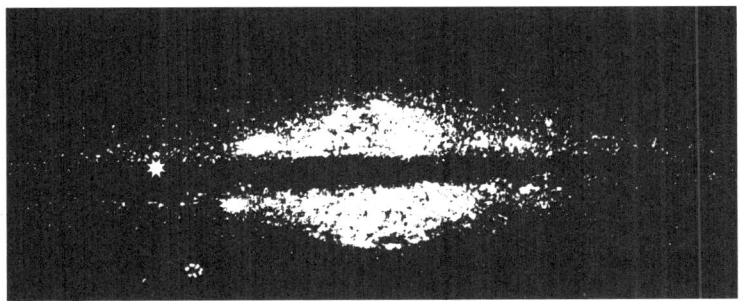

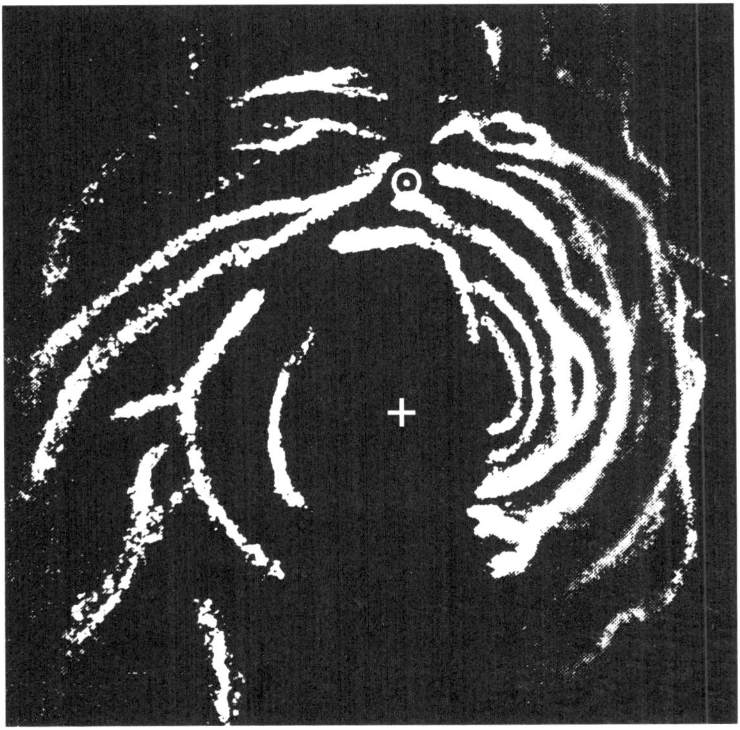

Seitenansicht und Aufsicht auf die Milchstraße

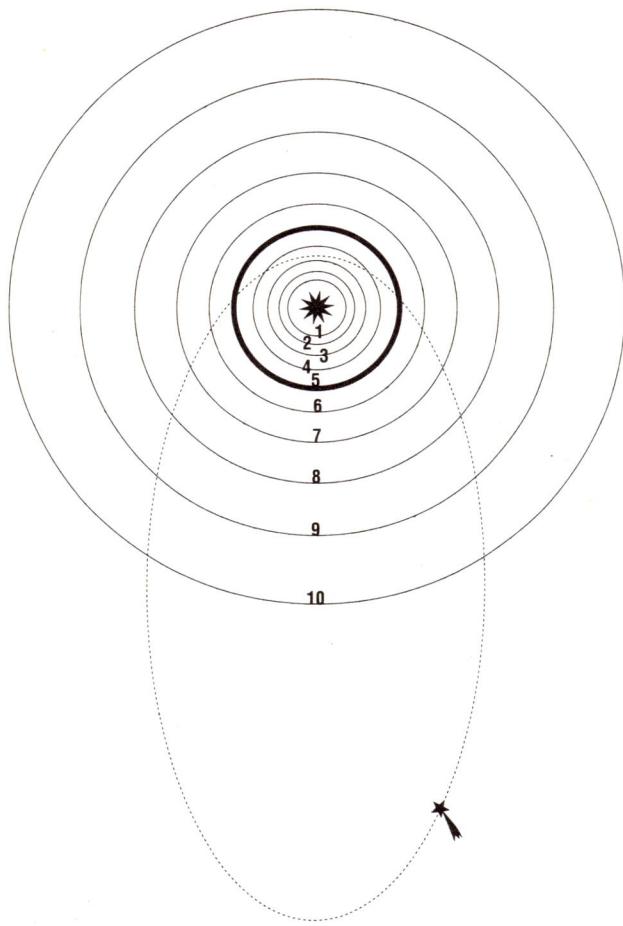

Unser Sonnensystem. 1: Merkur, 2: Venus, 3: Erde, 4: Mars, 5: Asteroidengürtel, 6: Jupiter, 7: Saturn, 8: Uranus, 9: Neptun und 10: Pluto.

solarer Planet gefunden« und Ähnliches ist in der letzten Zeit zu lesen. Planeten, die um eine andere Sonne kreisen. Es ist, als ob uns die Augen aufgegangen wären, wobei die »Augen« des Hubble-Space-Teleskopes dazu sicherlich ihren Beitrag geleistet haben, ebenso wie die ständige Verbesserung der optischen Instrumente auf der Erde.

Aber was ist mit unserem eigenen Sonnensystem? Plötzlich sind Schlagzeilen zu lesen wie »Eis – auf dem Mond gibt es Leben«, »Leben auf der Venus doch möglich?« »Lebensspuren vom Mars«, »Leben auf dem Jupitermond Europa?« »Senden Sie eine Botschaft an die zukünftigen Bewohner des Saturnmondes Titan!«

Es ist an der Zeit, diese Wende zu analysieren. Was ist dran an den Schlagzeilen? Wie tot ist der Mond wirklich? Gibt es einfache Lebensformen auf dem Mars?

Und was ist mit den fremden Planetensystemen? Wie groß ist die Wahrscheinlichkeit, daß sich auf diesen neu entdeckten Planeten Leben gebildet haben könnte?

Die Bilder des Hubble-Space-Teleskops sind in bezug auf das Werden und Vergehen von Sternen nicht weniger atemberaubend. Sterne machen einen Prozeß durch, der in gewisser Weise tatsächlich als »Leben« bezeichnet werden kann. Sie werden geboren, verändern sich, altern wie Lebewesen auch.

Welche Fortschritte macht die Radioastronomie? Riesige Teleskope lauschen in den Weltraum, um Signale von anderen Intelligenzen aufzufangen. Mit der Voyager-Sonde, der wir detaillierte Erkenntnisse über die Planeten Jupiter, Saturn, Uranus und Neptun zu verdanken haben, die jenseits der Marsbahn ihre Kreise um die Sonne ziehen, ist ein Band unterwegs, das nach dem Verlassen unseres Sonnensystems Informationen an fremde Intelligenzen liefern soll. Wie sind die Aussichten? Ist es überhaupt klug, den Kontakt mit außerirdischen Lebensformen zu suchen?

Warum geben wir Unsummen an Geld aus, um Kontakt zu bekommen?

Wir wollen in diesem Buch einen Streifzug durch das Universum unternehmen, bei dem wir die Orte unter die Lupe nehmen, an denen Leben möglich scheint.

Bevor wir das tun, sollten wir uns einmal ansehen, was ein Kontrollexperiment der Sonde »Galileo« ergeben hat, als sie die Erde nach Leben absuchte. Und wir werden uns mit der Frage beschäftigen, wie sich denn der Mensch außerirdisches Leben vorstellt und welche Ansprüche die Wissenschaft, in diesem Falle die Exobiologie, an außerirdisches Leben stellt.

KAPITEL 1

Die Faszination

«Gibt es Leben auf der Erde?» – Das Experiment

Im Jahre 1990 führte die Raumsonde »Galileo« ein ungewöhnliches Kontrollexperiment in der Erdumlaufbahn durch. Die Zielsetzung war die folgende: Würde eine typische Planetensonde Leben, womöglich sogar menschliches, entdecken? Die Auswertung, die durch den im Dezember 1996 verstorbenen genialen Astronomen Carl Sagan vorgenommen wurde, ergab folgendes: »Ja, wahrscheinlich: Die Erde hat eine Reihe von so ungewöhnlichen Eigenschaften, daß eine so exotische Annahme wie Leben plausibel ist.« Einem an Bord der Sonde befindlichen Spektrometer fiel die große Häufigkeit von atmosphärischem Sauerstoff auf; Wasser kommt häufig in allen drei Aggregatzuständen vor. Also fest, flüssig und gasförmig – als Eis, Wasser und Wasserdampf. Die Aufspaltung von H_2O durch ultraviolettes Licht erzeugt freien Sauerstoff. »Galileo« fand keine Einschlagkrater, aber eine Atmosphäre, z. T. sehr unterschiedliche und veränderliche Wolken. Die Oberfläche des Planeten Erde ist jung und sollte den Sauerstoff binden, aber er ist in Fülle vorhanden. Somit wurde ein indirekter Hinweis auf biologische Aktivitäten gefunden. Auch Ozon war im ultravioletten Licht sichtbar, also konnte auf das Vorhandensein einer Ozonschicht geschlossen werden, die organische Moleküle schützt. Den deutlichsten Hinweis auf Leben auf der Erde gab die Existenz von Methan in der Atmosphäre. Im thermodynamischen (also auf Wärme und Bewegung beruhenden) Gleichgewicht sollte es in einer Sauerstoffatmosphäre nicht ein einziges Methan-Molekül geben. Auf der Erde ist CH_{14} (ein Kohlenwasserstoffmolekül) um 140 Größenordnungen überhäufig. Und so eine Abweichung kann eigentlich nur durch Leben begründet werden. Ähnliches gilt für die Stickoxide, wobei die Differenz hier jedoch geringer ausfiel als beim Methan. Allerdings zeigten »Galileos« Bilder von der Erde keinerlei Hinweise auf eine technische Zivilisation. Und das, obwohl einige Prozent der Landoberfläche mit guter Auflösung gesehen wurden, per Zufall gerade Australien und die Antarktis. Der stärkste Hinweis auf ungewöhnliche Vorgänge ist eine tiefe Absorption im Roten auf manchen Kontinenten, die zudem überdeutliche spektrale Flanken hat. Unter dem Begriff »Spektrum« ist eine entsprechend der Wellenlänge aufgefächerte elektromagnetische Strahlung zu verstehen. Das Spektrum des sichtbaren Lichtes reicht von Violett (kurze Wellenlänge) bis Rot (lange Wellenlänge). Also im roten Bereich des Spektrums, um auf die Ergebnisse des Kontrollexperimentes zurückzukommen, wird Licht »geschluckt«. Man könnte hieraus auf ein sonnenlichtnutzendes Pigment schließen. Besucher hätten die genannten Indizien auch schon vor zwei Milliarden Jahren vorgefunden, nicht jedoch die engbandige Radiostrahlung, die vor allem auf der Nachtseite aufgefangen wurde. Also Quellen unter der Ionosphäre, die tagsüber nicht durchgelassen werden? Engbandigkeit, Amplitudenmodulation (die Veränderung der Schwingungen) und Stabilität der Radiostrahlung legten eine technische Zivilisation nahe; der einzige Hinweis auf uns. »Galileo« hat die Erde als einen Sonderfall im Sonnensystem erkannt.[1]

Wie würde eine fremde unbemannte Sonde diese Erkenntnisse werten? Einerseits gab es indirekte Hinweise auf biologische Vorgänge, ebenso eine Ozonschicht; aber würden außerirdische Planetologen deren Nutzen erkennen? Zum anderen wurde ein deutlicher Hinweis auf Leben gefunden, der sich aus der atmosphärischen Zusammensetzung ableitet. Dann aber folgten ernüchternde Bilder: Kameras mit hoher Auflösung zeigten keinerlei Hinweise auf eine technische Zivilisation, andererseits deutete Radiostrahlung doch wieder darauf hin. Dazu gab es Hinweise auf ein sonnenlichtnutzendes, photosynthetisches Element. Aber können wir davon ausgehen, daß außerirdische Astronomen die Photosynthese, jenen Prozeß, durch den grüne Pflanzen aus Kohlendioxid und Wasser Kohlenhydrate aufbauen, von ihrer Heimatwelt her kennen? Können wir davon ausgehen, daß auch dort ein Vorgang stattfindet, bei dem die Sonne des Planeten Energie liefert, die in biologisch nutzbare chemische Energie umgewandelt wird?

Was würden die potentiellen außerirdischen Wissenschaftler mit einem derart widersprüchlichen Ergebnis anfangen? Würde man sofort eine bemannte Sonde zur Erde planen? Oder würde man zunächst einmal die Finanzen abwägen, diskutieren, ob es auch wirklich Leben auf der Erde gibt, und wenn ja, möglicherweise nur in niederer Form? Könnten die Radiostrahlungen nicht natürlich erklärbar oder auf einen Fehler der Meßinstrumente zurückzuführen sein? Die Bilder sprachen ja eindeutig gegen eine technische Zivilisation.

Was würden wir tun, wenn wir auf einem anderen Planeten auf widersprüchliche Daten stoßen würden, wenn wir Bilder erhielten, die Leben nahezu ausschließen? Wenn die Hinweise auf Leben widersprüchlich wären? Würden wir auf den Gedanken kommen, daß unsere Sonde zufälligerweise an der falschen Stelle gesucht hat, oder würden wir resignieren? Würden wir nicht über die widersprüchlichen Meßergebnisse endlos diskutieren, würden einige sich nicht sogar über das Diskutieren mokieren, da

17

die Sachlage doch eindeutig sei? Was, wenn die Marssonde »Mariner 4« ihre Aufnahmen einfach von einer völlig
ungeeigneten und marsuntypischen Stelle gemacht hätte?
Was wäre gewesen, wenn das Viking-Programm seine Suche nach Marsmikroben an einer anderen Stelle des Roten
Planeten durchgeführt hätte? Wäre das Ergebnis dann ein-
deutiger ausgefallen? Hätte man dann erfahren, ob es Leben auf dem Mars gibt?

Man weiß es nicht. Sicher ist nur eins: Die Suche nach
Leben im Weltraum gestaltet sich schwer, wir haben gesehen, wie leicht es zu Fehlschlüssen kommen kann. Man
sollte daher unklare Ergebnisse nicht einfach weginterpretieren, wie es Günter Paul[2] in einem Zeitungsartikel tat, indem er schlicht behauptete, alle Meßergebnisse der »Viking-Sonden« seien auch anorganisch zu erklären. Ganz so
einfach ist das aber nicht, wie wir noch sehen werden. Sicher urteilt Günther Paul vorschnell. Er hat auch ein sehr
objektives Buch[3] entsprechend negativ rezensiert.

Wir werden sicherlich noch viele Diskussionen hören
über die Frage, ob es außerirdisches Leben überhaupt gibt,
wenn ja, wie es beschaffen sein dürfte, auf welcher Grund-
basis es existiert, ob es überhaupt menschenähnlich sein
kann, wenn ja, ob wir je mit fremden Wesen in Kontakt
treten können, ob sie eines Tages kommen werden, oder ob
sie gar schon hier waren.

Phantasiebegabte Menschen freilich haben sich schon
lange ihre Vorstellungen über außerirdisches Leben gemacht. Eine gesamte Literaturgattung beschäftigt sich bereits seit Jahrzehnten mit diesem Thema – die Science-fic-
tion.

Außerirdisches Leben – wie stellen wir es uns vor?

Als ich im Jahre 1989 in einer Sendung des Rhein-Neckar-Fernsehens als Studiogast eingeladen war, um über meine Erfahrung als »UFO-Sichtungsermittler« zu berichten, wurde ich zwischen zwei riesige grüne Papp-Puppen gesetzt. Sie hatten blinkende Augen und riesige Antennen. Betriebsame Hektik herrschte, als die eine Puppe kurz vor Sendebeginn umfiel und kurzfristig wieder in Position gebracht werden mußte. Ja, die »kleinen grünen Männchen« – auch wenn sie in diesem Falle größer dargestellt wurden, ich wirkte zwischen ihnen wie ein Zwerg – gelten schlechthin als das Symbol für »die Wesen vom anderen Stern«. Warum Außerirdische unbedingt grün sein müssen, entzieht sich meiner Kenntnis. Heute herrscht zumindest bei vielen Ufologen die Vorstellung vor, die meisten Außerirdischen seien etwa 1,20 m groß, hätten große Augen und seien grau. Diese Idee basiert im Gegensatz zu den ominösen »Grünen« wenigstens auf Beobachtungen von Zeugen, wobei die Objektivität dieser Erlebnisse wieder ein ganz anderes Thema ist. Es werden auch ganz andere Aliens immer wieder gesichtet. Große, fliegende, leichte, schwere usw.

In Science-fiction-Romanen spielten meist Marsbewohner eine Rolle. So zum Beispiel im »Krieg der Welten« von H. G. Wells aus dem Jahre 1894, in dem häßliche Marsbewohner, die mit einem riesigem Kopf und langen Tentakeln ausgerüstet sind, die Erde erobern wollten. Letztendlich jedoch, kurz vor ihrem Ziel, infizierten sie sich mit irdischen Bakterien und starben. Unter dem Titel »The War of the Worlds« (Krieg der Welten) wurde der Roman 1953 verfilmt. Hier haben die Wesen wenigstens Arme, wenn auch tentakelartige. Sie können tödliche Strahlen aussenden. Aus dem Material »Krieg der Welten«

ist mittlerweile auch eine Serie mit Jared Martin gedreht worden, die eine Zeitlang im Fernsehsender »Pro 7« zu sehen war. Hier haben einige Marseroberer überlebt. Der Anführer sitzt irgendwo an gesicherter Stelle, während seine Leute durch die Übernahme menschlicher Körper versuchen, deren Immunsystem zu übernehmen.

1953 erschien der Film »Invaders from Mars« von William C. Menzis. Hier wurden die Marsianer als riesenhafte Wesen geschildert, die den Menschen merkwürdige Gegenstände in den Nacken einpflanzten. Hinterher sind diese den Marsianern gefügig. »Invasion vom Mars« kam im Jahre 1986 durch Tobe Hooper neu auf den Filmmarkt; hier wurden die Mars-Kreaturen als scheußlich, schleimig, plump und auf zwei Beinen stehend geschildert. Der Anführer der Marsmenschen besteht lediglich aus Gehirnmasse, die an einem langen Hals hängt.[1]

In den sechziger Jahren lief die deutsche Kult-Serie »Raumpatrouille« mit Dietmar Schönherr als Commander Cliff Allister McLane und Eva Pflug als Sicherheitsoffizier Tamara Jagellovsk in der Hauptrolle. Die »Fremden« in dieser Serie waren die »Frogs«, eine große halbdurchsichtige, glitzernde und pulsierende amöbenartige Rasse aus dem Sternbild Jagdhunde. (Die Marsbewohner waren schon out!) Die Tatsache, daß die »Frogs« keinen Sauerstoff vertrugen, verhalf McLane und seiner Crew einmal zum Sieg. In der letzten Folge wurde sogar ein Oberst des Sicherheitsdienstes, der sich auf einem Raumflug befand, von den Frogs gekidnappt und sein Gehirn so umprogrammiert, daß er den Frogs den Weg zur Erde ebnete. Doch McLane und Tamara Jagellovsk konnten die Invasion aufhalten. »Raumpatrouille – Next Generation« ist übrigens schon in Planung.

Vielfältiger geht es bei der Kult-Serie »Star Trek« zu. Zahlreiche außersolare Rassen und Lebensformen (also

Perry Rhodan ist die erfolgreichste deutsche Science-fiction-Serie.

Zivilisationen, die außerhalb unseres Sonnensystems beheimatet sind) bevölkern hier das Universum. Eine der wichtigsten außerirdischen Rassen sind die »Vulkanier«. Sie sehen wie Menschen aus, abgesehen von ihren spitzen Ohren, ihrem grünen Blut sowie einem inneren Augenlid, das vor plötzlichem grellem Lichteinfall schützt. Die Vulkanier haben gelernt, ihre Gefühle im Griff zu halten und nur »logisch« zu denken, was sich jedoch nicht immer als die beste Lösung erweist. Die »Romulaner« sind mit den Vulkaniern verwandt, jedoch angriffslustiger und nicht so sehr auf Logik bedacht. Ganz kriegerisch sind die »Klingonen«, ein humanoider Typ, der in der Gestalt dem Neandertaler ähnelt, allerdings weitaus muskulöser ist, und dessen dicke Stirnfalten das auffälligste Merkmal darstellen. »Ehre« und »Krieg« sind Begriffe, die den Klingonen alles bedeuten. In der Nachfolgeserie »Star Trek – The Next Generation« treten mitunter auch die »Ferengi« in Aktion. Sie haben große häßliche Köpfe sowie riesenhafte Ohren, die das erotische Sinnesorgan dieser Rasse darstellen. Ihr Streben ist einzig und allein auf Profit ausgerichtet. Die »Borg« sind eine Art Maschinenwesen, die halb wie Roboter, halb wie Menschen aussehen. Ein Auge ist sichtbar, ein anderes durch mechanische Gegenstände verdeckt. Die Borg bewegen sich auch mechanisch. Sie benutzen kubische Raumschiffe und sind nahezu unschlagbar. Ihr Ziel ist, in ihren Augen minderwertige Rassen zu assimilieren und ebenfalls zu Maschinenwesen umzuformen. Seltener trifft die »Enterprise« auch auf nichthumanoides Leben. So waren in einer Folge im Weltraum lebende Kreaturen zu sehen, mit denen man nicht in Kontakt treten konnte. In einer weiteren »Star Trek«-Ablegerserie, »Deep Space Nine«, ist der Sicherheitsoffizier ein »Formwandler« bzw. ein »Wechselbalg«, der eigentlich aus gelatineartiger Masse besteht, sich jedoch in alle Materie verwandeln kann; die meiste Zeit auf der Station verbringt er als »Mensch«. Je nach Bedarf verwandelt er sich jedoch auch schon mal in ein Tischbein, um Gespräche unbemerkt mithören zu können. Die Star-Trek-Saga ist trotz schleppenden Beginns dermaßen erfolgreich, daß noch eine Ablegerserie, »Raumschiff Voyager«, gedreht wurde. In einen fernen Raumquadranten verschlagen, trifft die »Voyager« auf die merkwürdigsten Kreaturen, beispielsweise auf eine Frau, die ihr Kind in einem »Sack« austrägt, der sich auf ihrem Rücken ausbildet. Noch viele andere Rassen und Lebensformen spielen eine Rolle in den verschiedenen »Star Trek«-Filmen und Serienepisoden, die alle auf der Idee des verstorbenen Enterprise-Erfinders Gene Roddenberry basieren.

Und jetzt glaube ich, sollten wir uns, nach diesem Abstecher ins doch etwas Phantastische, die wissenschaftliche Seite der Problematik ansehen.

Die wissenschaftlichen Grundlagen

Wie stellen sich Wissenschaftler außerirdisches Leben vor?

Sie sprechen natürlich nicht von »Klingonen« oder von den Außerirdischen der SF-Literatur, sie betrachten das Problem von der Grundlage des Lebens aus.

Folgende Voraussetzungen des Lebens gelten heute als nahezu unumstößlich: Es ist zuerst einmal davon abhängig, daß sich hochkomplizierte molekulare Verbindungen bilden (Eiweißmoleküle, Nukleinsäuren). Einfache Moleküle oder Einzelatome sind selbst bei primitiven Lebewesen nicht in der Lage, biochemische Reaktionen und Vorgänge (Nahrungsaufnahme, Stoffwechsel, Fortpflanzung, Vererbung etc.) zu steuern. Dann geht man davon aus, daß aktives organisches Leben an eine verhältnismäßig enge Temperaturgrenze gebunden ist. Oberhalb von etwa 100°C zerfallen die großen organischen Moleküle in kleinere. Über einigen tausend Grad Celsius sind nur noch Einzelatome existenzfähig. Wesentlich unter 0°C verlangsamen sich die biochemischen Reaktionen so stark, daß aktives Leben unmöglich ist. Es kann jedoch in eingefrorenem Zustand erhalten bleiben und nach entsprechender Erwärmung wieder aktiv werden. Die günstigen Temperaturen liegen zwischen etwa +25°C und +45°C. Die meisten höherentwickelten Lebewesen, auch der Mensch, haben ihre Körpertemperatur in diesem Bereich und versuchen, diese Temperatur durch komplizierte Temperaturregelungssysteme genau einzuhalten. Speziellere Umweltbedingungen wie eine sauerstoffreiche Atmosphäre oder viel Wasser an der Oberfläche werden interessanterweise nicht als unbedingte Voraussetzungen von Leben angesehen. Man weiß heute, daß bestimmte irdische Kleinlebewesen eine große Anpassungsfähigkeit haben.

Was die Entstehung des Lebens betrifft, so beruft man sich meist auf die Experimente des Stanley L. Miller (1953). Er hat im Labor nachgewiesen, daß in einer von ihm hergestellten »Uratmosphäre« aus Wasserstoff, Wasserdampf, Methan und Ammoniak (so stellt man sich auch die ursprüngliche Erdatmosphäre vor) durch die Entwicklung elektrischer Entladungen oder energiereicher Ultraviolettstrahlung Aminosäuren entstehen; das sind die Bausteine der Eiweißmoleküle. Wie von diesen Molekülen der Weg zum ersten primitiven Organismus verläuft, ist umstritten, man ist sich jedoch darüber einig, daß der weitere Aufbau von Aminosäuren zu größeren Molekülen und weiter bis zur lebendigen Substanz ein Vorgang ist, der unter geeigneten Bedingungen auch auf anderen Planeten ablaufen kann.[1]

Das wichtigste Element in den Eiweißverbindungen, aus denen alle Organismen der Erde bestehen, ist der Kohlenstoff. Kohlenstoffatome haben die Fähigkeit, sich mit anderen Atomen zu langen Ketten und Ringen zu vereinigen, so daß man im Zusammenhang mit der organischen Chemie auch von den Kohlenstoffverbindungen spricht, von denen heute mehrere Millionen bekannt sind. Eine sehr einfache Kohlenstoffverbindung ist z. B. das Methan. Hier ist ein einzelnes Kohlenstoffatom mit vier Wasserstoffatomen verbunden. Eine Ringbildung aus sechs Kohlenstoffatomen ist der berühmte Benzolring, den wir alle vom Chemie-Unterricht her kennen und der nach außen hin durch weitere Wasserstoffatome ergänzt ist. Die wichtigste Baugruppen der Eiweißmoleküle sind die Aminosäuren, und von denen gibt es wieder zahlreiche Spielarten. Größere Eiweißmoleküle können Tausende oder gar Millionen von einzelnen Atomen enthalten. Sie stellen die kompliziertesten chemischen Verbindungen dar, die die Natur hervorbringt. Sie enthalten außer dem Kohlenstoff vor allem die Elemente Wasserstoff, Stickstoff, Sauerstoff, Phosphor und Schwefel.[2]

Der Astronom Joachim Hermann, Leiter der Westfälischen Volkssternwarte und des Planetariums Recklinghausen, sieht außerdem Licht als eine wichtige Lebensvoraussetzung an. Einmal zur Orientierung, aber auch für die Photosynthese der Pflanzen, also für die Umwandlung des Kohlendioxids durch das Chlorophyll (grüner Farbstoff) der Pflanzen in Kohlehydrate.

Sind jedoch die wissenschaftlichen Grundlagen das unumstößliche Nonplusultra? Könnte es nicht sein, daß man hin und wieder zu sehr von uns auf »die Anderen« schließen will? Ein Ansatzpunkt, der immer wieder diskutiert wird, ist der, ob Kohlenstoff tatsächlich die einzige Grundlage für Leben sein muß.

Hin und wieder wurden auch schon eiweißähnliche Verbindungen auf der Grundlage des Siliziums angenommen, denn dieses chemische Element bietet sich vor allem für hochmolekulare Verbindungen an, weil es ähnlich dem Kohlenstoff die Fähigkeit hat, sich zu größeren Ketten zusammenzuschließen. Darauf weist Hermann ausdrücklich hin. Der weltbekannte Astronom Patrick Moore, der sich vor allen Dingen als Mond- und Planetenbeobachter einen Namen gemacht hat, und der Bakteriologe Francis Jackson sind da jedoch ganz anderer Meinung. Ihrer Ansicht nach kann das Silizium kein Austauschelement für Sauerstoff darstellen, da zu viele Unterschiede herrschten. Das Siliziumatom hat einen größeren Radius als das Kohlenstoffatom. Dadurch werden die äußeren Elektronen vom Siliziumkern nicht so stark angezogen, wie dies beim Kohlenstoffatom der Fall ist. Moleküle des Kohlendioxids verbänden sich nicht miteinander; wenn aber Silizium mit Sauerstoff verbunden ist, dann läßt die schwächere Anziehungskraft zwischen dem Kern und den äußeren Elektronen zu, daß zwei Siliziumatome ein Sauerstoffatom miteinander gemeinsam haben; und dadurch entsteht ein kristalliner Fettkörper, bei dem die Atome fest gebunden sind. Moore und Jackson schließen daraus, daß das Siliziumoxid sich vom Kohlendioxid völlig unterscheidet. Es ist ein Festkörper mit einem sehr hohen Schmelzpunkt und von geringer Wasserlöslichkeit, der in der Natur nur in Form von Sand, Quarz und Kieselerde vorkommt. In Organismen auf Kohlenstoffbasis übernimmt Kohlendioxid wesentliche Funktionen, die Siliziumdioxid, das erst bei Temperaturen von über 2500°C gasförmig ist, in wasserabhängigen Organismen offensichtlich nicht übernehmen kann. Ein Siliziumatom kann auf seiner äußeren Schale 18 Elektronen unterbringen, ein Kohlenstoffatom acht. Wenn nun ein Kohlenstoffatom Elektronen mit jedem von vier anderen Atomen gemeinsam hat, dann kann sich das Kohlenstoff-Oktett um den Kern nicht mehr erweitern. Es kann keine weiteren Elektronen aufnehmen und ist daher relativ stabil. Die entsprechenden Siliziumverbindungen sind hingegen weniger stabil, sie sind ungeschützt vor Angriffen wie zum Beispiel durch Wasser, so daß die – Si-Si-Si (3-fach-Silizium)-Sequenz in Si-O-Si (Si-Sauerstoff-Si) verwandelt werden kann. Einfacher ausgedrückt: Kohlenstoff-Kohlenstoff-Verbindungen sind wesentlich stabiler als ein Pendant auf Silizium-Basis.

Andererseits hätte das Silizium die Fähigkeit, zusammen mit Sauerstoff und einigen anderen Elementen (Aluminium, Phosphor) komplexe Moleküle bilden zu können. Die Autoren Feinberg und Shapiro sehen eine mögliche Basis für andersartige Lebensformen speziell bei höheren Temperaturen. Als Lebensraum für solche hypothetischen mikrobiellen Gebilde nehmen Feinberg und Shapiro geschmolzenes Gestein an. Sie sind sogar der Meinung, daß eine Weiterentwicklung dieser Organismen stattfinden könne.

Unter starkem Druck könnten Wasser und Silizium miteinander existieren, was aber genau unter diesen Umständen geschehen würde, das ist ungewiß. Moore und Jackson räumen ein, daß es eine »ganz klare Möglichkeit« gibt, daß durch Organismen auf mineralischer Stufe Organismen hervorgebracht werden, die einige lebensähnliche Eigenschaften haben. In irgendeinem Sinn könnten sie unsere Vorfahren sein, die die Voraussetzungen für die spätere Organisation auf Kohlenstoff basierenden Lebens geschaffen haben. Es ist ebenfalls möglich, daß Systeme dieser Art im Universum weiter verbreitet sind als Organismen auf Kohlenstoffbasis, und daß sie nur ausnahmsweise Gelegenheit finden, bei der Entstehung jener Art von Leben mitzuwirken, die uns vertraut ist.

Es gibt noch ein weiteres Element, das in den Überlegungen in bezug auf die Entstehung von Leben eine große Rolle spielt: Schwefel.

In der gleichen Weise, wie das Siliziumatom dem Kohlenstoffatom ähnelt, gibt es auch eine Ähnlichkeit zwischen dem Sauerstoff- und dem Schwefelatom. Beide Elemente haben sechs Elektronen in der jeweils äußeren Schale. Dadurch werden bestimmte chemische Änderungen bewirkt. Aber wie bei Kohlenstoff und Silizium gibt es auch bedeutende Unterschiede, die sich zum Teil daraus ergeben, daß die äußere Schale des Schwefelatoms mehr als acht Elektronen aufnehmen kann.

Jackson und Moore halten es für recht unwahrscheinlich, daß Schwefel eine Rolle ähnlich der des Sauerstoffs spielen könnte. Schwefel sei ein wichtiges Element in Organismen auf Kohlenstoffbasis; und tatsächlich liefen zahlreiche biochemische Reaktionen ab, bei denen es eine Rolle spiele. Jackson und Moore räumen ein, es sei möglich, daß es unter anderen Voraussetzungen in der Lage sein könnte, bei neuartigen hocheffizienten Stoffwechselsystemen mitzuwirken.[3]

Wenn man die Aussagen und die Einstellungen verschiedener Wissenschaftler betrachtet, so bemerkt man – und das wird später noch viel deutlicher werden –, daß die Meinungen nicht immer einhellig sind. Die Frage ist auch, wie »bodenständig« man denken muß und inwieweit die Spekulation erlaubt ist. Natürlich, wilde Spekulationen ohne Grundlage sind praktisch nicht nachweisbar, hier besteht die Gefahr, daß man sehr unwissenschaftlich wird, ja wilde Phantasiegebilde aufbaut. Aber andererseits stellt sich die Frage, inwieweit es der Forschung effektiv dient, zu bodenständig zu sein. »Leben, wie wir es uns vorstellen« war eine der Wendungen, die Jackson und Moore gebraucht haben. Ist nicht alles zu sehr nach unseren Vorstellungen ausgerichtet? Ich habe manchmal den Eindruck – und das gilt nicht nur, aber auch für die Astrobiologie –, daß man es scheut, über den eigenen Tellerrand zu schauen. Muß Leben denn so sein, wie wir es uns vorstellen? Es gibt in vielen Dingen ein Für und Wider. Silizium könnte Kohlenstoff als Grundlage für Leben ersetzen, aber einiges paßt nicht, das Element ist instabiler, also scheidet es aus. Sicher ist es richtig, vom derzeitigen Kenntnisstand unserer Chemie, unserer Biologie und unserer Astronomie auszugehen, aber können wir sicher sein, daß nicht das eine oder das andere morgen schon überholt ist? Ist es richtig, Spekulationen, die eine Basis zu haben scheinen, aber nicht beweisbar sind, bei denen das eine oder andere nicht zu »passen« scheint, aufgrund unseres derzeitigen Erkenntnisstandes gänzlich von der Hand zu weisen? In kosmischen Maßstäben gesehen ist es noch gar nicht lange her, daß die Wissenschaft glaubte, daß die Erde eine Scheibe sei, um die die Sonne, der Mond und »die anderen Planeten« kreisen. Wissenschaftler, die eine Außenseitertheorie lehrten, wurden verlacht. Später, als die offizielle Lehrmeinung der Schulwissenschaft unseligerweise eng mit der Religion verknüpft war, wurde es noch schlimmer, da wurden »Außenseiterwissenschaftler« nicht verlacht, sondern in einigen Fällen als »Ketzer« im Namen der Kirche und der Wissenschaft verbrannt. Galileo Galilei wurde verurteilt, weil er behauptete, die Erde sei nicht der Mittelpunkt des Universums. Giordano Bruno wagte es zu behaupten, unser Sonnensystem sei nicht das einzige, es gäbe davon vermutlich etliche im großen und weiten Universum. Der Scheiterhaufen war das Schicksal dieses großartigen Astronomen – oder dieses gotteslästerlichen Ketzers, je nachdem, aus welchem Blickwinkel bzw. aus welcher Zeit wir die Sache betrachten. Heute wissen wir, daß Galilei und Bruno recht hatten; wir schätzen sie als Wissenschaftler mit Weitblick. Im 20. Jahrhundert ist man wieder toleranter geworden. Heute werden Außenseiterwissenschaftler »nur noch« lächerlich gemacht oder ihre Bücher in der Luft zerrissen. Wenn anerkannte und verdiente Experten Außenseiterideen zu äußern wagen, dann werden sie liebevoll »verdiente, aber phantasiebegabte Wissenschaftler« genannt. Aber wehe, ein Außenseiter, ein Mann ohne Namen, oder noch schlimmer ohne eine wissenschaftliche Ausbildung, kommt daher und stellt Theorien auf, die nicht in die Zeit passen! Immanuel Velikovsky behauptete in den fünfziger Jahren in seinem Buch »Worlds in Collision«, Venus und Erde seien in historischer Zeit kollidiert, auch Mars habe für Naturkatastrophen auf der Erde gesorgt, als er der Erde nahe kam. »Katastrophenjournalist!« »Das verheerendste Buch, seit der Erfindung des Buchdrucks!« So die Stellungnahmen von Wissenschaftlern mit Ausbildung. Heute wissen wir, daß der Untertitel der deutschen Ausgabe von Velikovskys Buch »Katastrophen schufen unsere Zivilisation« so verkehrt gar nicht ist. Zumindest in prähistorischer Zeit gab es eine Reihe von Tiersterben, die auf Katastrophen kosmischer Art zurückzuführen sind. Das große Tiersterben am Ende des Perm und das Aussterben der Saurier am Ende der Kreidezeit sind nur zwei Beispiele für Katastrophen, die auf den Einschlag von Meteoriten zurückzuführen sind. Es ist also richtig und notwendig, daß die Wissenschaft auf dem Boden der Tatsachen bleibt, aber andererseits stünde es vielen Schulwissenschaftlern nicht schlecht an, über Außenseitertheorien, sofern diese eine (wenn auch nicht unbedingt große) solide Basis zu haben scheinen, zumindest einmal nachzudenken; und das unabhängig davon, ob diese Theorien von renommierten Wissenschaftlern oder von Laien geäußert werden. Also nicht gleich schmunzeln, wenn Carl Sagan merkwürdige Organismen in der Jupiteratmosphäre postuliert. Nicht gleich böse Kritiken schreiben, wenn das Autorenteam Fiebag/ Sasse darauf hinweist, daß die »Viking-Ergebnisse« die Frage nach Leben auf dem Mars weiter offenhalten, obwohl man der Meinung ist, man könne (mit einiger Kraftanstrengung!) diese auch anorganisch erklären. Nicht gleich polemisieren, wenn ein Wissenschaftsjournalist einen gesichtsähnlichen Tafelberg und pyramidenartige Strukturen auf NASA-Bildern vom Mars erkennt und eine künstliche Entstehung annimmt. Nicht gleich von »Mißbrauch der NASA« reden oder mit »Hören Sie doch auf mit diesem blödsinnigen Gesicht!« kommentieren. All diese Dinge gibt es. Und sie sind ein Rätsel. Und die beschriebenen barschen, zum Teil polemischen Kritiken wurden tatsächlich geschrieben, von renommierten Wissenschaftlern wie auch von Journalisten. Ich würde mir mehr Offenheit und mehr Toleranz wünschen. Wie hieß es doch zu Beginn der »Raumpatrouille«: »Was gestern noch als ein Märchen galt, kann morgen bereits Wirklichkeit sein.« Wir werden nun gemeinsam zu einer mentalen Reise durch das Weltall aufbrechen. Wir werden zunächst einige interessante Stationen in unserem Sonnensystem besuchen. Später wird uns unsere Suche weit aus dem Schwerkraftbereich unserer Sonne hinausführen, in die weiten Tiefen des Weltalls.

Das erste Ziel ist unser allernächster kosmischer Nachbar, der Trabant, der seit sehr langer Zeit seine Kreise um unseren Mutterplaneten zieht, der Mond.

Verlassen wir im Geiste unsere Erde und gehen zu dem Objekt, von dem mal weniger, mal mehr zu sehen ist. Manchmal können wir diesen Himmelskörper, der der Erde doch so nahe ist und der so groß erscheint, gar nicht sehen. Wenn sich der Mond nämlich zwischen Sonne und Erde befindet, wird die Mondrückseite von der Sonne vollständig beleuchtet, die erdzugewandte Seite liegt völlig im Dunkel. Es herrscht Neumond. Im weiteren Verlauf, in den nächsten Tagen, erscheint der Mond als zunehmende Sichel. 7,4 Tage nach Neumond hat er von der Erde aus gesehen ein Viertel seines Umlaufes um die Erde hinter sich. Dann ist zunehmender Halbmond, oder der Mond steht im ersten Viertel. Nach weiteren 7,4 Tagen steht der Mond der Sonne am Himmel gegenüber, die erdzugewandte Seite des Mondes wird vollständig von der Sonne beleuchtet. Nun ist Vollmond. Der nimmt, von der anderen Seite her, wieder ab. Nach insgesamt 22,1 Tagen hat der Mond das letzte Viertel erreicht, es ist abnehmender Halbmond. Der Mond nimmt nun immer weiter ab, wir sehen die abnehmende Mondsichel am Morgenhimmel, und nach 29,53 Tagen ist der sogenannte synodische Monat beendet, es herrscht wieder Neumond; der Vorgang, der als Lunation bezeichnet wird, beginnt von neuem.

KAPITEL 2

Unter der Sonne

«Leben auf dem Mond»

»Eis – Leben auf dem Mond.« »Wasser auf dem Mond?«
Diese und ähnliche Schlagzeilen konnten wir jüngst in
verschiedenen Tageszeitungen lesen. Auslöser war die
Entdeckung, daß 1994 Radiowellen am Südpol des Mondes polarisiert worden waren. Das Wort »Polarisation« be-
zeichnet die Beschränkung der Schwingung einer be-
stimmten Welle, also einer Strahlungsart, die eben durch
Schwingungen erzeugt und ausgebreitet wird, auf eine
Richtung. Eine solche »transversale« Welle kann in alle
Richtungen senkrecht zur Bewegungsrichtung schwingen.
Nach der Polarisation ist die Schwingung auf eine Richtung begrenzt. Auch Licht kann, wie alle elektromagneti-
schen Wellen, polarisiert werden. In diesem Falle hatte die
Sonde »Clementine« ein 6-Watt-Signal mit ihrer normalen
Funkantenne ausgesandt. Da keine Radaranlage an Bord
war, hatte man den Sondenfunk »zur Eissuche zweckent-
fremdet«. Und nur bei demjenigen Orbit, bei dem der
Strahl auf die Gegend mit den ständig im Schatten liegenden Kraterböden gerichtet war, kam es zu einer entsprechenden Strahlungserhöhung im Echo, die auf das Vorhandensein von Eis in der Mondregion Aitken schließen ließ.
Allerdings ist das Ergebnis nicht so deutlich, wie man es
erwartet hätte. Vielleicht sind die Eisablagerungen nur
klein und unregelmäßig verteilt. Vielleicht hat das Eis sich
im Laufe der Zeit mit der Oberflächenschicht des Mondes
vermischt, was das Echo dämpft. Allerdings stellt das
»Clementine«-Experiment keinen Beweis für Eis auf dem

Mond dar. Andere Streueffekte könnten die Daten ebenfalls erklären.

Die »Frankfurter Allgemeine Zeitung« vom 4. Dezember 1996 spekulierte, das Wasser, wenn sich die »Eis-These« denn tatsächlich bewahrheiten sollte, sei möglicherweise von Kometen gekommen, die in der Frühzeit des Sonnensystems auf dem Mond eingeschlagen waren. Später sei es dann zu einer Eisschicht geworden.

Brachten Kometen nicht nur dem Mond, sondern auch der Erde das Wasser, und brachten sie der Erde damit nicht nur indirekt, sondern auch in direkter Form das Leben?

Mit hoher Wahrscheinlichkeit kann die Sonde »Clementine« auch eine Erklärung für die seit der Erfindung des Fernrohres beobachteten Lunar Transients (auch bekannt unter dem Begriff »Moonblinks«) liefern. Diese merkwürdigen Lichterscheinungen, die in den fünfziger und sechziger Jahren von Astronomen und Amateurastronomen beobachtet wurden – regelrechte »Mondwacheprogramme« wurden aufgestellt –, treten auf dem Mond vor allem an den Rändern der Maria (der Plural des Begriffes »Mare«) sowie in Kratern mit ungewöhnlich bläulich gefärbten Rändern auf.[1]

Im Jahre 1946 berichtete N. J. Giddings über massive Lichtblitze. Er konnte diese am 17. Juni 1931 mit bloßem Auge wahrnehmen.

1949 schrieb Frederick Vreeland über eine helle Lichterscheinung, die er während einer Mondfinsternis auf dem verdunkelten Teil des lunaren Körpers bemerkt hatte.

1955 schilderte Daniel Logue, wie er am 5. Januar während einer halben Stunde ein helles blaues Licht auf der Mondoberfläche beobachten konnte.

Ein Jahr später wurde die Beobachtung von Robert Miles bekannt. Er hatte am 16. Januar 1956 ein weißes Licht auf

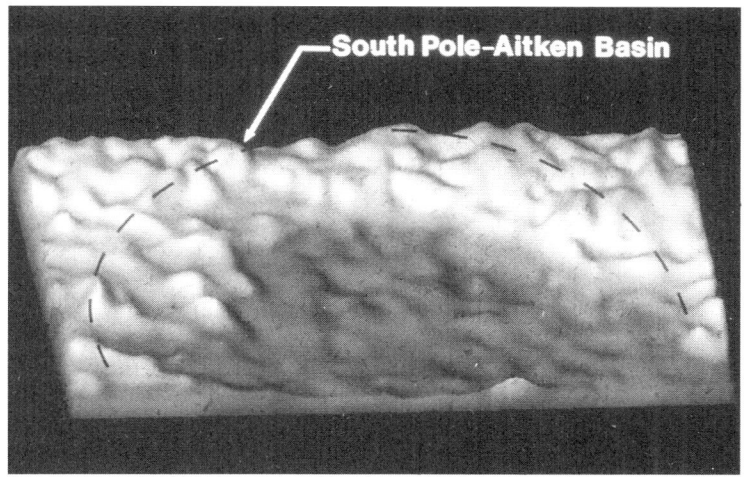

Das Aitken-Becken am Südpol des Mondes. Gibt es hier Eis?

Im Mondkrater Plato beobachteten Astronomen der Sternwarte Pulsnitz 42 seltsame Lichterscheinungen.

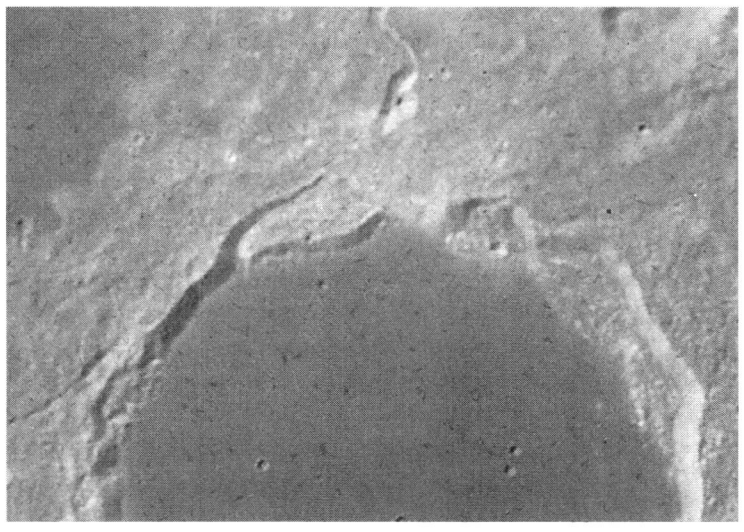

dem Mond entdeckt, das dort über eine Stunde lang auf- und abblinkte. Dabei verfärbte es sich allmählich blau.

Y. Yamada bemerkte am 28. Dezember 1963 zusammen mit sechs anderen Zeugen eine halbe Stunde lang einen pinkfarbenen Sektor im Krater Aristarchus.

Am 25. April 1972 konnte Rainer Klemm aus Passau eine mehrere Minuten dauernde »Lichtfontäne« fotografieren.

Fotos und Schilderungen der Moonblink-Erscheinungen wurden in wissenschaftlichen Zeitungen dokumentiert und von der NASA gesammelt.

Auch die Sternwarte Pulsnitz in Sachsen stellte 1969 einen Forschungsbericht über dieses Phänomen zusammen. Von weit über 500 solcher Beobachtungen wird dort gesprochen. Viele der Erscheinungen sollen nach dem Bericht dieser Gruppe in der Nähe des Kraters Plato aufgetreten sein. Danach folgten Alphonsus, Gassendi und Tycho.[2]

Das klassische Beispiel für eine Wahrnehmung dieser »Moonblinks« ist eine Beobachtung, die der russische Astronom Nicolai A. Kozyre mit einem 50-zölligen Spiegelteleskop des astrophysikalischen Observatoriums auf der Krim in der Nähe des Zentralberges des Kraters Alphonsus gemacht hat. Er sah dort eine rötliche Verfärbung. Aufnahmen des Spektrums deuteten auf das Mitwirken von Kohlenstoffmolekülen hin. Der Beobachter glaubte damals an einen vulkanischen Ausbruch, der kohlenstoffhaltige Aschen auswarf. Magma-Massen seien vom Mondinneren aufgestiegen, und deren entweichende Gase seien von der ultravioletten Strahlung der Sonne zu eigenem Leuchten angeregt worden. Bei den »Mondwacheprogrammen« zeigte es sich, daß die Phänomene nur in bestimmten Gebieten auftraten, neben Alphonsus auch im und in der Nähe des Kraters Aristarch und im Gebiet der Krater Kopernikus und Kepler.[3] Andere Forscher waren der Meinung, daß es sich nicht um ein Phänomen der Mondoberfläche handle. Sie meinen, daß nach Sonneneruptionen ausgeschleuderte elektrisch geladene Teilchen oder Röntgenstrahlen bestimmte Gebiete der Mondoberfläche zu einem Eigenleuchten anregen. Bei solchen Sonneneruptionen handelt es sich um Strahlungsausbrüche unseres Zentralgestirns. Sie stehen mit aktiven Sonnenfleckengruppen in Verbindung. Dies sind dunkle Flecken in jener Schicht der Sonne, die in der Hauptsache sichtbares Licht aussendet. Die Sonneneruptionen sind es auch, die auf der Erde magnetische Stürme und Polarlichter erzeugen. Starke Radiowellen begleiten sie. Die Moonblinks traten tatsächlich ein bis zwei Tage nach derartigen Energieausbrüchen verstärkt auf. Allerdings wurde auch eine statistische Häufung der Phänomene in jenen Zeiten festgestellt, in denen Mondbeben ihr Maximum erreichten.

Kozyre lag mit seiner Erklärung nicht weit daneben, jedoch ist sie noch weitaus einfacher: Verantwortlich für die beobachteten Phänomene scheinen Erdrutsche zu sein, die frischeren Boden freilegen, der noch flüchtige Gase enthalten hat.[4]

Obwohl also die Erklärung nicht so spektakulär ist (einige Autoren hatten Aktivitäten auf dem Mond vermutet), wird trotzdem eines klar: Der Mond scheint so »tot«, wie dies in der Vergangenheit immer wieder angenommen wurde, gar nicht zu sein. Material, das herausrutscht – nach Meinung vieler Astronomen sollte dies die Ausnahme sein. Offensichtlich kommen derartige Ereignisse doch häufiger vor, als man bis vor ein paar Jahren noch geglaubt hat. Und Eis? Das käme natürlich einer Sensation gleich, denn wer hätte bis vor kurzem noch daran gedacht, daß auf dem Mond Wasser, in welcher Form auch immer, existieren könne?

Mittlerweile ist sogar eine Mondsonde geplant, um dieser Sache auf den Grund zu gehen. Die BILD-Zeitung vom 14. März 1997 meldete, daß noch im September 1997 ein Orbiter namens »Lunar Prospector« starten solle. Ziel dieser Sonde ist, den Mond zwölf Monate lang in einem Abstand von 100 Kilometern zu umkreisen und zu fotografieren, um festzustellen, ob es auf dem Mond tatsächlich Wasser gibt oder nicht.

Es handelt sich bei dieser Sonde um ein Billigprodukt, dessen Bau vor genau zwei Jahren beschlossen wurde. Als Startrakete ist allerdings die unerprobte Lockhead Martin LMVL vorgesehen. Sie soll nach dem Start am 24. September nach fünf Tagen die Umlaufbahn des Mondes erreichen. Der »Lunar Prospector« soll zunächst aus einer 118-Minuten-Bahn in 100 Kilometern Höhe mit fünf Instrumenten systematisch die Zusammensetzung der Mondoberfläche, ihre Schwerkraft sowie das Magnetfeld des Mondes kartieren.

Der Mond also ein potentieller Lebensträger? Diese Fragestellung ist ein wenig hoch gegriffen; es existiert im gegenwärtigen Stadium mit Sicherheit kein Leben auf dem Mond. Die Lebensformen, von denen die »Sun« im 19. Jahrhundert berichtete, kann es schon gar nicht geben.

Im November 1833 hatte sich Sir John Herschel, der Sohn von Sir William Herschel für eine längere Reise nach Südafrika eingeschifft. Ziel war das bisher vernachlässigte Studium des Südhimmels. Er nahm einen 5-Zoll-Refraktor und ein 18-Zoll-Spiegelteleskop mit auf die Reise.

Die New Yorker Tageszeitung »The Sun« brachte damals gerne lange Essays in Form von Fortsetzungsreihen. Einer von diesen Essays wurde vom Schriftsteller Richard Adam Locke für 150 Dollar geschrieben, sollte ihm aber noch mehr bringen. Im »Edinburgh New Philosophical Journal« von 1826 hatte er einen langweiligen philosophierenden Artikel über die Bewohner anderer Welten, so auch des Mondes, gelesen. Diese Lektüre führte letztendlich zu dem, was als »der Mondschwindel« bekannt werden sollte.

Am 25. August 1835 veröffentlichte die »Sun« einen Artikel unter dem Titel »Great Astronomical Discoveries Lately Made by Sir John Herschel, LL. D. F. R. S & c. at the Cape of Good Hope« (Große Astronomische Entdeckungen, unlängst gemacht von Sir John Herschel, am Kap der Guten Hoffnung). Die Herausgeber brachten ihre Freude darüber zum Ausdruck, »diesen Nachdruck einer Sonderbeilage des Edinburgh Journal of Science« in ungekürzter Form ihren Lesern offerieren zu können, lediglich das mathematische Material sei weggelassen worden. Nach einer kurzen Einleitung schrieb der Herausgeber:

»Um unsere Begeisterung verständlich zu machen, möchten wir ohne Säumnis darauf hinweisen, daß der jüngere Herschel auf seinem Observatorium auf der südlichen Erdhalbkugel mit Hilfe eines nach völlig neuen Prinzipien arbeitenden Teleskops von riesigen Abmessungen bereits die außergewöhnlichsten Entdeckungen auf jedem Planeten unseres Sonnensystems gemacht hat, Planeten in anderen Sonnensystemen entdeckt und auf dem Mond in aller Deutlichkeit Objekte erkannt hat, in gleicher Güte und Schärfe, wie sie das unbewaffnete menschliche Auge auf eine Entfernung von 150 Metern auf unserer Erde entdecken würde. Er hat in positiver Weise die Frage gelöst, ob dieser Satellit bewohnt ist und durch welche Art von Wesen, er hat eine neue Theorie über Kometenerscheinungen aufgestellt, schließlich nahezu jedes entscheidende Problem auf dem Gebiet der astronomischen Mathematik gelöst. Unsere frühere und nahezu exklusive Information über diese Tatsache verdanken wir der selbstlosen Freundschaft von Dr. Andrew Grant, einem Schüler des älteren

Herschel und seit vielen Jahren engster Beistand des Jüngeren. Als Helfer von letzterem am Kap der Guten Hoffnung und durch seine unermüdliche Aufsicht während der Gesamtdauer des Baus des Teleskopes und nunmehr während der Expedition wurde Dr. Grant in die Lage versetzt, uns mit Nachrichten zu versorgen, die, zumindest bezüglich ihres Allgemeininteresses, ebenso hoch zu werten sind wie die Informationen, die Dr. Herschel selbst der Royal Society übermittelt hat.«

Hier wurde dem Leser suggeriert, er sei zum frühestmöglichen Zeitpunkt mit den »wunderbaren Erfindungen« vertraut gemacht worden. Weiter wurde in dem Bericht das neue Superfernrohr in sinnlosen, aber hochtrabenden Worten beschrieben, anschließend die Reise geschildert, die selbstverständlich »unter dem Schleier strengster regierungsamtlicher Geheimhaltung« stattfand. Wie bei heutigen Schwindelgeschichten hatte diese Floskel ebenso wie die ganze Erzählung ihre Wirkung, die Verkaufsziffer der »Sun« sprang an jenem Tage von vorher 8000 auf 12000 Stück. Am nächsten Tag wurde die Mondstory fortgesetzt:

»Es war gegen 9.30 Uhr am Abend des 10. Januar 1835, der Mond hatte sich bis auf vier Tage seiner mittleren Liberation genähert. Der Astronom richtete seine Instrumente zur Untersuchung des östlichen Mondrandes her. Er stellte sein Fernrohr auf die größte Stärke und sein Fokalbild etwa auf halbe Stärke des Mikroskops ein. Nachdem er den Bildschirm von letzterem entfernte, war das gesamte Blickfeld mit einer wunderbar deutlichen und gleichmäßig lebhaften Darstellung von Basaltfelsen bedeckt. Diese hatten eine grünlich-braune Farbe, und die Breite der Säulen betrug unveränderlich 28 Zoll, wie sich anhand der Zwischenräume auf der Leinwand feststellen ließ. Bei der zuerst dargestellten Masse zeigte sich nicht die geringste Bruchstelle. Innerhalb weniger Sekunden erschien aber eine Felsschichtung mit einer Breite von fünf oder sechs Säulen, und sie zeigte, daß sie 6-eckige Form hatten und in ihrer Musterung den Basaltformationen der schottischen Insel Staffa ähnelten. Dieser senkrechte Felsvorsprung war über und über bedeckt mit einer dunkelroten Blume, ›ganz ähnlich‹, sagt Dr. Grant, ›dem Klatschmohn unserer Kornfelder auf der Erde‹, und dies war das erste organische Erzeugnis der Natur in einer fremden Welt, das sich jemals dem menschlichen Auge dargeboten hat. Schließlich waren sie hell erfreut, am Fuß (einer Felsmasse) etwas Neues zu entdecken, nämlich einen Mondwald. ›10 Minuten lang‹, sagte Dr. Grant, ›erschienen Bäume von ein und derselben Art, aber ganz anders, als ich je gesehen, außer den größten Eibenarten auf den englischen Kirchhöfen, denen sie in gewisser Beziehung auch ähnelten.‹ Es folgte eine flache, grüne Ebene. Gemessen an dem Farbkreis auf unserer Leinwand mußte sie mehr als eine halbe Meile breit sein. Und dann kam ein wunderbarer Tannenwald – einwandfrei Tannen –, wie ich ihn nie schöner in den Bergen meiner Heimat gesehen. Ermüdet von der Endlosigkeit des Waldes nahmen wir eine starke Reduzierung des Vergrößerungsmaßstabes unseres Mikroskopes vor, ohne jedoch einen der Reflektoren abzuschalten, und wir bemerkten sofort, daß wir unmerklich einen Berghang hinuntergegangen waren, äußerst vielförmig und romantisch, und daß wir uns am Rande eines Sees oder Binnenmeeres befanden.

Das Wasser, wo immer wir einen Blick darauf werfen konnten, war fast so blau wie das unseres tiefen Ozeanes und brach sich in großen weißen Schaumkronen auf dem Strand.

Nachdem wir diese eingehenden Untersuchungen nahezu zwei Stunden lang fortgesetzt hatten, machte Dr. Herschel den Vorschlag, sämtliche Objektive herauszunehmen, den Rundblinksucher auf hohe Geschwindigkeit zu stellen und nach einigen der Haupttäler zu suchen, die den Astronomen bekannt sind. Nachdem die Objektive entfernt worden waren und die volle Kraft unseres unvergleichlich wunderbaren Reflektors frei wurde, fanden wir, daß unser Blickfeld etwa 25 Meilen der Mondoberfläche umfaßte, und zwar mit einer Deutlichkeit im Umriß und in der Einzelheit, wie sie auf der Erde ein Objekt auf 2 1/2 Meilen Entfernung gewährt. Jetzt bot sich unserem Auge eine völlig neue Szenerie dar. Dr. Herschel ordnete an, die langsamste mögliche Bewegung des Gerätes einzustellen. Wir sahen eine hohe Kette obeliskförmiger oder sehr schlanker Pyramiden, in unregelmäßigen Gruppen angeordnet, jede aus etwa 20 bis 40 Säulen bestehend, von denen jede wiederum so perfekt quadratisch war wie die feinsten Muster von Cornwell-Kristallen. Sie waren leicht fliederfarben und ganz wunderbar. Ich nahm nun an, daß wir hier ganz bestimmt auf Kunstwerke gestoßen waren. Dr. Herschel bemerkte aber geschickt, daß wir vorher schon andere weniger zweideutige Werke gesehen haben müßten, wenn die Mondbewohner solche Monumente zu bauen verstünden. Er erklärte sie für Quarzsteinformationen, vermutlich von der weinfarbenen Gattung des Methysts. Nach Einsetzen eines Objektivs fand sich seine Vermutung voll bestätigt: Es waren monströse Amethyste von einem wäßrigen Weinrot, die im stärksten Licht der Sonne glühten. Sie schwankten in der Höhe zwischen 60 und 90 Fuß, und hier erfüllte sich unsere bebende Hoffnung auf Lebewesen. Im Schatten des Waldes beobachteten wir große Herden von Vierfüßlern, die alle äußeren Merkmale des Bisons aufwiesen, jedoch kleiner waren als jede Gattung in unserer Wildbahn. Er hatte jedoch ein deutlich anders geartetes Merkmal, das wir später bei nahezu allen Vierfüßlern des Mondes feststellten, die wir entdeckten: einen auffälligen fleischigen Anhang über den Augen, der über die gesamte Breite der Stirn hinwegführte und sich bei der Breite der Augen vereinigte. Deutlich konnten wir diesen haarigen Schleier wahrnehmen, der mit Hilfe der Ohren gehoben und gesenkt wurde. Scharfsinnig bemerkte Dr. Herschel sofort, daß dies ein natürlicher Schutz gegen die extremen Unterschiede in Licht und Dunkelheit sei, denen alle Lebewesen auf unserer Seite des Mondes regelmäßig unterworfen seien.

Das nächste Tier, das wir beobachteten, würde auf der Erde als Monster bezeichnet werden. Es war von bläulicher Bleifarbe, hatte etwa die Größe einer Ziege und auch deren Kopf und Bart – und ein einzelnes Horn, das leicht nach vorn geneigt war. Dem Weibchen fehlten Horn und Bart, aber es hatte einen viel längeren Schwanz. Das Tier trat in Herden auf und war besonders auf den ansteigenden Waldlichtungen festzustellen. Bezüglich seiner anmutigen, gleichmäßigen Form ließ es sich mit der Antilope vergleichen, und ähnlich dieser schien es ein flinkes und bewegliches Wesen zu sein, das sehr schnell zu laufen vermochte und auf dem grünen Rasen die unberechenbaren Possen eines Lammes oder Kätzchens vollführte. Dieses wunderbare Geschöpf bereitete uns ein ganz vorzügliches Vergnügen.«

Damit endete der zweite Teil der Geschichte. Mit 19360 Stück war die »Sun« nun die auflagenstärkste Zeitung des Landes geworden!

In der nächsten Fortsetzung wurde ein romantisches Bild von der Mondoberfläche und den Mondformationen beschrieben. Von Wasser auf dem Mond wurde berichtet. Nicht als Eis in kalten Gräben, nein, von freiem Wasser an der Oberfläche war die Rede. Nicht einer von zehn Lesern mißtraute der Geschichte, und die Zweifler konnten nicht einmal konkrete Punkte vorbringen, sie zweifelten einfach, weil sie das Gelesene nicht glauben wollten. Ein Professor der Mathematik betrachtete die Geschichte als zweifelsohne authentisch.

Hier die nächste und spannendste Fortsetzung:

»Wir waren ganz aufgeregt vor Erstaunen, als wir nacheinander vier Schwärme großer geflügelter Kreaturen erblickten, ganz und gar nicht so wie Vögel aussehend, die in einer langsamen, gleichmäßigen Bewegung von den Steilhängen auf der westlichen Seite nach unten glitten und auf der Ebene landeten. Wir zählten drei Gruppen dieser Kreaturen – zwölf, neun und fünfzehn an der Zahl –, die sich in aufrechtem Gang zu einem kleinen Wald am Fuß der östlichen Abhänge begaben. Bestimmt waren sie menschliche Wesen, denn ihre Flügel waren jetzt verschwunden, und ihre Haltung beim Gehen war aufrecht und würdevoll.

Während sie über unsere Leinwand glitten, waren diese Kreaturen offensichtlich im Gespräch miteinander. Ihre Gesten, genauer gesagt, die verschiedenen Bewegungen ihrer Hände und Arme, erschienen leidenschaftlich und emphatisch. Daraus zogen wir den Schluß, daß es sich um vernunftbegabte Wesen handelte, wenngleich vielleicht nicht auf einer so hohen Stufe wie die anderen, die wir im nächsten Monat an den Ufern der Regenbogenschlucht entdeckten. Letztere waren befähigt, Kunstwerke hervorzubringen und Erfindungen zu machen.«

In den weiteren Fortsetzungen wurde das große Fernrohr nahezu zerstört, dann stellte Sir John Herschel die Natur der Saturnringe fest, wobei mathematische Einzelheiten selbstverständlich ausgelassen wurden, da sie für den Durchschnittsbürger zu schwer verständlich seien.

Als sich dann Professoren und auch andere Zeitungen bemühten, an das Original der Texte des »Edinburgh Journal« zu gelangen, flog der Schwindel allmählich auf.

Ein Mr. Caleb Weeks, der in New York wohnte und Eigentümer einer Tierschau war, fuhr zu dieser Zeit nach Kapstadt, um einige afrikanische Tiere zu kaufen. Er bat Sir John Herschel um ein Treffen, damit er ihn nach seinen neuen Erfindungen befragen könne. Dieser war zunächst ziemlich überrascht, und als Weeks ihm die Ausgabe der »Sun« gab, amüsierte sich Herschel köstlich darüber.

Das Bemerkenswerte an dieser Geschichte ist, daß viele gebildete Laien und auch viele Wissenschaftler sie für bare Münze nahmen.[5]

Aber noch im 20. Jahrhundert traten Menschen in Erscheinung, die sich als »Kontaktler« bezeichneten und behaupteten, sie stünden in Kontakt mit außerirdischen Raumschiffpiloten und würden auch schon mal zu Rundflügen auf andere Planeten unseres Sonnensystems mitgenommen, wo sie dann ähnliche Bedingungen wie auf der Erde vorgefunden hätten.

Der bekannteste dieser Kontaktler, George Adamski, schrieb 1955 über die Mondrückseite:

«Es gibt da einen Streifen um das Mondzentrum, wo es Vegetation gibt, wo Bäume und Tiere existieren und wo Menschen mit allem Komfort leben.«[6] Der Kapitän eines Saturnschiffes erzählte Adamski, daß ein gewaltiges Laboratorium hinter der sichtbaren Mondrückseite existiere, die leider außer Sicht der Erdbewohner sei.

Am 4. Oktober 1959 schoß die Sonde »Luna 3« erste Fotos von der Mondrückseite. 1967 wurde nach diesen Aufnahmen die erste ausführliche Karte der Mondrückseite erstellt. Kein Labor. Keine Vegetation. Keine Tiere. Keine Menschen. Nur Krater und Maria. Auf der Mondrückseite überwiegt helles, stark zergliedertes Gelände, das ähnlich den Kontinenten auf der erdzugewandten Seite kraterübersät ist. Bei der Mondrückseite fällt natürlich der Schutz durch die Erde weg, und so ist diese viel häufiger dem Einschlag von Meteoriten ausgesetzt als die Vorderseite.

Wie sieht es auf der Mondoberfläche generell überhaupt aus? Im wesentlichen machen vier verschiedene Formationen die Mondoberfläche aus: Maria, Krater, Bergketten und Rillen. Bei den Maria der Mondoberfläche handelt es sich um lavabedeckte Gebiete. Die Lavamassen füllen oft große Krater. Beispiele hierfür sind das Mare Imbrium, das Mare Serinitatis, das Mare Humorum und das Mare Crisum. Maria ohne eine derartige kreisförmige Struktur sind das Mare Frigoris und das Mare Vaporum. Ein gewaltiges Exemplar eines Mares stellt das Oceanus Procellarum mit einer Fläche von mehr als 2 Mio. km^2 dar. Die Oberfläche mancher Maria ist von Falten durchzogen. Hier sind das Mare Serinitatis, das Oceanus Procellarum und das Mare Tranquillitatis gute Beispiele.

Die Krater sind durch den Einschlag von Gesteinsbrocken entstanden. Ihre Größe ist sehr unterschiedlich. Die größten haben Durchmesser von 200 – 300 km. Manche Krater weisen terrassierte Innenberge auf, bei großen Kratern finden wir Zentralberge. Viele kleinere, schüsselförmige Krater können wir erkennen, und in den Hochländern des Mondes kommt es auch vor, daß sich Krater überlappen. Bei manchen, wie z. B. Aristarch, sind dunkle Bänder zu sehen. Beispiel für Riesenkrater sind: Ptolemäus, Schickard und Bailly. Krater mit terrassierten Innenrändern sind z. B. Copernicus und Theophyllus. Thebit und Thebit A stellen Beispiele für sich überlappende Krater dar. Musterbeispiele für einige kleinere Krater sind die Kraterkette im Inneren von Clavius und die dunkel umrandeten Löcher im Alphonsus.

Wenn das beim Aufschlag ausgeworfene Material wieder herunterfällt und wiederum Einschlagspuren hinterläßt, entstehen Sekundärkrater. Sekundärkrater befinden sich z. B. in der Nähe von Copernicus und Aristarch.

Merkwürdige Strahlensysteme können wir in der Zeit um Vollmond beobachten. Sie sind durch fein zerstäubte Auswurfmassen entstanden. Das auffälligste Strahlensystem umgibt den Krater Tycho. Aber auch Kepler, Copernicus und Aristarch sind von Strahlensystemen umgeben.

Der Doppelkrater Messier/Messier A im Mare Foecundidatis fällt dadurch aus der Reihe, daß er nur einen Strahl besitzt. Offensichtlich ist hier nur ein Körper streifend aufgeschlagen, und so wurde das Material nur in eine Richtung geschleudert.

Manche Krater scheinen mit Lava gefüllt zu sein und haben einen sehr dunklen Boden. Beispiel hierfür sind Endymion, Archimedes, Plato und Grimaldi. Krater wie Sinus Iridum, Prinz, Letrone und Fracastoris sind offensichtlich von ausströmender Lava teilweise durchbrochen worden. Wargentin ist bis zum Rand vollgelaufen. Dieser Krater bildet heute ein Hochplateau. Alte Krater, die vollständig mit Lava zugedeckt wurden, werden als Geisterkrater bezeichnet. Nach dem Erkalten der Lava zog sich diese zusammen und paßte sich den darunter verborgenen Formen an. Beispiele sind Stadius im Sinus Aesteum zwischen Erastothenes und Copernicus und Lamont im Mare Tranquillitatis.

Bergketten finden wir an den Rändern einiger Maria. Montes Carpatus, Appendus und Alpes am Mare Imbrium und Montes Caucasus am Mare Serinitatis können als die interessantesten und bekanntesten Beispiele bezeichnet werden. Rupes Altai scheint jedoch eine ältere Formation zu sein. Sie ist von jüngeren Strukturen überdeckt worden. Einzelne Berge finden wir im Mare Imbrium (Pico und Piton); an der Grenze zwischen Sinus Roris und Oceanus Procellarum liegt der stark zergliederte Mons Rümker. Flache Dome, z. B. die der Krater Arago und Hortensius, erinnern an erloschene Mondvulkane.

Die Formationen der Mondrillen und Spalten werden unter dem Begriff »rima« zusammengefaßt. Sie sind schwerer zu beobachten als die anderen Formationen. Die

Spalten, die parallel zu den Rändern des Mare Humorum verlaufen, scheinen in direktem Zusammenhang mit dieser Formation zu stehen. Die Rillen, z. B. die im Bereich von Triesnecker, Arideus und Hygnus im Grenzgebiet zwischen Sinus Medii, Mare Vaporum und Mare Tranquilitatis, zeigen jedoch kaum Bezug zu anderen Formationen. Als die Decken von Lavakanälen nachträglich einstürzten, entstanden gewundene Rillen, z. B. Vallis Schröteri beim Krater Aristarch oder die nahe gelegenen Prinz-Rillen. Der Boden des Alpen-Quertales ist von einer engen, gewundenen Rille durchzogen. Eine weitere bekannte Rille ist die Hadley-Rille. Von Gräben durchzogen sind die Krater Gassendim Petavius und Poseidonius. Bei Coclonius schneidet der Graben sogar den Kraterrand durch, setzt sich außen weiter fort. Die »Lange Wand«, Rupus Recta im Mare Nubium, ist eine auffällige Verwerfung, gut beobachtbar bei Sonnenuntergang. Rupes Cauchi, die bei Sonnenaufgang lange Schatten wirft, ist einem Kliff weit ähnlicher.

Der Mond wendet der Erde immer die gleiche Seite zu. Er dreht sich in der gleichen Zeit um seine eigene Achse, in der er um die Erde wandert – man nennt dies eine gebundene Rotation.

Auf der erdabgewandten Seite befinden sich im Gegensatz zur Vorderseite nur einige kleinere Maria, bedeckt von dunklem Material. Beispiele sind das Mare Moscowiense, das Mare Ingenii oder Hertzsprung. Auf der Mondrückseite überwiegt helles, stark zergliedertes Gelände, das ähnlich den Kontinenten auf der erdzugewandten Seite kraterübersät ist.

Die Oberflächentemperatur beträgt auf der Tagseite +130°C, auf der Nachtseite – 150°C.

Dem Adamski-Kult hatten die Erkenntnisse von »Luna 3« genausowenig geschadet wie die Erkenntnisse, die das »Apollo-Programm« brachte. Im Nachhinein wurde das

Leben auf dem Mond auf die unsichtbare Region, eine höhere Schwingungsebene, verlegt, eine Methode, die von den Anhängern bedingungslos geschluckt wurde.

Eine weitere Variation ist einfach die, daß man der NASA vorwirft, Fotos zu manipulieren, was sowohl Mars- als auch Mond-Fotos betrifft. So wäre beispielsweise bei einem Mars-Foto ein blauer Himmel nachträglich durch einen orangenen ersetzt worden.

Im Jahr 1996 erschien ein Buch mit dem Titel »Wir entdeckten außerirdische Basen auf dem Mond«, das mit 120 NASA-Fotografien und Ausschnittvergrößerungen versehen war. Die Autoren dieses Buches, Fred und Glen Steckling, sind Mitglieder der Georg-Adamski-Foundation.

Es ist bemerkenswert, daß tatsächlich einige der abgebildeten Fotos Dinge zeigen, die eigentlich nicht erkennbar sein dürften. So ist beispielsweise auf einem Bild zu sehen, wie scheinbar Erde aus einem Krater geblasen wird. Andere zeigen brückenartige Gebilde, Dunstwolken und vieles mehr. Wichtig ist auch, daß die Autoren Bildnummern angeben, so daß die Fotos ohne weiteres bei der NASA angefordert werden können.[7]

Betont werden muß allerdings, daß das Buch von Adamski-Jüngern geschrieben wurde. Die Autoren sehen z. B. einen Film, der von Adamski stammt, als authentisch an, in dem ein »Raumschiff« so offensichtlich unter einem Ast hin und her »wackelt«, daß die Annahme, ein Faden verbinde das Objekt mit dem Baum, mehr als naheliegend ist. Die Autoren haben dies nicht erkannt. So ist zu befürchten, daß möglicherweise auch in die Originalbilder zuviel hineininterpretiert worden ist, wobei naturgemäß die Abzüge im Buch nicht so gut zu bewerten sind. Faszinierend sind sie allemal. Ich glaube aber, daß diese zugegebenermaßen merkwürdig aussehenden Gebilde natürlich erklärbar sind. Aber: Man kann nie wissen.

51

Und man fühlt sich erinnert an die Beobachtungen von Professor Franz de Paula Gruithusen. Dieser Mann wurde im Jahre 1774 auf Schloß Haltenberg am Lech geboren. Er war Chirurg, Mediziner und Philosoph. Später wurde er gar Ordinarius für Astronomie in München, wo er im Jahre 1852 auch starb. Bereits als junger Mann fiel Gruithusen durch seine enorme Sehschärfe auf. Er konnte die Venus mit bloßem Auge als Sichel erkennen, eine Fähigkeit, die überhaupt nur wenigen Menschen vergönnt war. Selbst die vier großen Jupitermonde konnte er mit bloßem Auge sehen. Gruithusen hatte sowohl auf dem Gebiet der Medizin als auch der Astronomie unbestrittene Erfolge aufzuweisen, und er war der Autor vieler Lehrbücher.

Gruithusen sollte sich insbesondere mit der Beobachtung des Mondes befassen. Er glaubte zu erkennen, daß das Grau der Meere genau wie das Innere einzelner Wallebenen und Krater im Verlauf eines 350stündigen Mondtages wechselte. Er sprach von »purpurgrauen und gelbgrauen Tinten« und führte diese auf Pflanzenblätter zurück, die je nach vorhandenem oder nicht vorhandenem Sonnenschein gelb oder braun würden. Gruithusen stellte sogar Vergleiche mit irdischen Pflanzen an. Er ging soweit, die »Vegetationsgrenze« zu vermessen, innerhalb derer Farbveränderungen aufgetreten waren. Im Süden des Mondes sollten diese bis zum 55sten, im Norden bis zum 65sten Breitengrad reichen. Die Pole seien immer blendend weiß, so daß Gruithusen bereits an Schnee dachte.

Der Astronom hatte ein Fernrohr mit 2 Metern Brennweite und konnte damit 272fache Vergrößerungen erreichen, was für die damalige Zeit schon sehr beachtlich war.

Gruithusen sprach nach der Mondbeobachtung von »dunklen Gefilden, die sich wie grauer Sammet dem Auge darböten«.

Eine Beobachtung fand um 18 Uhr am 6. September 1821 statt. Nordwärts von dem noch nicht aus der Nachtseite hervorgetretenen Krater Tobias Mayer sah er an der Lichtgrenze so etwas wie feinen zottigen Sammet. Diese Erscheinung konnte nach Meinung des Beobachters nur durch einen Palmwald oder durch ein Feld voller Riesenfarnkräuter verursacht werden, die in Sümpfen stünden.

Heute weiß man, daß gerade Beobachtungen am Terminator, also der Licht-Schatten-Grenze, mit äußerster Vorsicht zu genießen sind, da hier der kleinste Gesteinsbrocken die erstaunlichsten Schatten werfen kann.

Später berichtete Gruithusen von Mondlandschaften wie z. B. dem Cleomedes, in dessen großer Ringfläche sich schattenhaft ein Vierfeldquadrat abzeichnete, bei denen alle Linien doppelt ausgezogen erschienen. Es gäbe viele derartige Liniensysteme. Er spekulierte, daß irgendwelche Tiere sich »Trampelpfade« oder besser Wanderstraßen gebahnt hätten.

Liniensysteme waren auch auf dem Mars beobachtet worden, und auch dort wurde unter anderem überlegt, ob es sich möglicherweise um Wanderwege für Tiere handeln könnte. Aber in diesem Falle gab es letztendlich eine ganz einfache Erklärung, wie wir noch sehen werden. Interessanterweise wurde auch einem der Beobachter dieser »Marskanäle« ein außerordentlich gutes Sehvermögen bescheinigt.

Jedenfalls war spätestens nach dem Beobachten der Wanderstraßen, die für Gruithusen Tierwege darstellten, das »Mondleben-Fieber« geweckt. Er war sich sicher: Eines Tages würde er Mondmenschen sehen. Gewiß nicht einzeln, sondern wenn sie in Massen durch die Schneisen zögen. Er war der Meinung, wenn die Linie einer Straße durch zwei sich gegeneinander bewegende Farbansätze unterbrochen sei, die sich vereinten und

wieder trennten, könne es sich nur um reisende Mondmenschen handeln.

Sechzig Beobachtungsjahre widmete Gruithusen »seinem« Mond! Er suchte nach Seleniten (Mondmenschen),
und er suchte nach ihren Bauwerken.

12. Juli 1822. Morgens um halb vier Uhr: Zu dieser
Stunde glaubte Gruithusen erstmals einen kolossalen, unseren Städten nicht unähnlichen Bau im Mond zu sehen.
Dieses Gebilde, das der Astronom als »Kunstwerk« ansah,
befände sich auf 80° östlicher Länge und auf 60° nördlicher Breite. Es liege in einer barometrisch tiefen Landschaft und mache das westliche Drittel des Mondteiles
Schroeter aus. Beim erstmaligen Anblick dieses Gebildes
glaubte er gar, eine Stadt vor sich zu haben. Diese windge-
schütze Lage sei natürlich optimal, meinte der Astronom.
Er machte sich Gedanken über weitere Wohnungen der Seleniten, die unter der Mondoberfläche liegen könnten.

Einmal, bei Sonnenuntergang, sah Gruithusen etwas wie
»Domkuppeln« über verschiedenen Stellen. Dann sprach
er von einem Tempel, der sternförmig angelegt sei. Von einer Religion der Seleniten war die Rede.

2. März, 1822, morgens halb eins: Gruithusen beobachtet ein Rundgrübchen zwischen Copernicus und Erastothenes in vierteiliger Gestalt mit vier Erhabenheiten, die wie
Kuppeln eines Domes aussehen. Er spekuliert, daß die
Mondbewohner durch vier Rauchwolken das Sonnenauf-
gangsfest zelebriert hätten.

Bei dieser Beschreibung fallen zwei Begriffe auf:
»Rauch« und »Sonnenaufgang«. Die Erwähnung des Rau-
ches könnte auf das Entweichen flüchtiger Gase hinweisen. Diese Gase werfen durch die Sonnenbeleuchtung, gerade an der harten Tag/Nacht-Grenze des Mondes, lange
Schatten, denn es gibt ja keine ausgleichende Atmosphäre,
keine Luft, die eine Dämmerung herbeiführen könnte.

Diese Faktoren zusammen könnten durchaus den von Gruithusen beobachteten Effekt hervorgerufen haben. Hinzu kommt, daß man heute tatsächlich von »Domen« auf dem Mond spricht. Diese Beulen (»lunar domes«) haben Durchmesser von 10 bis 20 Kilometern und eine Höhe von 250 bis 500 Metern. Viele dieser Beulen zeigen auf ihrer Kuppe eine Öffnung mit einem Durchmesser von etwa 1000 Metern!

Juli, früh nach halb drei, Nachtseite des Mondes: Der Astronom sah beim Proclus ein Licht wie eine Glut, drei- bis viermal hervorblinken, aber auch um drei Uhr verlöschen. Gruithusen sprach von einem nächtlichen Feuerfest. Die Feuer sollen aus den Kaminen der unterirdischen Behausungen der Seleniten gekommen sein – oder aber es waren wieder diese flüchtigen Gase, die auftreten können, wenn Gestein wegrollt, wie man heute weiß.

Leider fehlt bei dieser Beschreibung die Jahresangabe. 1822 kann es nicht gewesen sein, da hier der Mond bereits um halb eins untergegangen war. Das erschwert natürlich eine Nachprüfung auch im Hinblick darauf, ob möglicherweise Meteoriten am Mond vorbeizogen.

Es könnte sich jedoch durchaus um eine »Moonblink«-Erscheinung gehandelt haben, wenn die entsprechenden Beleuchtungsverhältnisse gegeben waren.

Gruithusen beobachtete auch Vulkanausbrüche, z. B. im Krater Alphonsus, aber nicht nur dort. Auch hier dürften die flüchtigen Gase wieder eine Rolle gespielt haben, denn der Krater Alphonsus ist einer der Orte, an denen häufiger »Moonblink-Erscheinungen« wahrgenommen worden sind.

Gruihuisen erkannte auch mehrere Trampelpfade zusammen. Ob hier Wallfahrten gemacht würden, fragte sich Gruithusen. Er dachte auch an Bergbau oder Straßen unter dem Boden. Der Phantasie waren keine Grenzen gesetzt.

Aber immer wieder war von »Staub und Rauch« die Rede, die mit der Eintrübung und der Wiederaufklarung von Objekten in Verbindung standen.

Eine Erscheinung, die entweder auf eine gewisse Unruhe in der oberen irdischen Atmosphäre oder eher noch auf den Austritt flüchtiger Gase aus dem Mondboden zurückzuführen sein dürfte.

Weiter sprach Gruithusen von »Waldalleen«, »verwachsenen Schneisen«, »ebenen Flächen gleich eines holländischen Polders«. Er sprach von Mauern, die für neugierige Seleniten gemacht sein könnten, um die Erde besser beobachten zu können.

Am Rande der Mondstadt läge eine »drei Kilometer im Durchmesser haltende, gegen den Vollmond fast schwarzgrau werdende Zentralfläche – wahrscheinlich von den Seleniten als ein windstiller Erholungsplatz und Garten benutzt«.

Um die geschwungenen Buchten der benachbarten Maria will Gruithusen »Tauränder« beobachtet haben. Er spekuliert, daß dort gerade das Eis aufgegangen wäre. Sowohl im Norden als auch im weißen Süden will er die »bitteren Eissümpfe« der extremen Breiten ausgemacht haben.

Um mit den Seleniten Kontakt aufzunehmen, schlug Gruithusen vor, in den Weiten Sibiriens riesige Steckrübenfelder in der Form des Pythagoreischen Lehrsatzes anzulegen und dann auf Antwort zu warten. Allerdings wurde dieser Plan nie ausgeführt.[8]

Immer neue Wunder erblickte Gruithusen durch sein Fernrohr:

Am 20. Oktober 1824 sah der Astronom ein Licht über der dunklen Seite des Mondes. Es verschwand. Sechs Minuten später erschien es wieder, und dann blitzte es, bis 5.30 Uhr morgens, als der Sonnenaufgang die Beobachtung beendete.

Am 22. Januar 1825 wurde wieder ein sternenähnliches Licht gesehen, diesmal von Reverend J. B. Emmet.

Auch in diesen Fällen blieb die astronomische Nachprüfung erfolglos. Ich konnte keine regelmäßigen Meteorströme ermitteln, die in der Nähe des Mondes ihren Ausstrahlungspunkt hatten. Interessant ist lediglich der Umstand, daß bei der ersten Beobachtung der Komet Swift-Tuttle, bei der zweiten die Venus in der Nähe des Mondes stand, was uns aber nicht viel weiter hilft. Vielleicht haben sich in beiden Fällen »Sternschnuppen-Einzelgänger« am Mond vorbeigeschoben, oder es handelte sich, was sogar wahrscheinlicher erscheint, wieder um einen Ausbruch flüchtiger Gase. Da beide Beobachtungen kurz vor Sonnenaufgang gemacht wurden, muß an Beleuchtungseffekte gedacht werden, die der Erscheinung erst die entsprechende Helligkeit verliehen hatten.

13. Februar 1836: Gruithusen erblickte in dem westlichen Krater von Messier (es handelt sich hierbei um einen Doppelkrater) zwei gerade Lichtlinien; zwischen ihnen erkennt er ein dunkles Band, das mit leuchtenden Punkten bedeckt war.

Die interessanteste Entdeckung Gruithusens fand freilich im Jahre 1821 statt, als er eine Stadt auf dem Mond erkannt haben wollte. Er beschreibt deren Hauptdurchgang und abzweigende Straßen. 1826 entdeckte er dort beträchtliche Gebäude und neue Straßen. Diese Formation befände sich nördlich des Mondteiles Schroeter. Sie wurde oft von skeptischen Astronomen untersucht. Es existieren Skizzen, in denen eine zentrale Linie und angrenzende Linien gezeigt werden. Gruithusen sah nicht als einziger Mondbauwerke. Ein besonderes Objekt auf dem Mond ist oft beschrieben, gezeichnet und fotografiert worden. Es sei geformt wie ein Schwert und läge nahe dem Krater Birt. Es wurde verglichen mit einer Kathe-

drale oder mit den künstlich bearbeiteten Bergen Nord-
amerikas.

Erscheinungen, die an ein Viadukt erinnerten, wurden
ebenfalls auf dem Mond entdeckt. Von Kratern, die wie eine Eule aussahen, war die Rede, von bestimmten Architek-
turtypen, von Glaskuppeln und vielem mehr.[9]

Ähnliches weiß auch Felix A. Bach zu berichten. In
»The Gate« vom Juli 1987 veröffentlichte er einen Artikel
unter dem Titel »Who moves these Selenite Structures?«
(Wer veränderte diese Mondstrukturen?)

Bach schreibt von Hunderten von kolossalen Objekten,
die überall auf der Mondfläche zu finden seien. Er weist
darauf hin, daß 1953 eine brandneue, zwölf Meilen lange
brückenartige Struktur auf der westlichen Einfassung des
Mare Crisum entdeckt worden sei. Bach meint, diese Dinge müßten in der astronomischen Gemeinschaft wohlbe-
kannt sein.

Es war 1981, als Bach auf einige sonderbar aussehende
Skizzen im FATE-Magazin stieß, die von Jack Swaney, einem sehr bekannten Amateurastronomen aus Las Vegas,
Nevada, angefertigt worden waren. Swaney hatte sechs
Jahre damit zugebracht, seine Sichtungen mit Mondauf-
nahmen der NASA zu vergleichen. Swaney beklagte sich
darüber, daß die NASA und die Astronomische Gesellschaft eine gründliche Geheimhaltung betrieben. Er sprach
von der Anwesenheit von »Alien-Artefakten«, die jedoch
auf offiziellen Fotos nicht zu sehen seien.

Im Mai 1982 besorgte sich Bach ein kleines 60 mm-Te-
leskop, und schon vier Nächte später will er ein Objekt beobachtet haben. Im Norden gegen den Krater Ukert erblickte er ein 30 x 30 Meilen großes sternenförmiges Objekt, welches Swaneys Skizzen ähnelte.

Ich beobachte den Mond regelmäßig seit 1988 mit einem
Teleskop mit einem Objektivdurchmesser von 200 mm,

und mir war es noch nie vergönnt, ein derartiges Objekt zu sehen. Allerdings kannte ich Swaneys Skizzen noch nicht, und so konnte ich auch nicht nach einem derartigen Objekt bewußt Ausschau halten. Ich kann mir andererseits aber auch nicht recht vorstellen, wie man solch ein Gebilde durch ein Teleskop mit lediglich 60 mm Objektivdurchmesser zu beobachten vermag!

Aber Bach verbrachte von seiner ersten Sichtung an 300 Abende mit dem Beobachten des Mondes. Die nächsten Beobachtungen wurden mit einem Teleskop unternommen, das er als »SPC 8« bezeichnete. Mehr Angaben machte er nicht, ich gehe aber davon aus, daß die »8« für 8 Zoll steht, das heißt, er hatte jetzt ein Gerät mit 200 Millimetern Objektivdurchmesser zur Verfügung. Es war selten, daß er nichts äußerst Erstaunliches beobachtete. Der Mond sei nicht dumpf und leblos, eher sei er faszinierend und voll von Aktivität. Bach will alle möglichen Wunder gesehen haben, einschließlich enormer Gebiete, die zeitweise von einem Nebel oder Dunst eingehüllt waren. Aber bis zum September 1986 sah er nie ein bewegtes Objekt.

Dieser Nebel oder Dunst, den auch Steckling erwähnt, ist natürlich erklärbar. Die sogenannten Moonblinks, merkwürdige Lichterscheinungen auf dem Mond, werden vermutlich durch Gasaustritte hervorgerufen. Und solche Gasaustritte können selbstverständlich auch zu Erscheinungen führen, die in Fernrohren wie Dunst oder Nebel aussehen. Wir erinnern uns, daß Gruithusen öfters von »Dampf und Rauch« sprach. In einem hat Bach sicherlich recht: Der Mond ist nicht dumpf und leblos, er ist tatsächlich faszinierend.

Ab September 1986 erwartete Bach, eventuell ein bewegtes Objekt zu erblicken. Swaney hatte ja schließlich in einer seiner FATE-Skizzen von einem »ausgerissenen Baum« berichtet, und zwar auf einem 25 Meilen langen »turmähnlichen

Kran« beim Krater Julius Caesar. Und so versuchte auch Bach dieses Objekt zu beobachten. Und er sichtete ähnliche, aber kleinere kranartige Objekte bei den Kratern Boscovitch, Pallas, Ukert sowie Eratosthenes. Sie befanden sich immer in der gleichen Position, wenn Bach beobachtete.

Enthusiastisch berichtet Bach, wie plötzlich Bewegung in »durchgehend ausgebeulte Strukturen« kam. Als er den Krater Rost 1985 zum ersten Mal sah, beobachtete er sieben deutliche »Taschen«, die von einem kohlrabenschwarzen Mast irgendeiner Art herabhingen. Bach schätzte sie auf 20 Meilen Größe. Sie schienen aus einem gardinenähnlichen Material gemacht zu sein, denn Bach konnte den Kraterboden und dessen Einfassung etwas lichtschwächer dahinter sehen.

Nachdem er diese Strukturen im Jahre 1985 mehrere Male beobachtet hatte, fertigte er eine Skizze davon an, die in der Juniausgabe 1986 von FATE veröffentlicht wurde. Bach war bis zum November 1986 nicht in der Lage, diese Anlage noch einmal zu sehen. Nun erschien der Mast um 90° gedreht, und die Taschen waren etwa 35 Meilen über der Einfassung des Kraters Schiller aufzufinden. Sie sahen aus wie Wäsche an einer Wäscheleine.

Bach versuchte sowohl die vorherigen als auch die nachherigen Positionen auf seiner Skizze festzuhalten, um einen generellen Eindruck zu vermitteln. Natürlich sei die große Frage, wer diese monströsen Apparate bewegt hatte.

Das »fackelartige« Objekt war eine weitere Überraschung. Ursprünglich sah es Bach im Jahre 1985, er versäumte jedoch, die genaue Position aufzuzeichnen. Lange Zeit konnte Bach es nicht wiederfinden, er vermutete aber, daß es verantwortlich war für einen 25-Meilen großen quadratischen Flecken aus grünlichem Licht, den er früher in diesem Großgebiet gesehen hatte. Er lag sehr tief hinter der Tag/Nacht-Grenze, an der Licht und Finsternis hart beieinander stehen, also da, wo der von der Erde aus sichtbare Teil des Mondes aufhört. Er fand »die Fackel« schließlich ganz zufällig, als er im »Dinsmore Alter's Pictorial Guide to the Moon« blätterte.

In einer guten Vergrößerung eines legitimierten Fotos von 1938, das vom Lick-Observatorium aufgenommen worden war, ist die Formation »Rupus Recta« abgebildet. Sie erinnert an eine gerade Wand. Nach Bach war Licht zu sehen, das von der gegenüberliegenden Seite ausging, jedoch in unmißverständlicher Detailliertheit. Abzüglich einiger kleinerer Unterschiede sah es dem, was vor 49 Jahren fotografiert wurde, sehr ähnlich. Der »Gänsehals« und die »Lampen«-Proportionen waren identisch, aber es schien, daß das »Faß« den dünnen Schaft weiter hinuntergerutscht und eine Art von »Spalt« über dem Grundsockel entstanden sei, der möglicherweise aus einem anderen Stadium der Operation resultierte.

Bach schließt aus seinen Beobachtungen und denen anderer, daß auf dem Mond eine ganze außerirdische Zivilisation hause und daß wir diese Tatsache endlich akzeptieren müßten.

Ich denke, dem geschätzten Kollegen ist hier die Phantasie etwas durchgegangen. In einem Amateurfernrohr erscheinen kleinere Krater wie Triesnecker (26 km) oder Hygnus (10,6 km) recht klein. Man muß schon sehr gute Sichtbedingungen und eine gute Auflösung haben, um diese Objekte beobachten zu können. Die Luft muß ruhig und klar sein. Dunst in der Erdatmosphäre kann die Sicht beeinträchtigen. Dann wird die Beobachtung besonders beim Einsatz kurzbrennweitiger Okulare, d. h. wenn man stark vergrößert, sehr schwierig. Hinzu kommt noch, daß billige Okulare bei Linsenfernrohren oft das Bild verfälschen.

Felix A. Bach will jedoch zum Teil mit einem 60mm-Fernrohr (Teleskope dieser Art sind gewöhnlich Linsenfernrohre) Objekte in dieser Größenordnung zweifelsfrei erkannt haben, die er ja sehr genau beschreibt. »Gardinenartiges Muster«, »kartoffelförmige Strukturen«, »taschenartige Objekte«, ein »turmähnlicher Kran von 40 km Größe«! Wer soll den denn bewegen? Ich denke, die von Bach beobachteten Objekte sind durchweg auf Täuschungen, Spiele von Licht und Schatten und möglicherweise Effekte von schlechten Okularen zurückzuführen. Leider beschreibt Bach seine Ausrüstung nicht näher. Die Lichterscheinungen sind mit hoher Wahrscheinlichkeit Gasausbrüche gewesen.

Nachdenklich macht die Beobachtung kleiner Pyramiden auf dem Mond, die Max-Emil Chemnitzer im »Magazin für Grenzwissenschaften« Nr. 11 ausführlich beschreibt und von denen er auch NASA-Fotos und geometrische Berechnungen vorlegt. Natürlich können diese Mondobelisken unregelmäßig geformte natürliche Gesteinsformationen sein. Interessant sind sie allerdings im Hinblick auf die Tatsache, daß es auf dem Mars unzweifelhaft fünfseitige Pyramiden gibt. Bevor wir jedoch zu diesem Planeten, der nach dem römischen Kriegsgott benannt ist, aufbrechen, wollen wir uns doch zunächst einmal mit dem nach der »Göttin der Liebe« benannten Planeten, nämlich der Venus, befassen. Wir verlassen unseren Mond, kommen zu einer neuen Etappe unserer mentalen Reise und bewegen uns langsam in Richtung Sonne, zur Umlaufbahn des in dieser Richtung erdnächsten Planeten hin. Was hat dieser geheimnisvolle Planet, der sich hinter einer dichten Wolkendecke versteckt, zu unserem Thema »Leben« zu bieten?

Blonder Schönling von der Venus

Die Venus ist der Planet, der der Erde am nächsten kommt. Sie umkreist die Sonne innerhalb der Erdbahn. Sie hat einen Äquatorialdurchmesser von 12.112 km. Ihr mittlerer Abstand zur Sonne beträgt 108,2 Millionen km. Der Planet ist etwas kleiner als die Erde. Durch ihre undurchdringlich dichte Wolkenschicht hat die Venus ein unglaublich helles Rückstrahlvermögen, so daß der Planet alle anderen Objekte am nächtlichen Himmel mit Ausnahme des Mondes überstrahlt. Venus ist nach der römischen Göttin der Liebe und des Frühlings benannt. Abhängig von der Bahnstellung der Venus kann sie von der Erde aus als Morgenstern oder als Abendstern gesehen werden. Die Venus zeigt Phasen wie der Mond. Wir haben gehört, daß Gruithusen sie sogar mit bloßem Auge wahrnehmen konnte. Wie kommt es zu diesem Effekt? Befindet sich Venus, von der Erde aus gesehen, vor der Sonnenscheibe, dann steht sie in unterer Konjunktion. In dieser Stellung wird nur die Rückseite des Planeten beleuchtet, von der Erde aus gesehen herrscht dann »Neuvenus«. Sie ist der Erde zwar recht nahe, aber unsichtbar.

Der Planet geht nun auf die Westseite der Sonne über und wird am Morgenhimmel als schmale Sichel sichtbar. Dann wird der Planet kleiner, nimmt aber weiter zu und erreicht nach einigen Wochen seine größte westliche Elongation, die größte Auslenkung von der Sonne. Im günstigen Falle kann diese Auslenkung bis zu 47° betragen. Venus erscheint in dieser Zeit halb beleuchtet. Diese Halbphase wird als Dichtiotomie bezeichnet.

Nun nimmt Venus weiter zu, erscheint kleiner und verschwindet bald hinter der Sonne. Sie befindet sich nun in der oberen Konjunktion. Könnten wir sie zu dieser Zeit sehen, so erschiene uns der Planet als »Vollvenus«.

Die Venus begibt sich nun auf die Ostseite der Sonne und erscheint am Abendhimmel. Hier beginnt dann das umgekehrte Spiel: Venus wird größer, aber lichtschwächer, nimmt wieder ab, erreicht ihren größten westlichen Winkelabstand von der Sonne, bis sie wieder vor der Sonne in deren Licht verschwindet.

Während einer »Elongation« (Winkelabstand) steht Venus dann mehrere Wochen lang in günstiger Position.

Der Begriff »Venus« steht auch für Fruchtbarkeit. Und Fruchtbarkeit hat etwas mit Leben zu tun. Leben auf der Venus aber ist vollkommen unmöglich. Oder?

»Auf gewisse Weise ist die Venus der erdähnlichste Planet, den wir kennen«, sagt der Astronom D. Grinspoon. Er hält Leben auf der Venus, nämlich in der Hochatmosphäre, durchaus für denkbar – auf der Basis von Schwefel. Venus erneuere schließlich kontinuierlich ihre Oberfläche und liefere so potentiellen Lebensformen Nährstoffe.[1]

Die Wendung »auf gewisse Weise« sollte in Grinspoons Aussagen hervorgehoben werden. Denn auf der Venus herrschen, wie wir mittlerweile wissen, Temperaturen von fast 500 Grad. Eine dichte Wolkendecke umgibt den Planeten. Die Wissenschaft spricht von Treibhauseffekt. Vielleicht sieht es in Anbetracht der Tatsache, daß wir kräftig dabei sind, unseren blauen Planeten in ein Treibhaus zu verwandeln, in einigen Jahrzehnten auf der Erde ähnlich aus wie auf der Venus.

Die Idee von atmosphärischem Leben auf der Venus ist an sich nicht neu. Vor Jahren schon wurde spekuliert, daß vor der durchgehenden Treibhaussituation genügend Wasser und eine geeignete Temperatur vorhanden gewesen sein können, die die Existenz einfacher biologischer Formen ermöglicht hätte. Der Gedanke war, daß das Leben sich in die Atmosphäre verlagert habe. Oder es sei dort entstanden. Man argumentierte, daß Organismen in sol-

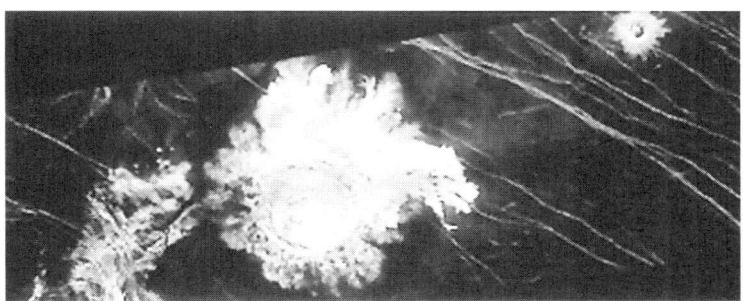

Der Venuskrater Stuart

Ein durch Lavafluß entstandener Kanal auf der Venus. Er ist über 7000 Kilometer lang und zwei Kilometer breit.

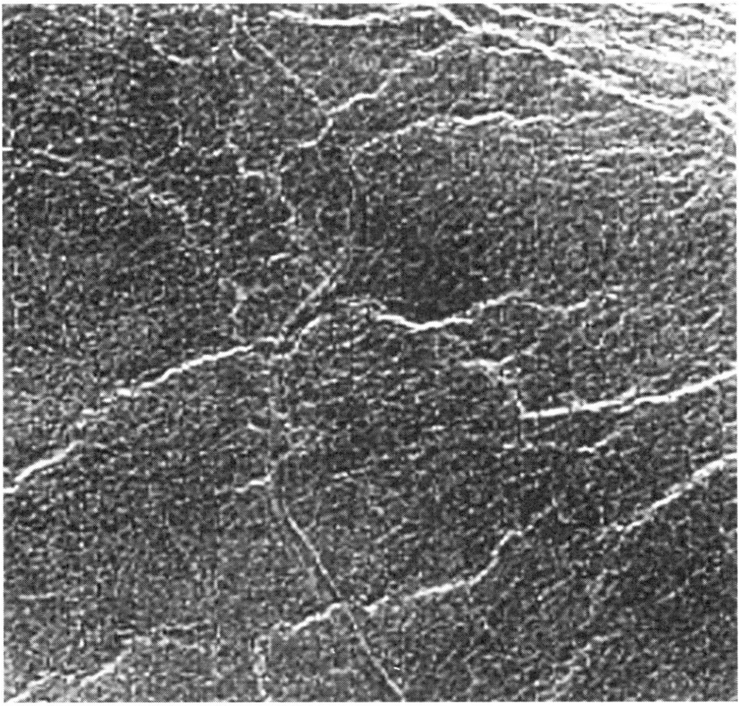

chen Höhen in der Atmosphäre schweben könnten, in denen die Bedingungen erträglicher seien als auf der Oberfläche. Damals wurde jedoch von auf Kohlenstoffbasis existierendem Leben ausgegangen, denn Kohlenstoff ist die Basis des Lebens auf der Erde. Francis Jackson und Patrick Moore haben allerdings die Chancen für ein derartiges Leben als sehr gering eingeschätzt.[2] Aber auf Schwefelbasis? Wer weiß?

Noch geringere Chancen gab man der Wahrscheinlichkeit, daß es Nischen auf der Oberfläche oder im Inneren der Venus gibt, in denen auf Kohlenstoff basierendes Leben existieren könnte. Außerdem wäre dieses wohl sehr schwer nachzuweisen. Der Treibhauseffekt macht die Existenz von Leben in dieser Form nahezu unmöglich.

George Adamski wußte freilich nichts von einem Treibhauseffekt zu berichten. Ich kann mich noch gut daran erinnern, wie ich mit 17 Jahren begann, mich mit der UFO-Thematik zu beschäftigen. Der »Adamski-Kult« war noch ausgeprägter als heute. Ich kann mich daran erinnern, daß Adamski des öfteren mit einem Adonisverschnitt unterwegs war, der auf der Venus beheimatet gewesen sein soll. Er hatte langes blondes Haar. Auf Zeichnungen war »Orthon«, so der Name von Adamskis Busenfreund, bezeichnenderweise ständig mit einem blauen Skianzug bekleidet.

Von der Venusoberfläche übermittelte uns Adamski ein romantisches Bild. Seen, Berge, wunderschöne Landschaften fände man dort vor; und vor allen Dingen menschliche Wesen, die freundlich und langmütig seien. Adamski schilderte ein perfektes System, bei dem die Freizeit nicht zu kurz kam. Die Kontaktler konnten sich zuweilen selbst von diesen paradiesischen Zuständen überzeugen, da die lieben Venusier sie des öfteren zu einer Spazierfahrt mitgenommen hatten.[3]

Wenig später erkundeten die sowjetischen »Venera«-Sonden die Venus. Sie vermittelten ein ganz anderes Bild als die Kontaktler: Kohlendioxid-Atmosphäre, 500 Grad Hitze, unwirtliche Gegend und Geröll, also kein Paradies, eher so, wie man sich die Hölle vorstellt.

Und wie reagierten die Kontaktler? Sie wandten nun eine ganz einfache Taktik an, die zuvor auch schon von christlichen Sekten in ähnlicher Form erfolgreich benutzt worden war. Während man ursprünglich die Außerirdischen als Bewohner der buchstäblichen Planeten (Venus, Saturn, etc.) ansah, verlegte man deren Ursprungsort im nachhinein auf eine »höhere Schwingungsebene«. So kamen Adamskis Freunde also von einer höheren geistigen Ebene als der, welche unsere Raumsonden erreichen konnten.[4] So einfach ist das.

Was die Wahrscheinlichkeit früheren Lebens auf der Venus angeht, so sind es wieder Jackson und Moore, die ihm nicht viele Chancen einräumen, obwohl man heute wieder optimistischer zu sein scheint.

Vermutet wird, daß in der Zeit, in der Venus und Erde entstanden, durch den Einschlag von kleinen Meteoren ein Erwärmungseffekt auftrat, bis – nach einer gewissen Zeit – die Einschläge aufhörten und dann ein Gleichgewichtszustand erreicht wurde. Der Strahlungsverlust im Infrarotbereich wurde nun durch den Einfall von sichtbarem und von ultraviolettem Sonnenlicht ausgeglichen. (Bei Infrarotstrahlung handelt es sich um eine für uns unsichtbare Strahlung, jenseits der Farbe Rot. Analog dazu befindet sich der ultraviolette Bereich jenseits des für uns sichtbaren violetten.) Nach Meinung einiger Astronomen kühlte die Venus nie genügend ab, um Regen zu erzeugen. Das Wasser, das sich in Form von Wasserdampf in der Atmosphäre befand, wäre durch Licht in Wasserstoff umgewandelt worden. Und der Wasserstoff, dieses leichte Gas, wäre in den Weltraum entwichen, oder es wurde zu Sauerstoff, der sich mit Kohlenstoff zu Kohlendioxid verband.

Die Wahrscheinlichkeit, daß es früher Leben auf der Venus gegeben haben könnte, scheint gering zu sein, wenn man davon ausgeht, daß die Sonne in der weit zurückliegenden Zeit der Entstehung des Sonnensystems bis zu 30% weniger leuchtstark war als heute, es auf der Venus wegen der Einschläge heiß war und es auch damals keine nennenswerte Menge Wasser auf der Venusoberfläche gegeben haben dürfte.

Andererseits könnte es sein, daß es tatsächlich eine Zeitlang Meere gegeben hat, die durch die Zunahme der Sonneneinstrahlung verdampften. Der Treibhauseffekt kam unweigerlich, und alle entstandenen Organismen wurden vernichtet.

Eine ganz interessante Idee war R. Chalmers' Konzept des »anorganischen Lebens« in Gestalt eines planetarischen Organismus. Man sah das Wesen Venus als ein Gegenstück zu Gaia, allerdings völlig verschieden in der Konstitution. Vielleicht Germanium anstelle von Kohlenstoff, elektrische Zellen als Energiequellen, die Schwefelsäure als Elektrolyte verwendeten. Ein solcher Organismus wurde als »planetengroßer Computer« gesehen, der sogar die schnelle Rotation der Venus herbeigeführt haben könnte, um die Temperatur auf der Oberfläche auszugleichen.[5]

Frank Oschatz verweist in einem Vortrag auf einen Plan des unlängst verstorbenen Astronomieprofessors und Weltraumexperten Carl Sagan. Nach dessen Plan soll es möglich sein, die Venus für den Menschen bewohnbar zu machen. Sagan schlug vor, die vorhandene Kohlensäure in ihre Bestandteile Kohlenstoff und Sauerstoff aufzuspalten. Auf der Erde findet man Algenarten, die in der Lage sind, in über 300 Grad heißen Quellen zu überleben und Kohlensäure in ihre Bestandteile zu zerlegen. Mit Raketen zur

Venus befördert und an einigen Stellen plaziert, könnten sie sich explosionsartig vermehren. Sagan meinte, daß die Zahl der Algen derart schnell anwachsen würde, daß man schon nach einem Jahr mit einem Teleskop die Oberfläche der Venus erkennen könnte. Bisher ist die Wolkendecke undurchdringlich. Mit einem Absinken der Kohlendioxidkonzentration käme es gleichsam zu einem Temperatursturz. Regen würde fallen, und die vorhandene Wolkendecke würde sich langsam auflösen. Das Wasser würde nicht mehr verdampfen, sondern sich in Seen und Meeren sammeln. Schließlich würde die Venus für Mensch und Tier als ein neuer Lebensraum erschlossen sein. Aber diese Idee ist natürlich ausgesprochen spekulativ.

Die »Magellan-Sonde«, von der die Venus in den letzten Jahren gründlichst unter die Lupe genommen wurde, hat gerade erst ihre Mission beendet. Ausgewertet sind noch längst nicht alle Daten. Und Einigkeit bezüglich der Bewertung der vorliegenden Daten herrscht auch nicht. So war bis vor kurzem die Rede davon, daß die Venus als »erstarrt« und »fossiliert« zu bezeichnen sei, heute scheint man davon wieder etwas abzurücken. Möglicherweise ist die Venus doch geologisch aktiv geblieben, obwohl man sich bis vor kurzem noch sicher war, daß dort in der letzten Zeit keine Vulkanausbrüche mehr stattgefunden haben. Obwohl die Venus Vulkane, Berge und auch Krater aufweist, besteht sie doch zum größten Teil aus Flachland.

Über das Thema »Leben auf der Venus in Vergangenheit oder Gegenwart« ist das letzte Wort mit Sicherheit noch nicht gesprochen worden.

Im Moment gibt es jedoch nicht mehr zu sagen, also begeben wir uns weiter auf unserer Reise. Nach innen, zum innersten Planeten hin? Nein, auf dem atmosphärenlosen, auf der einen Seite glühendheißen und auf der anderen Seite eiskalten Merkur werden wir außer der jüngst gemachten interessanten Feststellung, daß es an seinen Polen Eis gibt, nichts finden, was für unser Thema relevant wäre. Wenden wir also unseren Blick nach außen. Verlassen wir die im großen und ganzen doch unwirtliche Venus in die andere Richtung. Die Umlaufbahn des Erde/Mond-Systems, von dem aus wir unsere Reise begonnen hatten, kreuzend, begeben wir uns zum Planeten der Geheimnisse, zum »roten« Planeten, der die Menschheit schon immer in Atem gehalten hat. Gehen wir zum Mars.

Dauerbrenner »Leben auf dem Mars«

Die Frage nach Leben auf dem Mars wurde über die Jahrhunderte bis heute immer wieder gestellt. Während man eigentlich schon immer über Leben auf dem Mars nachgedacht hat, ist die erste bekannt gewordene Geschichte auf Schiaparellis Marskanäle zurückzuführen.

Und so fing alles an: 1878 wurde eine Marskarte veröffentlicht, die von dem italienischen Astronomen Giovanni Schiaparelli stammte. Er führte die heute noch für Marsformationen gängigen Bezeichnungen ein. Was an seiner Karte aber so aufregend erschien, waren Linien, die dunkle Gebiete miteinander verbanden. Schiaparelli nannte diese Linien Canali, wobei er (zunächst) nicht unbedingt an künstliche Kanäle dachte, obwohl das Wort häufig so übersetzt wurde. Natürlich erschienen nachfolgend etliche Bücher über den Mars, wissenschaftlicher und weniger wissenschaftlicher Art, jeder mußte seinen Kommentar abgeben, und jeder berief sich auf Schiaparelli. Bei einer später von Schiaparelli gezeichneten Marskarte erschienen die Linien gerader als zuvor. Er hatte neue Kanäle gefunden und bemerkte, daß manche Kanäle plötzlich doppelt verliefen.

In seinem 1925 erschienenen Buch »Mars – Seine Rätsel und seine Geheimnisse« setzte sich Robert Henseling intensiv mit den Marskanälen auseinander. Er differenzierte die Kanäle in zwei verschiedene Arten von Erscheinungen. Die erste Gruppe umfaßte band- und schnurförmige Streifen, die jedoch unter günstigen Beobachtungsbedingungen ihre scheinbare Einfachheit und ihren Verlauf verlören. Dann lösten sie sich in unregelmäßig geformte Einzelheiten auf. Henseling beschrieb sogar, wo diese Kanäle gelegen haben sollen. Zu der ersten Gruppe gehörten Nilosyrtis und Indus, die nördlichen Fortsetzungen der großen Syrte und des Margatifer Sinus.

Die zweite Gruppe seien die Kanäle im eigentlichen Sinne des Wortes. Sehr schwache Linien, meist von grauer oder bräunlicher Färbung, die von den Beobachtern als glatt verlaufend und als so überaus fein beschrieben würden, daß sie an der Grenze der Wahrnehmbarkeit lägen. Die Beschreibungen der Beobachter wiesen jedoch in sich große Widersprüche auf. Interessant ist hierzu eine Äußerung, die von einem Herrn namens Maggini gemacht worden sein soll. Dieser war der Meinung, man müsse die Kanäle in der Zeichnung »ganz außerordentlich übertrieben« darstellen, im Vergleich zu allen übrigen Einzelheiten des Marsbildes über alles Maß hinaus vergrößert, wenn man sie überhaupt zeichnen wolle. Vergleichsweise solle sich der Leser ein Bild denken, das sich dem Auge bietet, wenn man an einem heißen Sommertage einen Eisenbahnweg entlangsieht, der zwischen Dämmen so verläuft, daß man bei einer fernen Bahnkrümmung die heißen vibrierenden Luftmassen vor dem Abhang eines Dammes wahrnimmt. Wer sein Auge auf den Pflanzenwuchs am Abhang richte, der werde möglicherweise das Netzwerk feinster Linien gar nicht wahrnehmen, während es einem darauf eingestellten Auge mit Sicherheit nicht entgehen würde. Mit diesem Vergleich will Henseling deutlich machen, in welchem Maße sich die Feinheit der echten Kanäle von der verhältnismäßigen Bestimmtheit des Marsbodens abhebt.

Wir sehen also: So deutlich konnten die Kanäle gar nicht erkannt werden. Man mußte erst sein Auge darauf einstellen, um überhaupt etwas sehen zu können. Um so erstaunlicher ist das, was Lowell und andere aus diesen vagen Beobachtungen gemacht haben.

Denn nun wurde die Phantasie des Menschen geweckt. Vielleicht boten die Kanäle die Möglichkeit, tiefer in die Geheimnisse des roten Planeten einzudringen. Von dieser

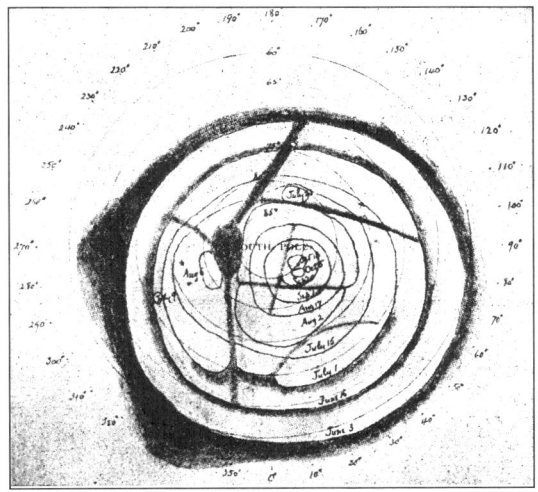

Kanäle rund um den Nordpol des Mars nach Percival Lowell, 1894

Marskarte mit Kanalsystem nach Percival Lowell, 1895. Der dunkle Fleck rechts oben ist der Lacus Solis.

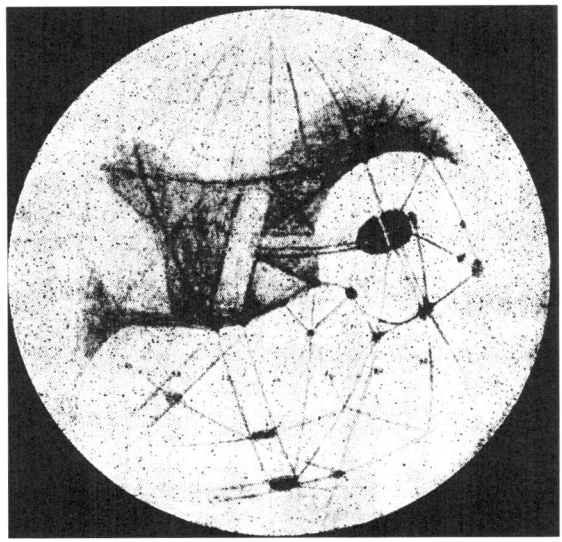

Entwicklung war auch der Entdecker der Kanäle nicht ausgenommen. Schiaparelli betonte einerseits, daß die Gebilde ein sehr unbeständiges Verhalten zeigten und daß paradoxerweise unter weniger guten Sichtbedingungen viel mehr Kanäle zu sehen waren, ja, daß diese Gebilde bei ungünstigen Sichtbedingungen besser zu sehen seien als unter guten(!); andererseits schloß er die Möglichkeit, es könne sich um eine Täuschung handeln, kategorisch aus. Die Natur der Gebilde zu erkennen werde wohl ausgesprochen schwierig sein, aber ihre objektive Existenz sei zweifelsfrei. Hier war Schiaparelli offensichtlich zwischen seiner wissenschaftlichen Nüchternheit und Sachlichkeit und dem, was er erkennen wollte, hin- und hergerissen. Das Mars-Fieber hatte ihn gepackt, wenn es auch andere waren, die ihrer Phantasie freien Lauf ließen. Aber Schiaparelli hatte dem Tür und Tor geöffnet.

Er bot eine Deutung dieser canali an: Die Kanäle schienen periodisch zu entstehen und zu vergehen. Immer, wenn mit dem fortschreitenden Nordfrühling des Mars die größten »Landgebiete« der Nordhalbkugel klarer sichtbar wurden, und zwar mit allen kleineren und größeren dunklen Flecken, häuften sich die Wahrnehmungen dieser seltsamen Gebilde.

Ein Astronom, der die Kanäle ebenfalls beobachtete, H. W. Pickering, beschrieb seine Beobachtungen im Jahre 1882 wie folgt: »Ein dunkler Kanal erschien plötzlich am 12. Juni in der Nachbarschaft des Mare Boreale und verschwand alsbald wieder; einige Tage danach hatte das Mare beträchtlich an Ausdehnung gewonnen.«

Diese Aussage gab auch der damals vorherrschenden These Auftrieb, daß auf dem Mars Meere existierten. Wahre Wasserozeane, in die die Kanäle flossen. Henseling erkannte jedoch, daß hier offensichtliche Widersprüche zu verzeichnen waren. Denn ausgedehnte Gebilde, die ver-

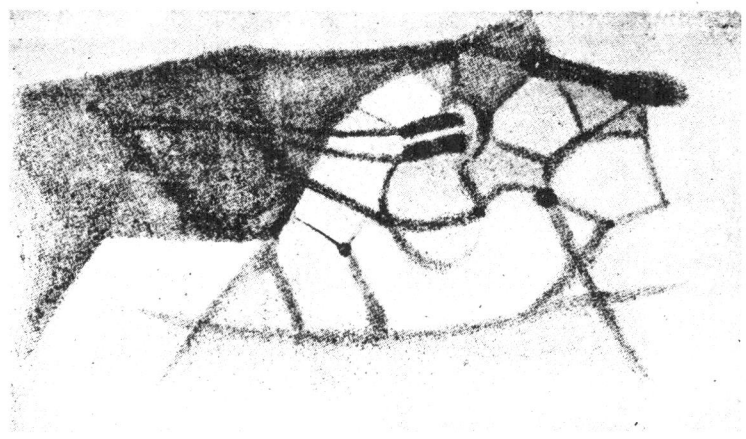

Marskanäle in der Ebene Lacus Solis. Oben nach Douglas, 9. Oktober 1894, unten nach M. Hussey, 20. August 1892.

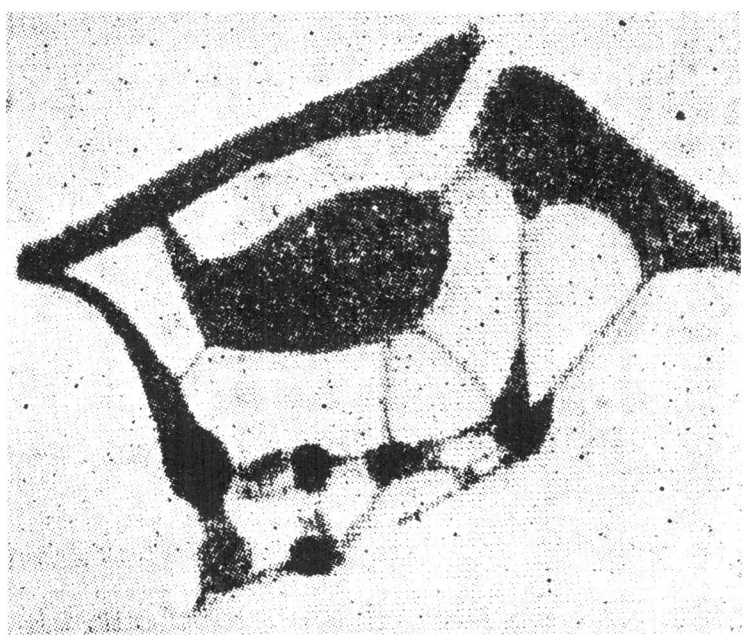

läßlich wahrgenommen werden sollen, dürfen kaum schmäler sein als etwa 30 km. Von den meisten Beobachtern wurden die Kanäle jedoch breiter geschildert. So schrieb Pickering über die Breite: »Graue ›Spuren‹ von beträchtlicher Breite (über 200 bis an die 400 km), ja gelegentlich bis zu 600 und fast 1000 km.« Lowells Beobachtungen nahmen sich dagegen recht bescheiden aus. Er beschrieb »feine Linien, 45–50 km breit, oft feiner (20–30 km).« Bei einer Länge von über 100 km müßten die Kanäle jedoch geradezu riesenhaft gewesen sein. Und diese riesigen Gebilde zeigen deutliche Veränderungen nicht nur im Aussehen, sondern auch in ihrer Lage zu den beständigen Oberflächendetails des Mars. Gelegentlich sollen sie sich sogar verdoppelt gezeigt haben. Lowell: »Nur ein Achtel aller Kanäle wurde nie verdoppelt gesehen. Abstand der beiden Komponenten 180–200 km.« »In Zeiten von 5–10 Sekunden Dauer gelegentlich für 1/2 Sekunde wahrgenommen; dann waren es zwei überaus feine parallele Linien von etwa 90 km Distanz. Bei guter Luft verschwindet der Verdopplungseffekt ganz; er mag auf atmosphärische Störungen zurückzuführen sein.« (Pickering). Schiaparelli nennt ein Beispiel: »›Titan‹ war während der Opposition von 1881/82 bis Januar als einfacher Kanal sichtbar, vom 10. Januar bis 10. Februar aber tauchte daneben ein zweiter Kanal auf, der ebenfalls von der Nordwestecke des Mare Sirenum ausging, aber statt zum Ostrande zum Westrande der Propontis lief, am 12. und 13. Februar jedoch war der zweite Kanal verschwunden, und statt seiner sah man einen anderen ›Doppelgänger‹, diesmal parallel dem ›Hauptkanal‹!«

Eine gewisse Regelmäßigkeit schien sich bei der Verdoppelung abzuzeichnen: Der zunächst einfache Kanal wird undeutlich, nebelartig, verschwommen, dann werden an Stelle des einen zwei um Hunderte von Kilometern getrennte, gewöhnlich parallel verlaufende Kanäle deutlich sichtbar, ihr Verlauf ist meistens regelmäßiger als der ursprüngliche, und oft bewahrt der Kanal auch nach dem Verschwinden der »Verdoppelung« die gewonnene glattere Form. Die Verdoppelungen wurden besonders um die Zeit der Tag- und Nachtgleiche gesehen, und zwar nicht nur bei den Kanälen, sondern auch bei Formationen, die als »Seen« beschrieben wurden. Es gab tatsächlich eine Gesetzmäßigkeit, und die war es eigentlich, die später das Rätsel der Marskanäle lösen sollte: Die Kanäle stellten immer eine Verbindung zwischen zwei Flecken her, meistens zwischen einem Vorsprung und einem Ausläufer eines größeren Fleckes und einem in einem hellen Gebiet liegenden kleinen Fleck. In kleinen Flecken laufen oft eine ganze Anzahl von Kanälen zusammen.

Sämtliche Kanäle wurden in Marskarten eingetragen, so daß sich bald ein gigantisches Liniennetzwerk über den Planeten erstreckte. Man mußte nun glauben, der Mars sei tatsächlich und definitiv mit gerade verlaufenden Linien bedeckt.

Eine ganze Reihe von Marsbeobachtern, die mit zur damaligen Zeit modernen Teleskopen ausgerüstet waren, hatten Zweifel. Sie erinnerten daran, daß, je besser die Sichtbedingungen waren, die Marskanäle um so schlechter zu beobachten waren. Selbst die größeren Kanäle, die als beständig galten, waren als solche kaum noch zu erkennen. Vielmehr lösten sie sich in unregelmäßig geformte Einzelheiten auf.

Dies tat jedoch dem Kanal-Enthusiasmus keinen Abbruch. Auch die merkwürdige Beobachtung von Kanälen in den »Meeren« machte die wenigsten nachdenklich. Schiaparelli betont, daß es viele Erklärungsmöglichkeiten gäbe. Er bemerkte, daß es sich bei den beobachteten Gebilden möglicherweise nur um atmosphärische Phänomene handeln könnte. Er äußerte sich auch dahingehend, daß die

These, nach der es sich um optische Täuschungen handeln könnte, die durch irgendwelche Eigenheiten der Marsoberfläche hervorgerufen würden, ernsthaft geprüft werden müsse. Andererseits lehnte er diese Ansicht wieder ab und vertrat die Meinung, es handle sich um tatsächliche Kanäle, obwohl er, wie wir gleich sehen werden, von der Verwendung des Begriffes »canali« abriet.

Willy Ley druckte in seinem Buch »Die Himmelskunde« einen Bericht von Schiaparelli ab, in dem es heißt:

»...Die natürlichste und einfachste Erklärung ist die, zu der wir gegriffen haben: – eine große Überschwemmung, verursacht durch das Schmelzen des Schnees –; sie ist völlig logisch und wird durch klare Parallelen zu irdischen Erscheinungen gestützt. Wir ziehen daher den Schluß, daß es sich hier tatsächlich um Kanäle handelt und nicht nur um Gebilde, denen man diesen Namen gegeben hat. Das von ihnen gebildete Netzwerk war vermutlich durch den geologischen Zustand des Planeten bedingt. Man muß sie nicht unbedingt für das Werk intelligenter Lebewesen halten, und ungeachtet des nahezu geometrischen Erscheinungsbildes ihrer gesamten Anlage neigen wir nun der Meinung zu, daß sie durch die Evolution des Planeten hervorgerufen wurde, genauso, wie wir auf der Erde den Ärmelkanal und den Kanal vom Mozambique haben.«

Ley betont, daß Schiaparelli bis an sein Lebensende versuchte, einer Entscheidung auszuweichen. Im April 1910 veröffentlichte die Monatszeitschrift »Kosmos« einen Artikel von Svante Arrhenius, nach dessen Ansicht der Mars viel zu kalt war, um bewohnt zu sein. Man war sehr daran interessiert, was Schiaparelli hierzu zu sagen hatte; und so schickte man diesem eine Ausgabe des Kosmos-Heftes zu.

Schiparellis Antwort:

»Was mich betrifft, so ist es mir noch nicht gelungen, mir ein organisches Ganzes von vernunftgemäßen und

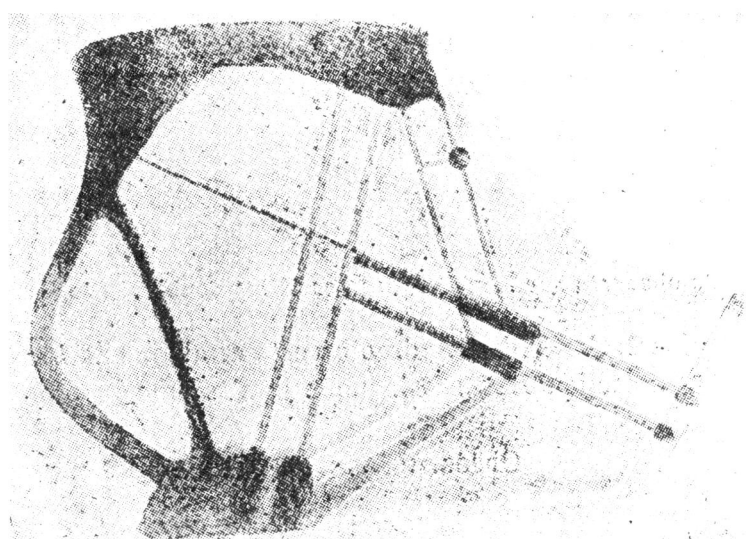

Das Kanalsystem Hydraotes-Nilus nach Giovanni Schiaparelli. Oben am 9. März 1884, unten am 27. März 1886.

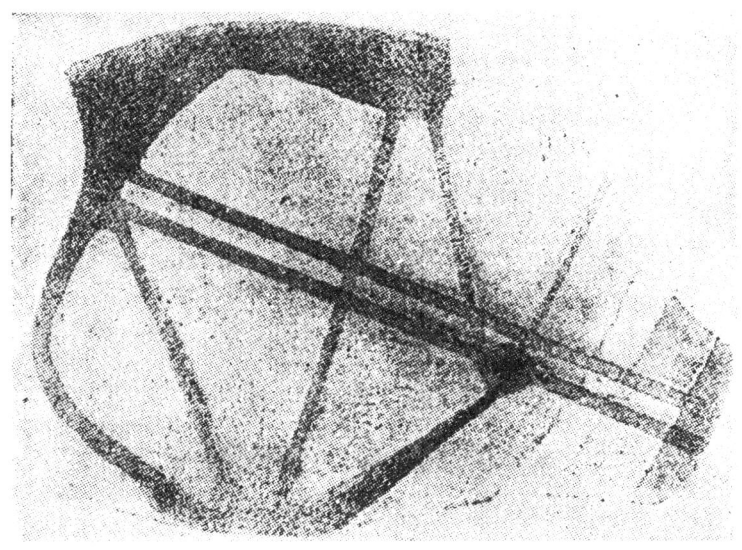

glaubwürdigen Gedanken über die Marsphänomene zu bilden, die vielleicht doch etwas verwickeltere Erscheinungen darstellen, als Herr Arrhenius annimmt. Aber ich bin mir ganz klar über einen Punkt, hinsichtlich dessen ich mich in voller Übereinstimmung mit ihm befinde, daß man nämlich eine Mitwirkung der geologischen Struktur des Planeten in Rechnung ziehen muß. Alexander von Humboldt nannte dies in abstrakter Weise die Reaktion des Inneren auf die Oberfläche und auf die den Planeten in Form einer Atmosphäre umgebenden Hüllen. Ich glaube auch mit Herrn Arrhenius, daß die Linien und Streifen des Mars (der Name ›Kanäle‹ sollte vermieden werden) sich durch die Tätigkeit von physiko-chemischen Kräften ganz alleine erklären lassen; ausgenommen immer gewisse periodische Färbungen, die wohl das Ergebnis organischer Bildungen von großer Ausdehnung sein könnten, wie auf der Erde das Blühen von Steppen und ähnliche Erscheinungen. Ich bin jedenfalls der Meinung, daß die geometrischen und regelmäßigen Linien (deren Vorhandensein noch von vielen Personen bestritten wird) uns für den Augenblick hinsichtlich der wahrscheinlichen und unwahrscheinlichen Existenz intelligenter Wesen auf diesem Planeten gar nichts lehren. Indessen erachte ich es für gut, wenn jemand alles sammelte – sei es auch nur als Grundlage für die Prüfung –, was sich auf vernünftige Weise zugunsten dieser Existenz vorbringen läßt. Und unter diesem Gesichtspunkte schätze ich außerordentlich die hochherzigen Bemühungen des Herrn Lowell und die von ihm zu diesem Zweck gemachten Aufwendungen an Geld und Arbeit sowie seine sehr scharfsinnigen Ausführungen darüber.«

Schiaparelli schrieb den Brief im Mai 1910. Am 4. Juli desselben Jahres starb er. Vermutlich war dies seine letzte Äußerung bezüglich der Marskanäle.

Demnach war Giovanni Schiaparelli bis an sein Lebensende davon überzeugt, daß die Kanäle einen natürlichen Ursprung hatten, bedingt durch die geologische Evolution des Planeten, während sein Kollege Percival Lowell glaubte, es handle sich um künstliche Kanäle. Intelligente Marsbewohner hätten dieses Netz von künstlichen Kanälen gebaut und führten einen verzweifelten Kampf gegen die zunehmende Austrocknung des Planeten.

Na bitte: Schiaparelli hatte doch einmal eindeutig Stellung bezogen. Er schrieb sogar, man solle den Begriff »canali« (= Kanäle) vermeiden; sprach von rein geologischen Erklärungsansätzen. Klingt doch alles relativ eindeutig, wenn da nicht eine Überlieferung wäre, auf die Henseling Bezug nimmt.

1895 hätte Schiaparelli die Ansicht entwickelt, die Schmelzwasser der Nordkappe würden durch ein großartiges System von Bewässerungskanälen über die Kontinente geleitet, und es sei vielleicht auf dem alternden Mars der geringe Feuchtigkeitsvorrat von so entscheidender Bedeutung für alles Leben auf dem Planeten, daß die Marsbewohner, wie durch einen kosmischen Zwang, ihre gesamte Gesellschafts- und Arbeitsordnung pazifistisch auf die gemeinsame Errichtung und die zweckmäßige Bedienung eines riesigen und verwickelten Bewässerungssystems eingestellt hätten.

Schiaparellis Ansichten scheinen also tatsächlich außerordentlich sprunghaft gewesen zu sein, und zwar weit mehr, als man dies für möglich halten sollte. Der innere Zwiespalt dieses ohne Zweifel verdienstvollen Astronomen scheint recht groß gewesen zu sein.

Seine Schilderung beschreibt natürlich eine Sehnsucht, die in allen von uns vorhanden sein dürfte: eine sozialpazifistische Gesellschaft, eine Gesellschaft, die zusammenhält. Man ist sich einig. Mit vereinten Kräften versucht man, seine sterbende Heimat zu retten. Alle Menschen eines Planeten leben in Frieden und arbeiten an einem Ziel. Spricht Schiaparelli hier wirklich vom Mars oder spricht er von einer Erde, wie er sie sich wünscht, wie sie sich jeder von uns wohl wünscht, wenn wir die Bedrohung, die für diese pazifistische Gesellschaftsform verantwortlich ist, einmal außer acht lassen. Diese Sehnsüchte waren wohl auch ausschlaggebend dafür, daß diese Ideen einen derart großen Anklang fanden. Jeder Astronom und jeder Amateurastronom richtete sein Teleskop auf den Mars aus, jeder Science-fiction-Autor machte den Mars zum Mittelpunkt seines Romanes. Percival Lowell, ein amerikanischer Diplomat, gab seine erfolgversprechende Laufbahn auf und verschrieb sich ganz der Klärung der Frage, ob es intelligente Lebewesen auf dem Mars gäbe oder nicht. Lowell nahm sich Zeit. Und er investierte ein beträchtliches Vermögen. Er reiste durch die Welt, studierte die Luftverhältnisse in den verschiedensten Ländern und Kontinenten. Würden sie sich für die Errichtung einer Sternwarte eignen? Lowell baute in Flagstaff in Arizona ein Observatorium, das eigens für die Marsbeobachtung geschaffen wurde. Als Lowell im Jahre 1919 starb, hinterließ er zwei Bücher, die Karten von mehr als 700 einfachen und doppelten Marskanälen enthielten. In seinen Büchern äußert sich Lowell ganz eindeutig: Der Mars war einst der Erde sehr ähnlich, und er müsse vor langer Zeit eine hochentwickelte Zivilisation besessen haben. Später aber verlor der Planet immer mehr von seinem Wasser. Da nur an den Polen schließlich noch die wertvolle Flüssigkeit vorhanden gewesen sei, sei es mit Hilfe der Kanäle in die trockenen Siedlungsgebiete geleitet worden. Offensichtlich war es aber nicht Lowell, der das Feuer entfachte, vielmehr wurde er von dem Feuer angesteckt, das Giovanni Schiaparelli 1895 gelegt hatte, wenn auch Schiaparelli seine Thesen lediglich an einen Kollegen, nämlich Camille Flammarion, geschickt haben soll. Lowells Marstheorie ähnelt jedoch der von Schiaparelli derart massiv, daß der Verdacht naheliegt, Schiaparellis Ideen seien auf irgendeine Weise doch zu Lowell vorgedrungen. Oder sind beide Ideen etwa unabhängig voneinander entstanden? Kamen beide aufgrund ihrer inneren Sehnsüchte auf das gleiche Szenario, wobei die Marskanäle mehr oder weniger als Medium fungierten?

Waren es nicht die gleichen Sehnsüchte, die Lowell trieben, eine erfolgversprechende Berufslaufbahn aufzugeben, um sich einem Traum zu widmen, einem Traum von einer anderen Welt? Einer Welt, in dem die Menschheit zusammenhielt? Auch nach Lowells Meinung war dieser Zusammenhalt nur durch den gemeinsamen Kampf gegen eine Bedrohung notwendig gewesen.

Lowell, von dem berichtet wird, daß er in der klaren Nacht der Wüste von Arizona Telegrafendrähte über eine Entfernung von mehreren Kilometern gesehen hätte, und dem ein Augenoptiker das beste Sehvermögen bescheinigt hatte, das er je gemessen hätte, beschrieb den Vorgang, wie das Schmelzwasser in die Kanäle geleitet wurde: »Das Schmelzwasser der Polgebiete wird äquatorwärts geführt und verbreitet dabei Vegetation. Da das Wasser den Äquator überschreitet, derartiges aber auf der Erde kein Seitenstück hat, so muß man notwendig die Kanäle für künstliche Anlagen halten. Das Vorrücken äquatorwärts beträgt etwa 3 1/2 km stündlich.« War hier der Wunsch der Vater des Gedankens? Pickering äußerte sich auch über Wasser, aber die Beschreibungen seiner Beobachtungen klingen vollkommen anders: »Die ›Kanäle‹ sind Spuren von Niederschlägen. Mars hat wie die Erde am Äquator einen Gürtel niederen Drucks. Die Atmosphäre ist reich an Wasserdampf. Der Frühjahr-Sommer-Pol hat hohen, der Herbst-

Winter-Pol hat geringeren Luftdruck. Daher: Stürme vom Sommerpol zum Winterpol. Infolge der Marsrotation werden die Winde abgelenkt; der Äquator wird nicht überschritten.« Eine Beschreibung, die sich vollkommen von der Lowells unterscheidet. Größere Differenzen in der Beschreibung sind kaum noch denkbar.

Aber genau wie die Beschreibung Lowells zu seiner eigenen Theorie paßte, so beobachtete Pickering das, was er sehen wollte. Pickering war nämlich der Meinung, daß man die canali für mehr oder weniger durchgehende Risse in der Marsoberfläche halten könne. Solche Risse würden vermutlich durch vulkanisches Kohlendioxid entstehen und Wasserdampf ausscheiden, was zur Entstehung einer sichtbaren Vegetation in der Nähe führen würde.

Über den Verlauf der Kanäle meinte Lowell: »Es sind zweifellos immer Teile ›größter Kreise‹ der Marskugel oder Kombinationen aus jenen.« W. H. Pickering, der seine Beobachtungen auf Jamaika unter äußerst günstigen atmosphärischen Bedingungen 1890 begann und ebenso wie Lowell mehr als 20 Jahre seines Lebens diesem Problem widmete, äußerte sich ganz anders über den Verlauf der Kanäle: »Die meisten Kanäle sind nicht so gekrümmt, daß sie sich zu größeren Kreisen fügen; viele sind zu kurz und zu breit, als daß man über die Krümmung entscheiden könnte.« Pickering berichtete auch von Verschiebungen der Kanäle: »Dieselbe Gegend erscheint das eine Jahr von einem nord-südlich laufenden, im anderen Jahr zu entsprechender Zeit von einem ost-westlichen durchzogen. Die Kanäle überqueren im Laufe weniger Wochen Hunderte von Kilometern mit einer Durchschnittsgeschwindigkeit von etwa 25 km täglich. Dabei rücken sie mit ihrer ganzen Breite vor.« Und was sagt Lowell? »Keine Verschiebungen! Es sind sehr viel mehr Kanäle vorhanden, als früher angenommen wurde, von denen ist bald dieser, bald jener sichtbar.«

Also auch hier wieder: Unterschiede in der Beschreibung, wie sie gravierender gar nicht sein könnten.

Ein weiterer Autor, der die »Marskanäle« erklären wollte, war Elihu Thompson. Thompson hielt die canali für Vegetationsstreifen, er schrieb sie aber Wanderzügen von Tieren zu, die je nach Jahreszeit in Nord- und Südrichtung verliefen. In ihren Fellen oder an ihren Hufen führten sie Samen aus den mit Pflanzen bestandenen Gebieten mit sich oder hinterließen unverdaute Samen in ihren Exkrementen, die gleichzeitig die Wanderstraße düngten.

Von anderen Autoren wurde die These vertreten, die canali seien einfach nur Wasserläufe, und zwar natürliche Wasserläufe, die sich durch die Marslandschaft schlängelten. Da sie die einzige Wasserquelle seien, führten sie zu einem Vegetationsstreifen, der überall annähernd die gleiche Breite habe und alle Windungen des tatsächlichen Wasserlaufes überlagere. Freilich war Thompsons Version die weitaus exotischste in dieser Richtung.

Die »Marskanäle« waren außerordentlich populär, und so wurden auch Wissenschaftler, die auf einem ganz anderen Gebiet tätig waren, nach ihrer Meinung zu den »Kanälen« befragt. Einer dieser Wissenschaftler war der englische Naturforscher Alfred Russel Wallace, der 1906 von einer Zeitschrift auf diese Sache hin angesprochen wurde. Wallace hatte zur gleichen Zeit wie Charles Darwin unabhängig von diesem den Gedanken der organischen Evolution entwickelt. Von der Zeitschrift aufgefordert, eine Betrachtung über Lowells Bücher zu schreiben, erklärte er, er sei anderer Meinung als Lowell. Wallace beschäftigte sich nun mit der Thematik und schloß sich weitestgehend Pickerings Theorie an. Wallace machte sich Gedanken über die Risse, die Pickering postuliert hatte. Wie mochten diese entstanden sein? Wallace glaubte später, die Ursache der Rißbildung erkannt zu haben. Wenn sich der

Kern des Planeten nicht mehr zusammenzog, sein äußerer Mantel dies jedoch noch tat, dann konnten Risse entstehen. Nun mußte er diese These allerdings noch beweisen, und so behauptete er schlichtweg, daß »alle Naturwissenschaftler sich darin einig seien, daß der Mars aufgrund seiner Entfernung von der Sonne eine mittlere Temperatur von $-36°$C hätte«. Weiter stellte er fest, daß es einen unwiderlegbaren Beweis dafür gäbe, daß auf dem Mars kein Wasserdampf vorhanden sein könne. Und daraus zog er die überraschende Schlußfolgerung, daß aus diesem Grunde die wesentliche Grundlage organischen Lebens, nämlich Wasser, nicht vorhanden sei. Die logische Schlußfolgerung: »Der Mars ist daher nicht nur durch intelligente Wesen nicht bewohnt, wie Mr. Lowell vorbringt, sondern ist absolut unbewohnbar.«

Abgesehen von dieser eigenwilligen Logik muß festgehalten werden, daß 1906 noch keine Temperaturmessungen der Marsoberfläche vorlagen; Wallaces Schätzung war demnach mehr oder weniger »ein Schuß ins Blaue«. Es lag eine vage Berechnung vor, nämlich die von Christiansen in Kopenhagen. Die Äußerung »alle Naturwissenschaftler sind sich darin einig« war eigentlich ein Bluff. Aber das wirkt immer. Auch heute noch. Heute vielleicht noch mehr als damals; denn die Wissenschaft ist mehr und mehr dabei, die Rolle der Religion zu übernehmen. Was ein Wissenschaftler sagt, muß stimmen. Die Wissenschaft gibt sich ebenso unfehlbar wie der Papst. Und da ist natürlich die Wendung »alle Naturwissenschaftler sind sich darin einig, daß...« sehr wirkungsvoll, zumal schulwissenschaftliche Veröffentlichungen oft dermaßen schwer verständlich sind, daß kaum jemand sich die Mühe macht, eine derartige Behauptung nachzuprüfen. Dazu kommt, daß es zur damaligen Zeit, 1906, für einen Normalbürger natürlich bedeutend schwerer war, derartiges nachzurecherchieren als dies heute der Fall ist. Man konnte sich nicht einfach per Internet in eine wissenschaftliche Institution einklinken, ein Fax an das Max-Planck-Institut schicken oder bei dem einen oder anderen Institut anrufen.

Svante Arrhenius erhielt 1903 den Nobelpreis für Chemie. Er war Direktor des Nobelinstitutes für Physikalische Chemie, als er 1910 seine Theorie über die Geologie des Mars veröffentlichte. Und natürlich waren seiner Meinung nach eine Reihe von chemischen und physikalischen Reaktionen die Auslöser. Auch Arrhenius übernahm die von Christiansen in Kopenhagen berechnete Annahme, daß der Mars eine Durchschnittstemperatur von $-36°C$ aufwies; wobei dessen Berechnung natürlich recht ungenau sein mußte, da einige Faktoren fehlten. Im Gegensatz zu Wallace wies Arrhenius allerdings darauf hin, daß man bei der gleichen Berechnungsweise für unsere Erde Werte erhalten würde, die um etwa $9°C$ unter den tatsächlichen Werten lägen. Übertrüge man die erforderliche Korrektur auf den Mars, dann könnten die wirklichen Temperaturen um die Mittagszeit über den Gefrierpunkt ansteigen. Durch den niedrigen Druck der Marsatmosphäre begünstigt, würde eine derartige Temperatur zum schnellen Schmelzen oder Verdampfen von Wasser führen. Die Marswüsten sind alt genug, um beträchtliche Mengen kosmischen Staubes angesammelt zu haben (zumeist Eisen), der oxidierte und die typische rote Farbe des Planeten erzeugte. Die sogenannten Seen seien lediglich tief gelegene Landstriche und die Kanäle Risse, die von Erdbeben erzeugt worden waren. Allerdings seien sie wegen der Vegetation nicht sichtbar geworden. Der Prozeß des Farbwechsels sei eine rein chemisch bedingte Erscheinung. Arrhenius nahm für die tiefer gelegene Gebiete gelegentlich echte Seen an, »wie Wüstenseen auf der Erde sehr seicht, mit salzhaltigem Wasser und oft gänzlich austrocknend«. Verdunstet das Wasser in einem solchen See völlig, so erscheinen an den Seerändern in Kristallform zuerst die am schwersten löslichen Salze, die Schwefelsalze. Dann folgen gewöhnliche Salze und Magnesiumchlorid. In der Mitte wird sich immer noch flüssiges Wasser halten oder vielmehr eine wäßrige Lösung von Kalziumchlorid, die erst bei etwa $-54°C$ gefriert. Schließlich erstarre auch diese Lösung zu Eis, und wegen der allgemeinen Trockenheit der Atmosphäre verdampfen die Eiskristalle und gelangen zu dem kältesten Teil des Planeten, also zum Pol. Dort bilden sie eine Polarkappe. Wenn der Frühling kommt und die Polkappe abtaut, dann wird das Wasser wieder durch die ungewöhnlich stark hygroskopischen Salze angezogen. Diese erscheinen nun von neuem dunkel. Und wenn man annimmt, daß an einigen Stellen immer noch Wasserdampf, gemischt mit Kohlendioxid, Schwefeloxid und Salzsäure aus dem Planeten austritt, dann läßt sich die sogenannte Welle der Dunkelheit durch zwei zusammenhängende Ursachen erklären. Die eine ist die direkte Verdunklung infolge der Feuchtigkeit, die andere eine chemische Reaktion, in deren Gefolge die rötlichen Eisenoxide in schwarze Sulfide umgewandelt würden.

Der Unterschied zu den vorher beschriebenen Thesen ist der, daß Arrhenius keine Theorie »um die Marskanäle herum« aufgebaut hat; vielmehr hat er die Kanäle in eine globalere Theorie eingefügt, die einige Eigentümlichkeiten des Mars erklären sollte.

Ein anderer Forscher, der italienische Astronom Vincenco Cerulli, widmete sich wieder ganz den Marskanälen. Eine Zeitlang genoß die Deutung dieses Beobachters eine ganz besondere Popularität. Cerulli war der Meinung, daß es sich bei den Marskanälen um reihenförmig angeordnete Gebilde handle, die für sich nicht einzeln erkennbar seien und die sich in derselben Weise für unser Auge zu einem

Gesamtbild zusammenfügten wie die Rasterpunkte eines Fotos. Wenn man eine Marskarte, in der die Kanäle eingezeichnet sind, zunächst mit freiem Auge und dann mit einer Lupe betrachtet, dann wird verständlich, was Cerulli meint. Mit dieser Theorie wurde das Problem jedoch nur verlagert. Denn nun entstand die Frage, woher diese mehr oder weniger kettenartige Anordnung der kleinen Einzelheiten stammten. Seen in tektonischen Platten? Vulkanketten längs großer Verwerfungsspalten wie auf der Erde? Lange Gebirgsketten? Warum aber werden die Marskanäle so deutlich schwächer abgebildet als andere Formationen? Woher kommen die Verdoppelungen, woher die scheinbaren Verlagerungen? Warum werden die Kanäle bei schlechter Luft und bei Teleskopen mit geringerer optischer Qualität besser gesehen als unter guten Sichtbedingungen? Warum sind sie bei optimalen Sichtbedingungen und bei guter Optik oft gar nicht sichtbar? All diese Fragen konnten auch mit Cerullis Theorie nicht geklärt werden.

Ein Engländer, E. Walter Maunder, berichtete 1913 über ein Experiment, das mit 200 Schülern der Greenwich Hospital School durchgeführt worden war. Die Jungen wurden unter dem Gesichtspunkt ausgewählt, daß sie gut sahen und zudem dafür bekannt waren, gegebenen Anweisungen stets ohne Widerrede und Gegenfrage zu folgen. Weiter wurde darauf geachtet, daß die Jungen nichts über Astronomie, insbesondere über den Mars, wußten. Man hängte nun eine große Zeichnung an die Wand, auf der die Marsformationen in einer echten astronomischen Zeichnung dargestellt waren, allerdings ohne Kanäle. Statt dessen wurden hier und da einige Flecken oder unregelmäßige Kennzeichen eingesetzt, so wie sie von Cerulli als Auslöser für die Kanalbeobachtungen vermutet wurden. Die Schüler wurden aufgefordert, das, was sie sahen, zu malen. Die Jungen, die der Zeichnung am nächsten saßen, konnten die vermutlich von Maunder selbst eingesetzten Einzelheiten erkennen und gaben sie auch so wieder, wie sie auf der Karte zu sehen waren. Die Schüler, die sich hinten im Raum befanden, konnten gar nichts davon sehen; sie zeichneten lediglich die gröberen Merkmale des Bildes, die Kontinente und die Seen. Die Jungen in der Mitte des Bildes waren zu weit weg, um die kleinen Kennzeichen in ihren Details zu erkennen, aber nahe genug, um sie wahrzunehmen. Sie sahen ein Netzwerk aus feinen Linien!

Der Mann, der endlich eine plausible und nüchterne Theorie vorzubringen hatte, war ein Münchner namens Kühl. Er sprach von einem optisch-physiologischen Vorgang, der als »Kontrastlinienbildung« beschrieben wurde. Die Grundlage dieser Theorie war die Tatsache, daß die Marsoberfläche von sehr vielen für uns nicht unterscheidbaren Einzelheiten überdeckt ist. So erscheinen vor unserem Auge, vereinfacht ausgedrückt, eben diese sogenannten »Kontrastlinien«. Es handle sich gewissermaßen um eine optische Täuschung. Ein Mann namens Gramatzki hatte eine Deutung für die Verdopplungen. Er sagte: »Man betrachte bei Tageslicht den von einer Petroleumlampe, Gasglühlampe oder Kerze auf ein weißes Bild geworfenen Schatten eines Bleistiftes, der etwa 5–10 cm von dem Blatt entfernt ist. Das Tageslicht dient dazu, den Schatten möglichst blaß zu machen, weil zu heftige Kontraste diese sekundären Erscheinungen unterdrücken. Man wird dann ein ganz frappantes Bild eines verdoppelten Kanals erhalten und deutlich ein helles Mittelband und zwei dunklere Randstreifen entdecken.«

Die Anfang des Jahrhunderts geäußerten Ansätze von Kühl und Gramatzki waren natürlich die besten, die zu diesem Thema damals vorgetragen worden waren.

Die Lösung ist allerdings noch weitaus einfacher: Die Bilder der »Marskanäle« entspringen der Neigung des menschlichen Auges, Strukturen zu geraden, geometrischen Linien zu verbinden. Die Kanäle, wie sie damals von Schiaparelli und vielen anderen beobachtet worden sind, existieren definitiv nicht.

Trotzdem hat der Mars seine Faszination niemals verloren. Zu stark waren die Begriffe »Mars« und »Leben« miteinander verwoben. Im Jahr 1900 setzte eine französische Zeitung einen Preis von 100 000 Franc für denjenigen aus, der als erster Kontakt mit Außerirdischen aufnähme. Dabei wurde der Mars allerdings ausdrücklich ausgeschlossen, weil man dies für zu einfach hielt.

Einige Jahre vorher hatte ein Franzose vorgeschlagen, mit riesigen Spiegeln das Sonnenlicht auf dem Mars zu bündeln, um Botschaften in den Wüstensand des roten Planeten einzugravieren.

Henseling wies darauf hin, daß sich zu jeder Marsopposition (also wenn der Mars innerhalb seines Laufes um die Sonne der Erde am nächsten steht, was alle 26 Monate der Fall ist) die Zeitungsspalten »von neuem mit unsinnigen Mitteilungen über geheimnisvolle optische oder funkentelegraphische Signale der Marsbewohner« füllten. Walter Hain schreibt in seinem Buch »Das Marsgesicht«, daß sich die Quote der »UFO-Sichtungen« in den »guten« Oppositionen (aufgrund der extrem elliptischen Bahn fällt nicht jede Marsopposition gleich gut aus, manchmal kommt der Mars der Erde auf 55 Millionen km nahe, bei ungünstigen Oppositionen kann der Abstand bis zu 100 Millionen km betragen) deutlich erhöhe. Zumindest für die »gute Opposition« von 1956 war das zutreffend, denn im Jahre 1954 herrschte eine wahre Welle von UFO-Sichtungen in der ganzen Welt. Allerdings trifft diese Feststellung für spätere gute Marsoppositionen nicht immer zu. Henseling berichtet uns auch von mediumistisch gewonnenen Proben der Marssprache und der Marsschrift, wobei deren Elemente allerdings »allzu irdisch« waren.

Trotzdem bleibt der Mars ein geheimnisvoller Planet. Er hat einen Durchmesser von 6800 km. Somit ist er kleiner als die Erde und die Venus. Er umkreist die Sonne außerhalb der Erdbahn in einer extrem elliptischen Bahn.

Die alten Astronomen, die noch davon überzeugt waren, daß die Erde im Mittelpunkt des Universums stünde, waren der Ansicht, Sonne und Mond befänden sich an entgegengesetzten Enden des Himmels, und so wurde der Ausdruck »Opposition« geprägt.

Wegen seiner rötlichen Farbe wurde der Mars von verschiedenen Kulturen mit Feuer, Blut und Krieg in Verbindung gebracht. So assoziierten die Römer ihren Kriegsgott »Mars« mit dem roten Planeten.

Im Jahre 1609 entdeckte Kepler die ersten beiden Planetenbewegungsgesetze aufgrund der Analyse von Marsbeobachtungen in verschiedenen Oppositionen.

Der bekannte Astronom Wilhelm Herschel behauptete 1783, daß von allen Planeten Mars der erdähnlichste sei. Herschel hatte das Abtauen der Polkappen beobachtet. Diese Polkappen bestehen zum größten Teil aus Trockeneis, also gefrorenem Kohlendioxid. Es gibt jedoch auch Wassereis, wenn auch in deutlich geringerer Menge, an den Polen des roten Planeten.

Die Oberfläche des Mars ist eine trockene und kalte Wüstenlandschaft. Oft weht der Wind den Sand zu Dünen zusammen. Der Mars hat viele Krater, die eine größere Verwitterung zeigen als die des Mondes. Daneben hat der Mars Einsturzzonen mit zahlreichen Verwerfungen, große vulkanische Erhebungen (der größte Vulkan, der Olympus Mons, ist mit einem Basisdurchmesser von 600 km und einer Höhe von 27 km mit sehr hoher Wahrscheinlichkeit der größte Vulkan im Sonnensystem), Bergketten sowie – Kanäle!

Der Mars hat zwei Monde, die selbst geheimnisvoll sind.

Sie wurden im August 1877 durch Asaph Hall entdeckt. Man benannte sie nach den Begleitern des griechischen Kriegsgottes Ares Phobos (Furcht) und Deimos (Schrecken). Beide Marsmonde haben kreisförmige Bahnen, die in der Äquatorebene des Mars verlaufen. Beide Monde zeigen eine gebundene Rotation, d. h. sie wenden der Marsoberfläche immer die gleiche Seite zu. Die längste Achse (beide Monde sind unregelmäßig geformt) ist zum Marsmittelpunkt hin ausgerichtet. Beide Marsmonde sind gleich stark von Furchen übersät.

Phobos ist der größte Marsmond. Er ist näher an Mars und umrundet diesen in einem Abstand von 9278 km zum Zentrum. Er braucht für einen Umlauf lediglich 7 Stunden und 39 Minuten, d. h. deutlich weniger als einen Marstag. Daraus ergibt sich die Tatsache, daß Phobos im Westen auf- und im Osten untergeht. Er bleibt jedoch aufgrund seiner geringen Höhe für »Beobachter« jenseits von 70° nördlicher oder südlicher Breite immer unter dem Horizont. Phobos fällt auf recht engen Spiralen langsam zur Marsoberfläche herunter. 100 Mio. Jahre wird es nach den Schätzungen der Astronomen noch dauern, bis Phobos entweder auf die Marsoberfläche stürzt oder bis er durch die Gezeitenkräfte zerrissen wird.

Phobos hat drei Achsen, die 28, 23 und 20 km lang sind. Seine Oberfläche ist übersät von Kratern, die an Hochländer des Mondes erinnern. Allerdings entstanden keine Sekundärkrater. Die Materie setzte sich offensichtlich recht langsam. Auffällige Furchen finden wir vom Krater Stickney ausgehend in alle Richtungen. Auf der anderen Seite des Phobos laufen sie zusammen. Sie sind in der näheren Umgebung des Kraters bis zu 700 m breit und 90 m tief. Je mehr sie sich allerdings von Stickney entfernen, desto schmäler werden sie, auf der Mondrückseite messen sie nur noch 100 m.

Zur Entstehung der Furchen werden gegenwärtig drei Theorien diskutiert. Mit an Sicherheit grenzender Wahrscheinlichkeit kann angenommen werden, daß die Furchen beim Aufprall entstanden sind, der den Krater Stickney ausgehoben hat. Innerhalb der Furchen und auf dem Gelände um sie herum ist die Kraterdichte etwa gleich groß. Hieraus läßt sich auf eine gleichzeitige Entstehung aller Furchen schließen, denn sonst müßte es in den jüngeren weniger Krater geben. Einige Wissenschaftler nehmen an, daß auch die Besonderheit der Phobos-Bahn eine gewaltige Rolle bei der Furchen-Entstehung gespielt haben könnte. Nach dieser Theorie hätten sowohl die Gezeitenkraft des Planeten als auch die langsam absinkende Mondbahn zu Spannungen in der Mondkruste geführt. Diese hätten die Mondkruste aufbrechen lassen. Andere Besonderheiten der Furchen können nach Meinung der Planetenforscher mit einem früheren Zusammenstoß erklärt werden. Es wird angenommen, daß Phobos ehemals 10 bis 20% Wasser enthielt, ein typischer Anteil für kohlige Chondrite, eine besondere Meteoritenart. Dieses Wasser könnte bei einem Zusammenprall mit irgendeinem anderen Himmelskörper verdampft sein. So seien die seltsamen Aufschüttungen an den Furchenrändern entstanden.

Der zweite Marsmond, Deimos, ist weiter vom Mars entfernt als Phobos. Er umkreist seinen Mutterplaneten in einem Abstand von 23 459 km innerhalb von 30 Stunden und 18 Minuten. Er entfernt sich immer weiter vom Mars und wird eines Tages in den Weltraum entweichen.

Auch Deimos hat drei Achsen, die 16, 12 und 10 km lang sind. Deimos ist ebenfalls stark von Kratern zernarbt, allerdings besitzt er keine großen Krater. Auffällig jedoch

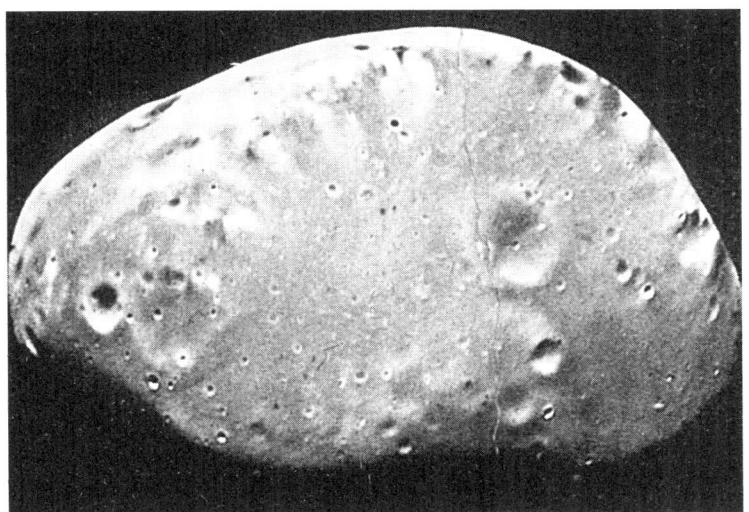

Der Marsmond Deimos. In den sechziger Jahren wurde spekuliert, er sei ein künstlicher Satellit.

Der Marsmond Phobos wirkt wie eine Kartoffel. Ist auch er künstlich?

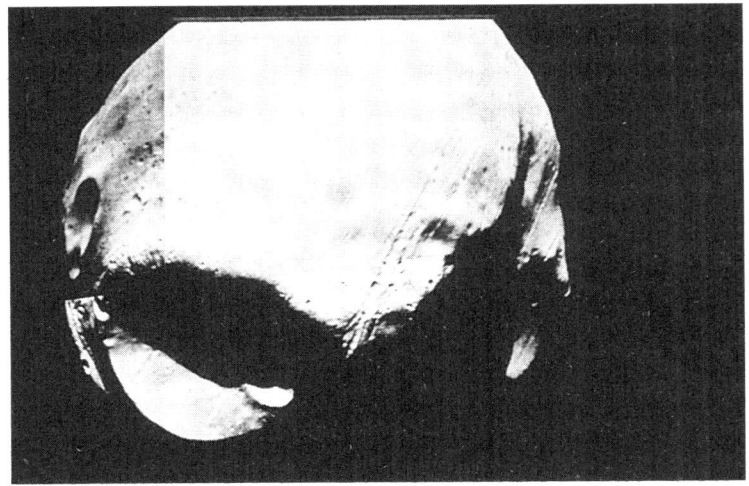

ist, daß die Deimos-Oberfläche wesentlich glatter erscheint als die Phobos-Oberfläche. Viele der Krater sind z. T. zugeschüttet und fallen so nur aufgrund ihres helleren Randes auf. Die Dicke der Staubschicht in den Deimos-Kratern dürfte etwa fünf bis zehn Meter betragen. Im Gegensatz zu Phobos, auf dem scharf umrandete und abgetragene Krater sowie alle möglichen Zwischenstufen zu finden sind, erkennen wir auf Deimos nur abgetragene Krater. Warum das so ist, ist nicht bekannt.

Hinweise auf den Ursprung der Trabanten gibt die Tatsache, daß beide Satelliten zu den dunkelsten Körpern im Sonnensystem zählen. Sie reflektieren nur etwa 6% des ankommenden Lichtes, sind also schwärzer als Kohle. Die Monde sind extrem leicht. Bei nahen Vorbeiflügen wurden die beiden Viking-Orbiter damals leicht aus ihrer Bahn abgelenkt, bedingt durch die Anziehungskraft des jeweiligen Mondes; und aus diesen Bahnstörungen wurde die Masse der Monde ermittelt. Die Dichtewerte liegen bei etwa der zweifachen Dichte des Wassers, und damit sind sie halb so groß wie die mittlere Dichte des Mars selbst. Diese beiden Faktoren und die Infrarot-Reflektivität weisen auf eine Ähnlichkeit zu den kohligen Chondriten hin. Diese Meteoriten sind vermutlich Bruchstücke der C-Typ-Asteroiden, die im äußeren Bereich des Planetoiden-Gürtels vorherrschen. Sind die Marsmonde also eingefangene Meteoriten?

Natürlich gibt es berechtigte Zweifel an dieser Theorie. Gehen wir jedoch einmal davon aus, daß die Marsmonde eingefangene Objekte sind – warum weisen sie dann einen so direkten Bezug zum Mars auf? Warum sind die Bahnen kreisförmig und nicht elliptisch und kaum gegen den Marsäquator geneigt? Wie hätten sich die Kreisbahnen entwickeln können? Zwar wären die Gezeitenkräfte eine mögliche Erklärung – aber könnten diese bei den kleinen Marsmonden stark genug sein?

Gehen wir jedoch andererseits davon aus, daß die beiden Trabanten in unmittelbarer Nähe zum Mars entstanden sind – warum sind sie dann so völlig anders zusammengesetzt als der Mutterplanet?

Um dieses Rätsel zu lösen, stellte der russische Astronom I. S. Shiklovski die These auf, die Monde seien in Wirklichkeit hohle und künstliche Satelliten, die von einer Mars-Zivilisation aus in die Umlaufbahn gebracht worden seien.

Wir sehen, das Thema Zivilisation auf dem Mars ist auch nach der Geschichte mit den »Marskanälen« immer aktuell geblieben. Die Begriffe »Mars« und »Leben« blieben eng miteinander verwoben. Auch die Erkenntnis, daß die Marskanäle auf optische Täuschungen zurückzuführen waren, tat dem keinen Abbruch. Noch lange hat man an Marsmenschen geglaubt. Science-fiction-Filme machten sie oft zum Mittelpunkt. Und einmal versetzte ein Science-fiction-Hörspiel eine ganze Stadt in Aufruhr.

Einen Abend vor Allerheiligen wurde 1938 um 20.00 Uhr durch die CBS-Rundfunkstation eine Hörspiel-Inszenierung des Romanes »Krieg der Welten« von H. G. Wells ausgestrahlt, aufgeführt von Orson Welles und seinem »Mercury Theatre on the Air«. Die Show wurde durch die Darsteller in Form von Kurzmeldungen angekündigt: Marsmenschen seien in New Jersey gelandet und bewegten sich weiter in Richtung Manhattan, zerstörten alles, was ihnen in die Quere kam, mit Hitzestrahlen und Giftgas. Über sechs Millionen Menschen hörten die Sendung, und Tausende, die sich erst später einschalteten, waren entsetzt, riefen Freunde und Nachbarn an und flüchteten aus New Jersey.

In den sechziger Jahren erschien in England ein Buch, dessen Autor sich Cedric Allingham nannte. Der Autor beschreibt eine romantische Geschichte, in der ein Marsmensch auf weiter Flur landet, sich mit Allingham trifft, diesen begrüßt, sich umdreht und in seiner Untertasse auf den Heimweg macht. Selbstverständlich existieren auch Fotos von der Untertasse; ziemlich unscharf allerdings. Cedric Allingham hatte nie existiert. Das ganze Buch war ein Scherz, durchgeführt von dem prominenten Astronomen Patrick Moore mit Hilfe eines Journalisten.[1]

Auch die Wissenschaft beschäftigte sich weiter mit dem Mars. Der amerikanischen Marssonde »Mariner 4«, die am 28. November 1964 startete, gelang der erste erfolgreiche Vorbeiflug. Die Sonde zog in etwa 10 000 km Entfernung am roten Planeten vorbei und übermittelte Nahaufnahmen. Allerdings war es eine recht langwierige Unternehmung, die insgesamt 22 Bilder zu übertragen. Da die Signale recht schwach waren, mußten sie Bildpunkt für Bildpunkt zusammengesetzt werden! Und das war zunächst nicht möglich, da die Sonde erstmals für die Dauer von elf Stunden hinter dem Mars verschwunden war. Man mußte die Daten zweimal senden, um auch die Signale zu erhalten, die bei der ersten Übertragung verstümmelt angekommen waren. Schließlich lagen die Bilder am 15. Juli 1965 vor. Viele waren damals davon überrascht, daß auf den Mars-Aufnahmen deutlich Krater zu erkennen waren.

Am 20. August 1975 startete die Marssonde »Viking 1«, die am 19. Juni in die Marsumlaufbahn einschwenkte und der die erste weiche Landung gelang. Der Sender war bis zum 13. November 1982 in Betrieb. Die Sonde »Viking 2« wurde am 9. September 1975 gestartet und kam am 7. August 1976 bei Mars an. Auch ihr gelang eine weiche Landung am 3. September. Der Lander war bis zum 12. April 1980 in Betrieb. Die beiden Sonden sandten von der Oberfläche aus aufgenommene Landschaftsbilder. Außerdem untersuchten sie den Marsboden. Das jeweilige Mutter-

Die Marsianer und ihre Luftflotte, 1889

Geflügelte Marsianer, 1889

Marsbewohner nach einer Zeichnung des Amerikaners G. P. Serviss aus dem Jahre 1898. Der heutigen Vorstellung von Außerirdischen kommt er bereits sehr nahe.

fahrzeug karthographierte gleichzeitig den Mars von seiner Umlaufbahn aus.

Auswertungen von einem der »Viking 1«-Bilder zeigen, daß der Mars geologisch aktiv ist, Bewegungen der Oberfläche lösen Erdrutsche aus. Auf einem der Bilder, die von dieser Sonde gesendet wurden, ist unweit des Mars-Äquators eine glänzende Wolke zu sehen, die einen dunklen Schatten wirft. Ein US-Geologe ist der Meinung, dabei handle es sich um Staub, der von herabstürzendem Gestein und Geröll aufgewirbelt wurde. Die Wolke reichte rund 600 m hoch.[2]

Die beiden »Viking«-Lander hatten die Aufgabe, Experimente durchzuführen, die die Existenz von Mikroorganismen nachweisen sollten. Die »Mariner-Fotos« hatten für eine dramatische Ernüchterung gesorgt, von Marsianern redete nun keiner mehr, abgesehen von den Kontaktlern und ihren Anhängern, die durch nichts zu erschüttern sind. Hinzu kam, daß man erkennen mußte, daß die Marsatmosphäre dünn ist und zu 95 % aus Kohlendioxid besteht. Man war nun deutlich bescheidener, wenn man von möglichen Lebensformen auf dem Mars sprach. Das »Viking-Programm« umschloß drei verschiedene Versuchsreihen.

Die erste war das Pyrolyse-Experiment (PR). Man ging davon aus, daß potentielle Marsmikroben Kohlendioxid aufnähmen und diesen zu Kohlenstoff verarbeiteten. Die Bodenprobe wurde mit einer Xenon-Lampe bestrahlt – eine Simulation der Sonneneinstrahlung. Die geschaffene CO_2-Atmosphäre enthielt radioaktiv markierten Kohlenstoff C 14. Das Gas wurde abgelassen und die Bodenprobe erhitzt, um Kohlenstoffatome freizusetzen, die durch Mikroorganismen abgelagert waren. Dabei fand man tatsächlich etwas C 14, jedoch konnte das Experiment nur einmal durchgeführt werden.

Ein weiteres von den »Viking«-Landern durchgeführtes Experiment war das Gasaustausch-Experiment (GEX). Es setzte voraus, daß potentielle Marsmikroben an irdische Verhältnisse gewöhnt seien. Die Bodenprobe wurde mit einer Nährlösung angefeuchtet, um Stoffwechsel-Prozesse anzuregen. Die völlig trockene Bodenprobe wurde nun benetzt; dabei wurde sehr viel Sauerstoff freigesetzt. Leider gab es bei Hinzufügung der Nährlösung keine weiteren Reaktionen. Die Probe hat wohl stark oxidierende Bestandteile enthalten, aber leider konnte man keine biologischen Reaktionen beobachten.

Dann führte man das Stoffwechsel-Experiment (LR) durch. Die Nährlösung wurde zusätzlich mit C 14 (radioaktivem Kohlenstoff) markiert. Tatsächlich wurde beobachtet, daß die Nährlösung aufgenommen und der radioaktiv· markierte Kohlenstoff abgegeben wurde. Waren da tatsächlich Marsmikroben am Werk? Allerdings hörte die Freisetzung des Kohlendioxids ganz plötzlich auf, noch bevor die Nährlösung verbraucht war. Irdische Mikroorganismen hätten solange C 14 freigesetzt, bis die ganze Nährlösung verbraucht gewesen wäre. Eine chemische Reaktion schien die beste Erklärung zu sein. Wie wir sehen, gab es kein eindeutiges Ergebnis.

Daher wurde ein unabhängiges Experiment durchgeführt, das Gaschromatograph-Massenspektrometer (GCMS). Es hatte eine zweifache Aufgabe: Einmal die Erhitzung der Bodenproben, um sie in ihre Bestandteile zu zerbrechen, und die anschließende Analyse durch ein Massenspektrometer und weiter die Untersuchung der Zusammensetzung der Marsatmosphäre im Gaschromatographen.

Dieses Gerät hätte alle Bestandteile mit einer Konzentration bis zu 1:1 Mio. nachweisen können, jedoch wurden keine Spuren organischen Materials entdeckt. Dies ist wieder merkwürdig, da selbst im sterilen Mondstaub geringe

Mengen an organischem Material gefunden wurden. Also: Zerstört irgend etwas auf Mars diese Substanzen? Spielt die starke Ultraviolett-Strahlung der Sonne eine Rolle? Oder legen tatsächlich vorhandene Marsmikroben eine Art Kannibalismus an den Tag, zehren die Mikroben ihre eigenen Rückstände wieder auf? Beide Erklärungen scheinen fragwürdig. Viele Wissenschaftler glauben nicht mehr an Marsmikroben, doch gibt es durchaus gegenteilige Positionen.[3]

Gerade in letzter Zeit wurde die Diskussion um organische Stoffe, die in Marsmeteoriten gefunden worden sein sollen, neu belebt.

In einer Nacht- und Nebelaktion wurde über die Medien verbreitet, daß ein Meteorit, der vom Mars stammen und in der Antarktis niedergegangen sein soll, Spuren von Leben enthielt. Nun, der Stein des Anstoßes ist der Meteorit ALH 84001, der vor 15 Millionen Jahren in Allan Hills, dem fernen westlichen Eisfeld der Antarktis, heruntergekommen sein soll. Der Körper ist 17 x 9.5 x 6.5 cm groß und wiegt 1930,9 g. Er wurde bereits 1983 entdeckt und wird seitdem untersucht. Dieser Meteorit wird aufgrund seiner Zusammensetzung als ungewöhnlich eingestuft. Er ist ein sogenannter SNC orthopyroxenite. SNC-Meteoriten passen in keine der bekannten Gruppen. Sie erinnern an kristallisierte Lava. SNC-Meteoriten scheinen weit stärker differenziertes Material zu enthalten als die meisten übrigen Meteoriten. Während jene zum größten Teil aus der Anfangszeit des Sonnensystems vor 4,6 Milliarden Jahren stammen, sind die SNC-Meteoriten erst vor etwa 1,3 Milliarden Jahren entstanden.

Nun scheint es jedoch so zu sein, daß man in der Begeisterung vergessen hat zu erwähnen, daß die Untersuchungen noch gar nicht abgeschlossen sind.

Wie schnell es ging, beschreibt Karl-Heinz Kanisch in der »Frankfurter Rundschau« vom 8. August 1996:

«Die wissenschaftliche Sensation hätte eigentlich erst nächste Woche in der Fachzeitschrift Science veröffentlicht werden sollen. Aber die Kollegen der Space News hatten schon vorher von der Sache Wind bekommen und eine Meldung gebracht.« Nun mußte der NASA-Chef Daniel Goldin eiligst eine nächtliche Pressekonferenz abhalten: »Wir haben die aufsehenerregende Entdeckung gemacht«, sagte Goldin, »die die Möglichkeit andeutet, daß eine einfache Form mikroskopischen Lebens vor drei Milliarden Jahren auf dem Mars existierte.«

»... die die Möglichkeit andeutet, daß eine einfache Form...«, also eigentlich recht nüchtern, aber diese nüchterne Äußerung ging im allgemeinen Jubel unter. Die »News-Release« der NASA sprach von einem »indirekten Beweis«, da diese organischen Moleküle offensichtlich meteoritischen Ursprungs und vom Mars zur Erde gelangt sind. Dr. David McKay von der NASA betont allerdings, daß es nicht nur einen Grund gibt, an früheres Leben auf dem roten Planeten zu glauben. Es sei eine Kombination von vielen Dingen, die gefunden worden waren. So wurden ungewöhnliche Mineral-Entwicklungsstufen entdeckt, die bekannte Produkte von primitiven Organismen auf der Erde sind.

In der Ausgabe vom 12. August 1996 sprach »Focus« von einer »phantastischen Botschaft«. Und »endlich Nachbarn«, so schreibt das Nachrichtenblatt, als seien humanoide Wesen auf unserem Nachbarplaneten entdeckt worden. »Focus« ist sich sicher: Die polyzyklischen aromatischen Kohlenwasserstoffe, die in dem Stein gefunden worden sind, können nicht durch Verunreinigungen auf der Erde entstanden sein, ihr Ursprung läge weit zurück, nämlich 3,6 Milliarden Jahre. Daß sie zweifellos auf dem

Der Meteorit ALH84001

Mineralkörnchen im Karbonat – von Marsbakterien erzeugt?

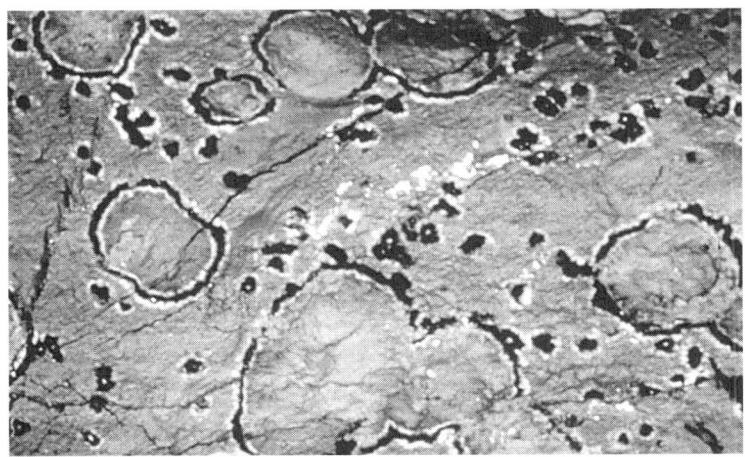

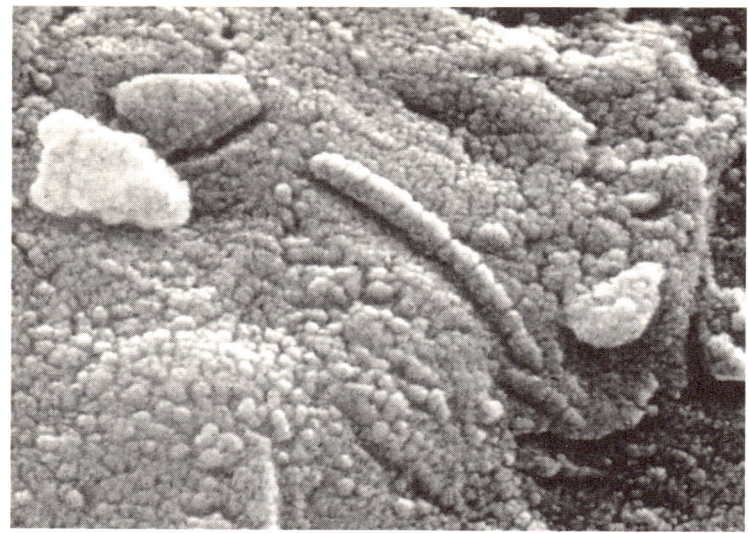

Mögliche Mikrofossilien von Einzellern im Marsmeteorit

Durch Meteoriteneinschläge kann Marsgestein zur Erde geschleudert werden.

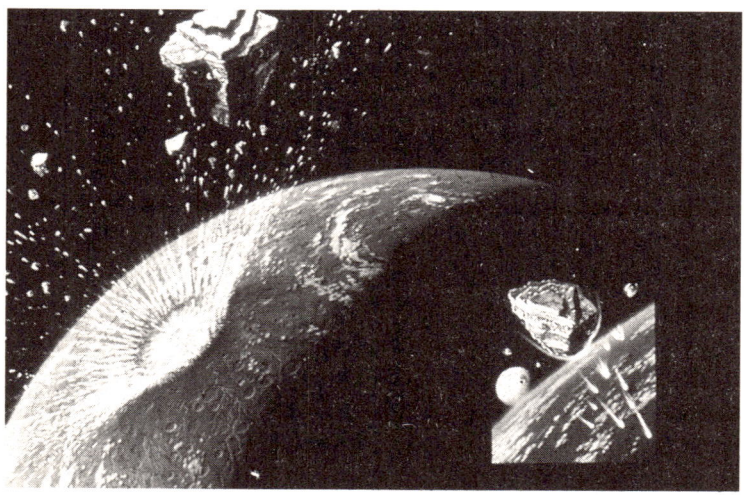

Mars entstanden seien, dessen ist sich das Blatt ganz sicher; es würde belegt durch zahlreiche Tests und Kontrollversuche. Gegen Ende des Berichtes erwähnt man dann so nebenbei die eines William Schopf, eines weltbekannten Paläontologen an der University Los Angeles. Er ist sich gar nicht so sicher, ob die gefundenen Kohlenwasserstoffe tatsächlich biologischen Ursprunges sind.

Auch der »Spiegel« vom 12. August 1996 schreibt, die Schlußfolgerungen seien »nahezu zwingend«, und man beruft sich hier auf Goldins Aussage in der Pressekonferenz. Offensichtlich etwas frei übersetzt. Immerhin schreibt der »Spiegel«, daß die vielen Tests wohl doch nicht so ganz eindeutig seien.

Die Annahme, dieser Körper könne Spuren von ehemaligem marsianischem Leben enthalten, basiert auf drei Indizien.

Diese Indizienkette wird im »Spiegel« etwas vereinfacht beschrieben, in der astronomischen Zeitschrift »Skyweek« (30-31/1996) ausführlicher dargestellt.

So schreibt der »Spiegel«, daß die winzigen Strukturen im Marsmeteoriten versteinerten Bakterien ähneln, wie man sie auch in mehr als drei Milliarden Jahre altem Erdgestein fand.

In der Umgebung der Mikrowürmchen fänden sich Magnetide und Eisensulfide – Minerale, wie sie auch von irdischen Mikroben ausgeschieden werden.

Mit Hilfe der Massenspektrometrie lassen sich winzige Mengen von sogenannten polyaromatischen Kohlenwasserstoffen in dem Marsgestein nachweisen – organische Substanzen, wie sie auf der Erde in fossilen Lagerstätten vorkommen.

»Skyweek« beschreibt zunächst die »Mineralkörnchen« im Karbonat. Was daran so auffällig ist, das ist der gestreifte Rand: schwarz, weiß und wieder schwarz. Beim

Einsatz des Transmissions-Elektronenmikroskopes erkennt man, wenn man dünngeschliffene Proben durchleuchtet, kleine Pünktchen aus feinkörnigen Materialien. Die eine Sorte ist Magnetit. Sie besteht aus Eisen und Sauerstoff. Die andere besteht aus Pyrrhotit, einer Eisen-Schwefel-Verbindung. Anhäufungen von solchen Mineralkörnchen finden sich auch im Inneren der Globulen. Sie bestehen aus Magnetid und vermutlich einer anderen Eisen-Schwefel-Verbindung. Die feinkörnigen Phasen von Karbonat, Eisensulfid und Magnetid können sowohl biologisch als auch anorganisch entstanden sein. Die biogene Deutung scheint jedoch die einfachere zu sein. Was auffällt ist, daß diese Magnetide jenen gleichnamigen Mineralkörnern ähneln, die auf der Erde vorkommen. Auch das Innenleben der Partikel ist identisch. Daher schließt die Untersucherin Kathie Thomas-Keprta, daß die wahrscheinlichste Erklärung sei, daß es sich hierbei um Produkte von Mikroorganismen handele, die auf dem Mars lebten.

Bei einer zweiten Analyse wurde mit einem Infrarotlaser eine Stelle der Probe verdampft, während ein Ultraviolett-Laser die Dampfwolke ionisierte. Dabei wurden Polyzyklische Aromatische Wasserstoffe entdeckt, die auf der Erde weit verbreitet sind. Man findet sie, um nur ein Beispiel zu nennen, in Erdölprodukten. Diese PAHs (oder PAKs), wie man diese Wasserstoffe abkürzt, wurden jedoch auch schon in anderen Meteoriten festgestellt. Jene sind anorganisch entstanden. Das Massenspektrum des Marsmeteoriten unterscheidet sich jedoch insofern von den anderen PAHs, als die Zusammensetzung viel einfacher ist; und zwar genauso, wie man es bei zerfallenen einfachen Mikroorganismen erwarten würde. Die Kruste des Meteoriten enthält allerdings überhaupt keine PAHs; damit ist eine Verunreinigung auf der Erde ausgeschlossen. Bei anderen stark verwitterten Antarktis-Meteoriten fehlen diese PAHs. Demnach wären die PAHs in ALH 84001 die ersten organischen Moleküle vom Mars, die jemals nachgewiesen wurden.

Und dann gibt es noch die »seltsamen Strukturen«. Die Oberfläche der Karbonatglobulen wurde auch mit einem Rasterelektronenmikroskop (REM) untersucht. Bei ganz besonders hoher Auflösung erkennt man, daß der eisenreiche Rand der Globulen aus einem Aggregat kleiner irregulärer und kantiger Objekte besteht. Es könnte sich dabei um Magnetide und Pyrrhoite handeln, allerdings sind sie zu klein für eine Analyse mit dem REM. Aber andere Objekte in dem Meteoriten sind rätselhaft. Im Inneren mancher aufgeschlagenen Globulen wurden längliche und ovoide Partikel gefunden. Diese könnten Figuren sein, die durch Verwitterung von Karbonatoberflächen entstehen, hierfür gibt es jedoch kein irdisches Beispiel. Chemische Untersuchungen laufen noch auf Hochtouren, die Analyse ist noch längst nicht abgeschlossen. Es könnten auch die Produkte mikrobiologischer Aktivität sein. Und da in der Antarktis ähnliche Partikel noch nicht gefunden wurden, liegt der Verdacht nahe, daß die Täter tatsächlich Marsmikroben gewesen sein könnten.

Der Untersucher David McKay gab zu bedenken: »Wir haben keine unabhängigen Daten, daß das Fossilien sind. Wir haben keine Bilder, die Zellwände zeigen, oder interessantes Material, das für Zellen charakteristisch wäre.«

Die chemische Zusammensetzung der Gebilde herauszufinden, nachzuweisen, ob sie Zellwände haben oder nicht, sind interessante und schwierige Aufgaben für die Zukunft.

Nun findet sich in einem Internet-Link ein Artikel aus dem »Albuquerque-Journal« vom 8. August 1996, in dem die Rede davon ist, daß die Meteoriten-Studien keinen Beweis für ehemaliges Leben auf dem roten Planeten erbracht hätten. Hier beruft man sich auf lokale Untersucher, die das Sulphur in dem Meteoriten untersucht hätten. Bei diesen lokalen Untersuchern handelt es sich um die UNM-Group, eine unabhängige Organisation. Diese Gruppe will Vergleiche zwischen dem Marsmeteoriten und irdischen Felsen anstellen. Die UNM-Group beklagt sich darüber, daß deren Untersuchungsergebnisse im Gegensatz zu denen der NASA keine Beachtung fänden.

Der Biologe William Schopf denkt, daß der Fund im Prinzip relativ wertlos ist, da abiotisch entstandene PAHs im Weltraum einfach zu weit verbreitet sind. Bei den vermeintlichen Mikrofossilien will er erst wissen, was drinnen ist: Hohlräume müßten nachgewiesen werden, das eindeutige Kriterium jedes Lebewesens. Und eine Zelle, die sich gerade teilte, will Schopf auch sehen, damit er den Lebenszyklus dieses fossilienartigen Organismus verstehen kann. Er glaubt dennoch an die Möglichkeit, daß es sich um fossilienähnliche Organismen handelt.

Friedrich Bergemann, Professor am Max-Planck-Institut für Chemie in Mainz, bleibt skeptisch:

»Kontaminationen bei Meteoriten ist eine triviale Sache, das veröffentlicht eigentlich niemand.« Die nachgewiesenen PAHs könnten seiner Meinung nach auch von anderer Herkunft sein. Bergemann im »Stern« vom 15. August 1996 weiter: »Es wurde kein einziges stichhaltiges Indiz dafür gefunden, daß sie biologischen Ursprunges sein müssen.«

Es wurde eine äußerst interessante Entdeckung gemacht, die darauf hindeuten könnte, daß es auf dem Mars einst tatsächlich Leben in mikrobiotischer Form gegeben hat, das sich möglicherweise auch weiterentwickelt hat. Darüber sind wir in den Medien auch ausreichend unterrichtet worden.

Weniger lasen wir von den Zweifeln, die bisher nicht vollständig ausgeräumt werden konnten. Stammt der Meteorit wirklich vom Mars? Stammen die Fossilien vielleicht von der Antarktis? Sind es überhaupt organische Fossilien? Sind gar Kontaminationen, Verunreinigungen im Spiel gewesen? Warum kommt ein unabhängiges Forscherteam zu vollkommen anderen Ergebnissen? Um diese und andere Fragen zu klären, sind weitere Untersuchungen nötig, die z. Zt. auch durchgeführt werden. Erst nach Abschluß dieser Untersuchungen können wir (vielleicht) mit Sicherheit oder zumindest mit einer gewissen Wahrscheinlichkeit sagen, ob der Stein des Anstoßes tatsächlich einen Beweis für ehemaliges marsianisches Leben in sich birgt.

In dieser Angelegenheit ist also das letzte Wort noch lange nicht gesprochen. Zu viele Fragen sind noch ungeklärt.

Zum Thema Marsmeteoriten überschlugen sich in der Zeit von Mitte bis Ende 1996 die Ereignisse. So wurde von neuen überzeugenden Marsfossilien gesprochen. Bei einer Anhörung des Untersuchungsausschusses für Raum- und Luftfahrt des Wissenschaftsausschusses des US-Repräsentantenhauses am 12. September 1996 hieß es überraschenderweise, David McKay und andere seien in dem Marsmeteoriten ALH 84001 auf weitere Arten mikroorganismenähnlicher Formen gestoßen, die sich zu den zuerst entdeckten kugelförmigen, ovoiden und länglichen Gebilden gesellten. Die neuen Gebilde umfassen gemäß McKay schichtartige hohle Sphären, delikates, membranartiges Material, das mit Zellstruktur verwandt sein könnte, und andere ungewöhnliche Formen innerhalb der Schockbrüche des Meteoriten. Auch hier seien jedoch weitere Untersuchungen nötig. Die Beschaffung von Bodenproben wird jedenfalls ein wichtiger Punkt für künftige Mars-Sonden sein.

David McKay sprach im amerikanischen Network von einem zweiten Meteoriten vom Mars, in dem die gleichen winzigen, länglichen Gebilde gefunden worden seien wie in ALH 84001. Merkwürdig und interessant zugleich: Der ALH-Stein war über vier und sein biogenes Innenleben bis zu 3,6 Milliarden Jahre alt. Alle anderen Marsmeteoriten sind aber nur 1,3 Milliarden Jahre alt. Vorausgesetzt, die These des marsianischen biologischen Ursprunges stimmt, dann würde dies bedeuten, daß das marsianische Leben zeitgleich mit dem irdischen entstanden ist, und es würde ferner bedeuten, daß es die nächsten zwei bis drei Milliarden Jahre durchgehalten hätte; und damit steigt natürlich auch die Wahrscheinlichkeit, daß es heute noch Abkömmlinge dieser Kleinstlebewesen an geeigneten Stellen auf dem Mars gibt.

Skeptiker verweisen dagegen auf Forschungsergebnisse, die darauf hinweisen, daß das organische Material im ALH 84001 möglicherweise doch auf Verunreinigungen zurückzuführen sei. Bei der Untersuchung von Eis aus der Gegend, in der der Meteorit gefunden wurde, wurden PAHs entdeckt, die genauso aussehen wie die im Meteoriten. Dann gibt es noch eine andere kritische Variante: Die Fossilien könnten bei der Präparation für das Elektronenmikroskop entstanden sein.

John Kerridge, ein amerikanischer Planetenforscher, ist sich sicher, daß die vorgelegten Fossilien einen nichtbiologischen Ursprung haben. Er spricht von detaillierten Beweisen, die er in Kürze vorlegen will.

Weiter meldete sich ein Chemiker zu Wort: »Eine anorganische Erklärung ist mindestens genauso plausibel für vier der fünf Beobachtungen.« Die NASA-Forscher sind jedoch anderer Meinung. Weiterhin strittig ist die Frage, ob die Schwefelisotopen in ALH 84001 tatsächlich Anzeichen für biologische Aktivitäten sind oder nicht. Eine noch

neuere Kritik basiert auf dem Innenleben der Magmaparti-
kel in den Karbonatglobulen: Bei einer elektromikroskopi-
schen Untersuchung hatte sich herausgestellt, daß die Kri-
stalle in einer Art Helixstruktur gewachsen waren. Auf der
Erde findet man das in Vulkangestein. Interessanterweise
sind die Forscher, die das heraufanden, dieselben, die
schon immer für eine Entstehung der Globulen unter hohen Temperaturen eintraten. Experimente zeigen, daß sich
PAHs gerne auf den Oberflächen von Karbonatglobulen
ablagern: Die Korrelation der PAHs im Marsmeteoriten
mit den Globulen beweist demnach weniger, als McKay
und seine Mitstreiter annahmen.[4]

Die Diskussion um die Marsmikroben beschäftigt auch
die Kirchen.

»Erlösung auch für Marsianer?« fragte sich die Zeitung
»Sonntag aktuell« vom 18. August 1996. »Die Bibel ist
zwar kein naturwissenschaftliches Lehrbuch, nach kirchli-
cher Lehre aber ist der gesamte Kosmos eine Schöpfung
Gottes. Wenn von Erlösung gesprochen wird, dann ist der
gesamte Kosmos gemeint«, wird Winfried Röhmdel, Pres-
sesprecher der Erzdiözese München und Freising, zitiert.
Röhmdel meinte, daß auch Außerdirdische am Jüngsten
Tag auf Erlösung hoffen dürften. Sein Kollege Hannes
Schoob (Evangelische Bischofskonferenz) zu der Angelegenheit: »Kein Kommentar!«

Die Ausgabe Nr. 113 der »Welt 2000« zitiert Keith
Ewing von der evangelischen Allianz Englands mit den
Worten: »Die Entdeckung stellt keine Bedrohung für den
christlichen Glauben dar, und es wäre falsch, zu behaupten, daß Christentum und Wissenschaft in einem Wider-
spruch zueinander stünden.« Reverend David Streaster
von der evangelischen Church Society meinte: »Selbst
wenn man die Evolutionstheorie völlig akzeptiert, bleibt
immer noch die Frage: Wer schuf den Urknall und das,

was vorher war?« Ein Sprecher der anglikanischen Kirche: »Wir glauben, daß Gott das gesamte Universum erschuf, daher stellt die Entdeckung für uns kein Problem dar.« Der Theologe Rev. John Polinghorne: »Alles, was dies in theologischen Begriffen bedeutet, ist, daß Gott ein noch fruchtbareres und wunderbareres Universum erschaffen hat, als wir es zuvor gedacht haben, und wenn es Leben woanders gibt, dann können wir sicher sein, daß Er es ebenso liebt wie uns.« Ein Sprecher der katholischen Kirche meldete sich ebenfalls zu Wort: »Es gibt noch keinen Beweis, aber wenn es den gäbe, müßte in einigen Bereichen umgedacht werden. Doch warten wir, bis sie mit uns Kontakt aufnehmen.« Der katholische Autor Piers Paul Read: »Der Mensch mag an die Erde gebunden sein, Gott ist es nicht, und es steht dem Menschen nicht zu, festzulegen, was die präzise Natur seiner weiteren Schöpfung sein mag.« Der Jesuit Guy Consulmagno: »Die Entdeckung von Leben auf anderen Planeten bestätigt, daß Gott nicht durch unsere Vorstellung von ihm begrenzt werden kann. Mit unserem Verständnis von der Schöpfung wächst auch unser Gottesbild.« Rabbi Dr. Jonathan Romain von der Reformsynagoge: »Sollten Außerirdische tatsächlich existieren, dann wären sie ebenso Geschöpfe Gottes wie wir Menschen. Die Entdeckung anderer Lebensformen kann nur unsere Bewunderung für Gottes Schöpferkraft verstärken. Die Forderung ›Liebe Deinen Nächsten‹ gilt dann nicht nur für die andere Seite der Straße, sondern reicht hinüber zu anderen Sternen.« Die Fundamentalisten bestritten die Entdeckung ganz einfach.

In der »Welt 2000« wird auch eine interessante Stellungnahme des »Times«-Kolumnisten William Rees-Mogg publiziert: »NASA veröffentlichte ein wissenschaftliches Ergebnis, das die Wahrheit von Platos Timaeus bestätigt. Plato war überzeugt, daß der Erschaffer des

Universums die ›Seelen gleichmäßig in der Zahl auf die Sterne verteilte‹. Dieser kreative Demiurg hielt das Universum für unvollkommen, wenn es nicht ›jede Art Lebewesen in seiner räumlichen Ausdehnung in sich trüge‹. NASAs Entdeckung der fossilen Mikroben gibt dem Glauben an die Universalität von Lebensformen moderne Unterstützung.

Diese Platonische Idee beeinflußte das Denken Anfang des 18. Jahrhunderts. Fontenelle schrieb über ›die Pluralität der Welten‹ in seinem ›Essay über den Menschen‹. Alexander Pope schrieb: ›Durch unzählige Welten mag Gott bekannt sein. Es ist an uns, seine Spur in unserer zu verfolgen.‹ George Berkeley, der anglo-irische Philosoph glaubte, die universale Lebenskraft sei ›reiner Geist oder unsichtbares Feuer, das jederzeit bereit ist, auszubrechen und seine Effekte zu zeigen und auf verschiedene Weise zu operieren, wo ein Subjekt anbietet, seine Kraft zu nutzen. Es ist präsent in allen Teilen der Erde und des Firmamentes.‹«

Schließlich sprachen auch andere Philosophen, wie der Franzose Henri Bergson in »Die kreative Evolution«, von einer universalen Lebenskraft oder einem »elan vital«, der sich überall im Universum manifestierte. Rees-Moog vergleicht den Glauben der Evolutionisten, der Mensch sei allein im Universum und nur das Produkt einer Kette von Zufällen, mit der Überzeugung von Eskimovölkern in Grönland, die bis zu ihrer Entdeckung glaubten, die einzigen menschlichen Wesen auf der Erde zu sein.»Wenn es Leben auf dem Mars gab, so gibt es mit Sicherheit die verschiedensten Lebensformen auch auf anderen Planeten anderer Sterne in anderen Galaxien, wahrscheinlich sogar Millionen davon. Wir sind nur durch die immensen Entfernungen im All von diesen anderen Lebensformen getrennt. Es gibt keinen Grund zu der Annahme, der Mensch sei das am weitesten fortentwickelte Lebewesen, selbst in unseren eigenen Begriffen von Intelligenz. Pope glaubte, wir nähmen einen Mittelplatz in der ›langen Kette des Seins‹ ein. Da die menschliche Natur unvollkommen ist, ist es leicht, sich intelligente Wesen vorzustellen, die sich weit über den Punkt hinaus entwickelt haben, den wir heute einnehmen. Es mag fortgeschrittene Lebensformen geben, die uns schon kontaktiert hätten, wenn sie sich dazu entschieden hätten. Einige denken, daß dies schon geschah, durch UFOs oder Kornkreise. Wenn sie sich noch zurückhalten, dann vielleicht deswegen, weil sie denken könnten, daß ihre fortgeschrittene Zivilisation unserem gegenwärtigen Status der Barbarei schaden könnte. Als Spezies benötigten wir vielleicht die Erfahrung der Kindheit, wenn wir je erwachsen werden wollen. Oder diese fortgeschritten Wesen könnten sich zu einem Zeitpunkt gezwungen fühlen einzugreifen, um uns vor der technologischen Selbstzerstörung zu retten, die eine der Möglichkeiten des nächsten Jahrtausends ist.«

Abgesehen davon, daß die philosophischen Ausführungen recht interessant sind, fällt auch hier wieder auf, daß der Bogen sehr weit gespannt wird und daß man von den potentiellen organischen Spuren im Marsmeteoriten zu außerirdischen menschenähnlichen Wesen, ja sogar zu Besuchern aus dem All kommt, daß man gleich über das UFO-Phänomen und die Kornkreise nachdenkt. Die Kornkreise, regelmäßig geformte Muster, die alljährlich in Kornfeldern Südenglands gefunden werden, werden sicherlich nicht von Marsmikroben hergestellt worden sein, die hier auf der Erde ihren Schabernack treiben.

Eine ganz andere Konsequenz aus der Entdeckung zog William Hill, das größte Wettbüro in England. Es bietet bereits seit 20 Jahren die Wette an, daß die NASA eines Tages die Existenz von intelligentem außerirdischem Leben bestätigt. Die Quote lag bei 1:500. Ein Sprecher des Wettbüros erklärte:»Jetzt sind wir froh, daß wir das Wort ›intelligent‹ in die Formulierung der Wette mit aufgenommen haben.« Dessenungeachtet ging die Wettquote zurück. Nach dem 8. August 1996 betrug sie lediglich noch 1 : 25.

Einen exotischen Gedanken zur gesamten ALH-Problematik hatte der US-Astronom Joseph Burns:»Es könnte sein, daß wir selbst die kleinen grünen Männchen vom Mars sind.« Und weiter:»Falls es vor Millionen von Jahren Leben auf dem Mars gegeben hat, dann ist es durchaus möglich, daß es die Erde erreicht hat. Es kann die Saat für das Leben auf unserem Planeten gewesen sein.« Burns beruft sich auf die Tatsache, daß nicht alle Marsmeteoriten an der Erde vorbeifliegen oder in der Atmosphäre verglühen, sondern daß ein gewisser Teil auch als Gesteinsbrocken auf der Erdoberfläche landet, so wie dies bei ALH 84001 der Fall war. Insgesamt kennt man inzwischen elf Mars-Meteorite. Burns:»Etwa sieben Prozent der Marsgeschosse erreichen die Erde. Früher waren die Bedingungen für Leben auf dem Mars möglicherweise besser als auf der Erde.« Burns fand heraus, daß Mikroben mindestens sechs Monate im All überleben können, etwa ein Prozent der Meteoriten schlagen nach Burns Theorie etwa ein halbes Jahr nach Verlassen des Mars auf der Erde ein (Berliner Zeitung, 28. Oktober 1996).

Von Forschungsergebnissen zweier unabhängig voneinander arbeitenden Wissenschaftlergruppen berichtete die »Welt am Sonntag« am 16. März 1997. Die Forscher des California Institute of Technology und der University of Wisconsin zeigten an Gesteinsproben eines Marsmeteoriten, daß er im Inneren winzige Kohlenstoff-Globule barg, bei denen man davon ausging, daß sie bei einer Temperatur von 100° C entstanden waren. Und das ist eine

Umgebung, die Lebensformen, die in Hitze gedeihen, ohne weiteres noch ertragen können. Diese Kohlenstoff-Globule seien nach Meinung der Wissenschaftler Ausscheidungen von winzigen bakterienartigen Organismen. Im Moment gibt es eine rege Kontroverse, denn viele Wissenschaftler sind der Meinung, auf dem Mars hätte aufgrund der extremen Temperaturen niemals Leben entstehen können. Dem steht der aktuelle Befund entgegen. Es stellt sich die Frage, ob nicht die Kohlenstoff-Kügelchen erst nach dem Auftreffen des Marsmeteoriten auf der Erde in das Gestein eingedrungen sein könnten. Um das zu überprüfen, hat man eine Magnetfeldanalyse durchgeführt. In der Gesteinsprobe fand man Spuren von zwei verschiedenen sich rechtwinklig zueinander drehenden Magnetfeldern. Bei extrem niedrigen Temperaturen frieren Magnetfelder im Gestein ein, bei extrem hohen Temperaturen schmelzen sie. Der Fund dieser Magnetfelder wird von den Wissenschaftlern als zusätzlicher Beweis dafür gewertet, daß der Stein vor seinem Auftreffen auf die Erde nicht einmal 100 Grad Umgebungstemperatur ausgesetzt war, wie der an den Untersuchungen beteiligte Geobiologe Joseph Kirschvink erklärte. Aufgrund der Tatsache, daß der Mars vor vier Milliarden Jahren ein Magnetfeld besaß, das dem der Erde nicht unähnlich war, konnte er eine Atmosphäre aufbauen. Er wäre damit vor den gewaltigen elektrischen Sonnenwinden geschützt gewesen – das Magnetfeld hätte wie ein Schirm gewirkt. Das heißt im Klartext: Leben auf Mars war möglich.

In der »Süddeutschen Zeitung« vom 3. April 1997 kommt ein Team zu Wort, das die marsianische Herkunft des Sensationsmeteoriten in Frage stellt. So wird ein Untersuchungsergebnis zitiert, das auf die Geochemikerin Luann Becker von der kalifornischen Universität in San Diego zurückgeht. Sie hatte einen anderen Marsmeteoriten, EETA 79001, untersucht, der ebenso wie sein berühmter Kollege ALH 84001 aus der Antarktis stammt. Auch EETA 79001 weise PAKs auf, und zwar in einer ganz ähnlichen Häufigkeitsverteilung wie sein Schwestergestein. EETA 79001 sei allerdings Vulkangestein, das erst vor 180 Mio. Jahren erstarrte. Und zu diesem Zeitpunkt habe der Mars schon keine dichte Atmosphäre mehr besessen. Nun könnten natürlich die PAKs durch Meteoriteneinstürze auf dem Mars gelandet sein, aber Luann Becker glaubt eher, daß sie aus der Antarktis stammen. Sie untersuchte nämlich auch antarktisches Schmelzwasser, und auch dort fand sie PAKs. Die Gruppe um Frau Becker bringt nun die Verunreinigungstheorie verstärkt ins Gespräch.

Die Wissenschaftler, die Leben auf dem Mars für möglich halten, berufen sich neben den Magnetismus-Befunden auch auf Isopen-Untersuchungen. Auch diese sprechen für eine Bildung der entscheidenden Karbonatglobulen bei niedrigen, lebensfreundlichen Temperaturen. In den Marsglobulen scheint es zudem Schichten zu geben, die an Biofilme erinnern, wie sie irdische Bakterien erzeugen. Skeptiker sind unbeeindruckt und schicken selbst Argumente ins Feld. Einig ist man sich nur über die Tatsache, daß es bis zu einer allgemein akzeptierten Antwort noch Jahre dauern wird – und bis dahin wird wohl noch munter weiter debattiert werden.

In den ersten (voreiligen) Pressemeldungen über den Meteoriten ALH 84001 war jedenfalls die Rede davon, die einstigen Mikroben hätten sich damals weiterentwickelt. Und zumindest einige Forscher stimmen dieser These zu.

Gab es tatsächlich intelligentes Leben auf dem Mars? Waren die Bedingungen, wie Burns sagt, tatsächlich einst auf dem Mars sogar besser als auf der Erde? Hatte der rote Planet einst ein Magnetfeld, das dem der Erde ähnelte, und hatte er eine Atmosphäre, die Leben möglich machte? Und

wenn es eine Atmosphäre gab, die Leben ermöglichte,
wenn es tatsächlich Leben auf Mars gab, dann müßte es
auch Wasser gegeben haben. Und tatsächlich gibt es auf dem Mars ausgetrocknete
Flußläufe. Man kann es als eine Ironie des Schicksals bezeichnen, daß es auf dem Mars doch Kanäle gibt, wenn
auch nicht jene, die Schiaparelli und Lowell beobachteten.
Man unterscheidet drei verschiedene Arten von Kanälen:
große Kanäle, mittlere Kanäle und kleine Kanäle. Die
größten Kanäle ziehen sich über Tausende von Kilometern,
stellenweise erreichen sie eine Breite von bis zu 100 km.
Sie treten in äquatornahen Bereichen auf. Ihren Ursprung
nehmen sie oft im sogenannten chaotischen Terrain und
weiter am Ostrand der Vallis Marinaris, eines Marstals. Sie
verlaufen dann weiter durch die Chryse-Ebene zu den
nördlichen Tiefebenen. Die Kanäle besitzen kaum Seitentäler, zeigen jedoch Schleifspuren am Boden, die durch
mitgeschwemmte Geröllmassen ausgelöst wurden. Strom-
abwärts in der Chryse-Ebene finden wir sowohl terrassierte
Ufer als auch stromlinienförmig umgrenzte Inseln.

Aus den Ausmaßen der Marskanäle kann geschlossen
werden, daß riesige Mengen von Wasser freigesetzt worden sein müssen.

Die mittelgroßen Kanäle finden wir im Grenzbereich
zwischen den alten Kraterlandschaften im Süden und den
Lavaebenen im Norden. Sie zeigen einen gewundenen
Verlauf. Die mittleren Kanäle besitzen Seitentäler. Ihre
Breite nimmt zu, ihr Boden zeigt ein seltsames Flechtmu-
ster. Die Nebentäler sehen oft stumpfkantig aus.

Am häufigsten sind jedoch die kleinen Kanäle. Sie erinnern stark an irdische Bewässerungssysteme. Die Talsyste-
me sind drei bis fünf Kilometer lang und sehr schmal.

Bei den mittelgroßen Kanälen geht man davon aus, daß
sie durch Unterspülung entstanden sind. Am Rande des

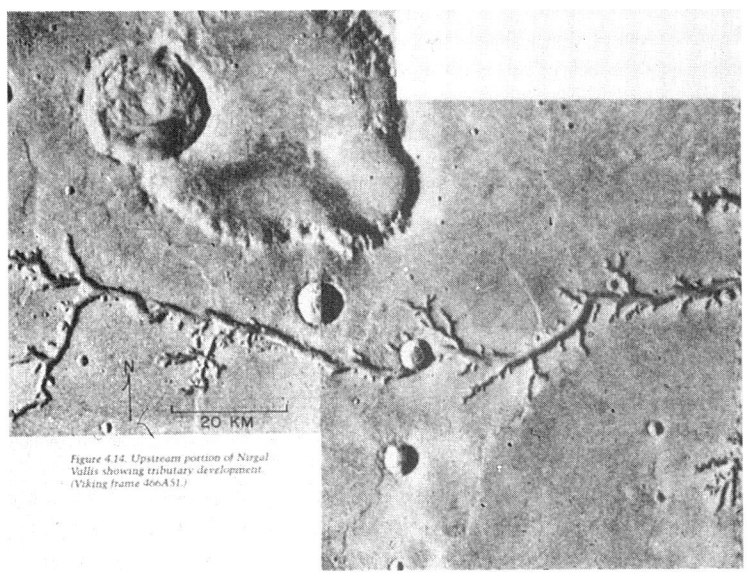

Figure 4.14. Upstream portion of Nirgal Vallis showing tributary development. (Viking frame 466A51.)

Es gab einst Wasser auf dem Mars. Die ausgetrockneten Flüsse sind heute noch sichtbar.

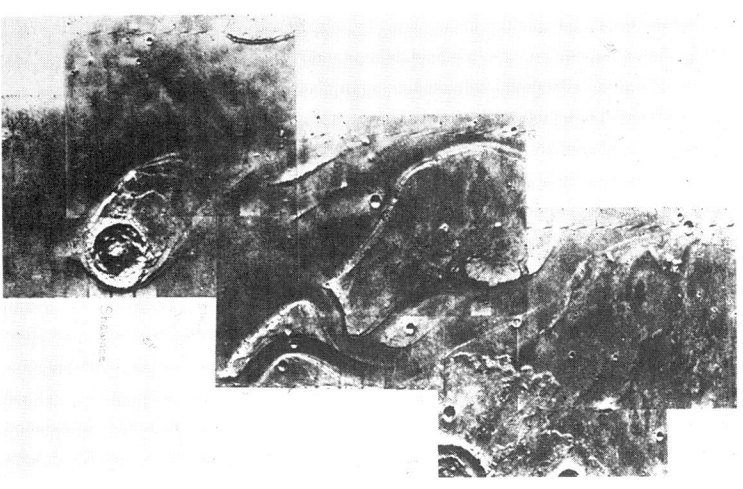

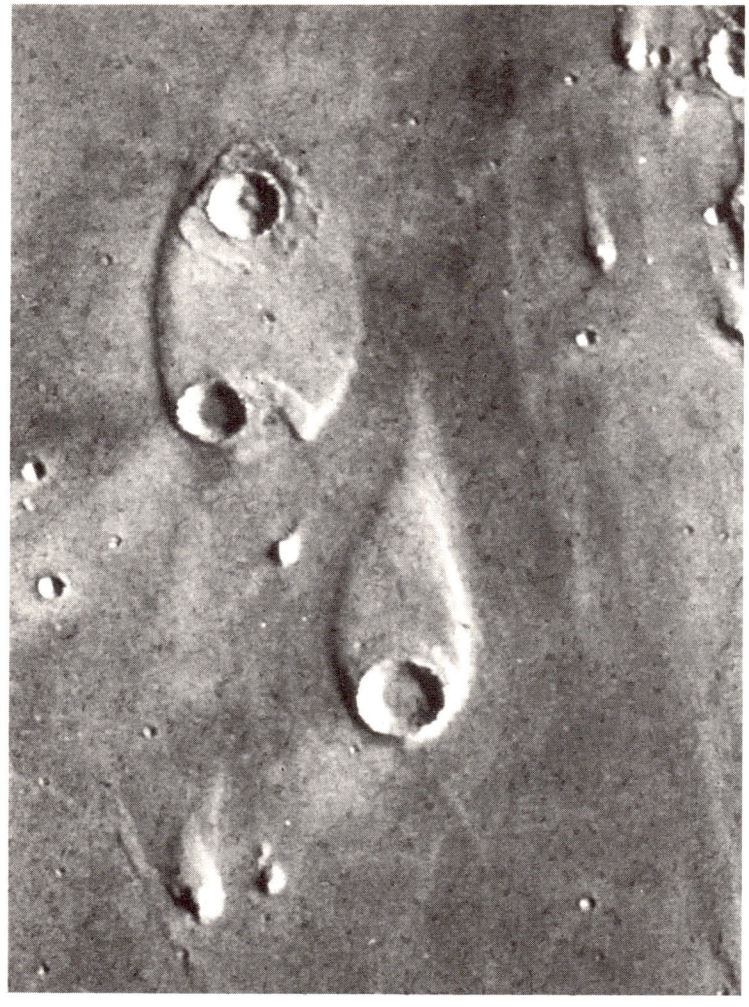

Stromlinienförmig umgrenzte Inseln in einem ausgetrockneten Marsfluß.

Hauptkanals traten Quellen auf, unterspülten das Ufer, ein Teil stürzte ein und markierte den Beginn eines Seitentales. Talaufwärts wiederholte sich der Prozeß, das Seitental wuchs weiter. Manche Forscher sind der Meinung, daß Gletscher eine wichtige Rolle gespielt haben könnten. Sie könnten die seltsamen Gittermuster erklären, die man in manchen Gegenden findet. Die Oberflächen seien durch den Vor- und Rückmarsch der Gletscher einer ständigen Erosion ausgesetzt gewesen. Deren Schutt wurde schließlich von den Schmelzwassern weggeschwemmt. Es blieb lediglich das Gittermuster.

Nur eines scheint sicher: Die mittelgroßen Kanäle können im Gegensatz zu den großen Kanälen nicht durch von innerer Wärme ausgelösten Springfluten entstanden sein.

Quellvorgänge hält man für eine mögliche Erklärung für die Entstehung der kleinen Kanäle. Man nimmt an, daß es sich um alte Gebiete handelt, und daraus ist wiederum zu schließen, daß die Marsatmosphäre früher viel dichter gewesen sein muß. Denn nur so hatte das Wasser Zeit, Täler auszuwaschen.

Es ist nur natürlich, daß auch die Flußläufe Anlaß zu Spekulationen bieten. Der Sprung von einer Welt, die einst wärmer war und in der Wasser floß, zu einer bewohnten Welt ist nicht weit, und so wird vielerorts über eine ehemalige Zivilisation auf unserem Nachbarplaneten spekuliert. Die große Mehrheit der Wissenschaftler ist natürlich nicht bereit, so weit zu gehen.

Ebenso Anlaß zu Spekulationen gibt das sogenannte Marsgesicht. Die Sonde »Viking 1« hatte dieses Bild eines großen, vom Winde teilweise abgeschliffenen Felsens zurückgefunkt, das so unheimlich an ein menschliches Gesicht erinnert. Haben tatsächlich ehemalige Marsianer diesen Berg entsprechend bearbeitet? Hinzu kommt, daß sich in unmittelbarer Nähe dieses 1500 m langen Tafelberges eine ganze Reihe von Pyramiden befindet, darunter gleich zwei, die exakt 5-seitig ausgerichtet zu sein scheinen. Die große Mehrheit der Astronomen hält es jedoch für wahrscheinlicher, daß das Marsgesicht, ein vom Wind zerschliffener Felsen, durch Zufall entstanden ist. Aber bereits zuvor, bei der Ankunft von »Viking«, hatte die Sonde, so behauptete ein italienischer Schreiber, eine alte Stadt entdeckt. Dieses Gerücht entstand bereits bei der Ankunft der Sonde. Mittlerweile wurden »Viking«-Aufnahmen bekannt, die nicht nur das »Marsgesicht« und Pyramiden, sondern tatsächlich auch einen stadtähnlichen Komplex zeigen.

Astronomen, die das »Marsgesicht« für ein »Spiel aus Licht und Schatten« halten, vergleichen es gerne mit einer seltsam aussehenden Formation, dem sogenannten B-Felsen. Das Bild, das von »Viking 1« kurz vor Sonnenuntergang aufgenommen wurde, zeigt ein Muster auf einem Felsen, das eine Ähnlichkeit mit dem Buchstaben »B« hat. Der Felsen soll durch Winderosion »bearbeitet« worden sein. Des weiteren haben die Beleuchtungsverhältnisse eine Rolle gespielt.

Viele Bücher sind über das »Marsgesicht« erschienen. Dieses Gebilde, dessen eine Seite im Schatten liegt und dessen andere Seite wie ein menschliches Gesicht anmutet, war schon Ende der siebziger Jahre bekannt. Das »Marsgesicht« zeigt deutlich ein Auge, einen halben Mund (auf der sonnenbeschienen Seite) sowie Haare. Das damals veröffentlichte Bild wurde 1976 bei 10 Grad hohem Sonnenwinkel von der Sonde »Viking 1« aufgenommen. Zwei neue Bücher zu dem Thema stammen von Richard G. Hoagland und Walter Hain.

Hoagland hat mittlerweile, wie auch Hain, noch eine zweite Aufnahme jenes geheimnisvollen Tafelberges in sein Buch aufgenommen. Ebenso entdeckte Hoagland einen Pyramiden-Komplex. Hoagland glaubt, ein globales

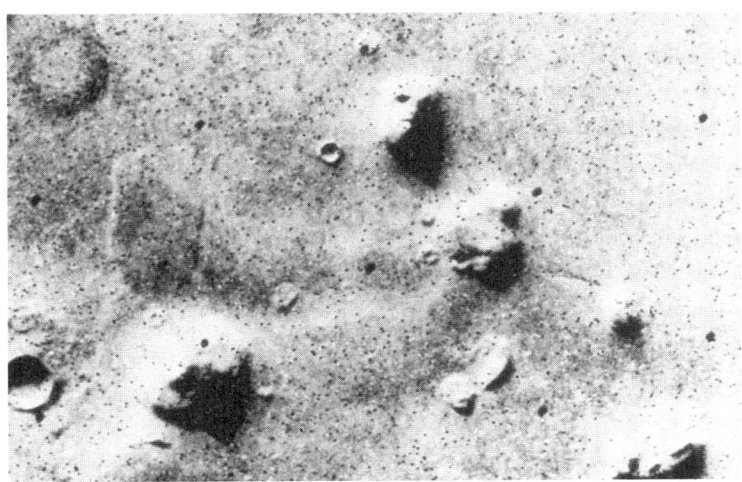

Zwei Aufnahmen des rätselhaften Marsgesichts – eine Laune der Natur oder das Werk außerirdischer Bildhauer?

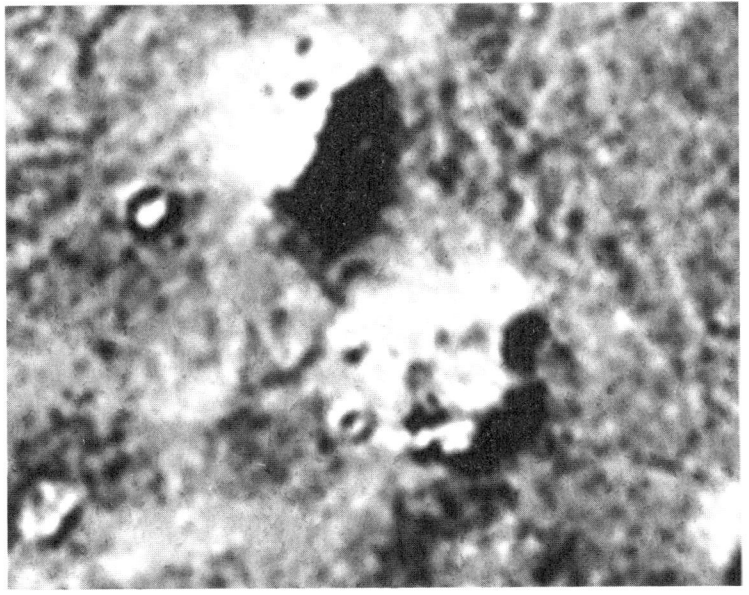

Netz von Kultstätten zu erkennen, das auf den beiden Planeten Mars und Erde gleichzeitig existierte; und er schließt, daß beide von den gleichen Urhebern geschaffen wurden. Hoagland hat seine Entdeckungen bei den Vereinten Nationen vorgetragen, wo sie auf allgemeines Interesse gestoßen sind. Auf dem Schutzumschlag von Hoaglands Buch wird die Verbindung zwischen den Monumenten auf dem Mars und den prähistorischen Anlagen auf der Erde ein provozierendes Menschheitsrätsel genannt.

Dick Hoagland legt nicht nur Viking-Fotos der Stadt vor, sondern er kann auf ein weiteres Bild vom Marsgesicht verweisen, das nicht wie das erste veröffentlichte Foto bei 10 Grad hohem Sonnnenwinkel, sondern bei 30 Grad Sonnenwinkel aufgenommen wurde. Bei beiden zeigt sich das gleiche Gesicht ohne den geringsten Unterschied! Bei den sogenannten »processed images«-Versionen (auf dieses Verfahren kommen wir gleich zu sprechen) erkennt man im »Mund« des Marsgesichtes sogar Zähne. Auch eine Träne ist zu erkennen. In der Nordost-Ecke der Stadt sieht man ein Gebäude, das Hoagland an eine Festung erinnert. In der Mitte der »Stadt« befindet sich ein freier Platz. Von diesem wird in Richtung »Gesicht« eine Gruppe von Besonderheiten erkennbar, die Ähnlichkeiten mit einer Zielscheibe oder einem Fadenkreuz aufweisen.

Neben der »Stadt« und dem »Gesicht« ist ein pyramidenartiges Gebilde zu sehen. Die »Pyramide« ist eine einzigartige, fünfseitige Figur, die aus drei kurzen Seiten (jede etwa 1,6 km lang) und zwei langen Seiten besteht. Sie zeichnet sich durch eigenartige Pfeiler an jeder Ecke aus. Eine umfassende geometrische Analyse dieser Pyramide enthüllt sowohl symmetrische Innenwinkel als auch eine Reihe mathematischer Konstanten, die aus diesen Winkeln abgeleitet werden. Die »Botschaft«, die diese Konstanten implizieren, wird nach Hoagland besonders durch die geo-

126

metrischen Eigenschaften eines pol-orientierten Tetraeders in einer rotierenden Kugel bestimmt. Die Geometrie eines solchen eingeschriebenen Tetraeders wird nicht nur durch entsprechende Ausrichtung anderer Strukturen in Cydonia unterstrichen, sondern auch durch die Positionierung auf einen speziellen Breitengrad planetarer Orientierung und den Innenwinkeln der Pyramide: 19,5 Grad. Und diese 19,5 Grad tauchen vermehrt auf, was die Beziehung der einzelnen Objekte zueinander betrifft. Auch die Position der Sphinx von Giseh zu den Pyramiden und diversen Rechtecken auf dem Giseh-Plateau soll gemäß Hoagland präzise Übereinstimmungen zu der »Cydonia-Botschaft« aufweisen.

Selbstverständlich kann man hier einwenden, daß, wenn man nur lange genug sucht, man zwischen irgendwelchen Objekten auch irgendeine mathematische Beziehung finden wird.

Wir haben dann also folgendes: einen Tafelberg nahe der Cydonia-Region auf Mars, der auf der sonnenbeschienenen Seite einem menschlichen Gesicht verblüffend ähnelt und der auch bei verändertem Sonneneinstrahlwinkel immer noch so aussieht. Die dunkle Gesichtshälfte läßt (in der Computeranalyse, insbesondere dem Falschfarben-Verfahren) menschliche Züge erahnen. In der Nähe des »Gesichtes« befindet sich eine Struktur, die wie eine »Stadt« mit einem »Hauptplatz« in der Mitte anmutet. Ebenfalls in der Nähe befinden sich pyramidenartige Gebilde.

Bevor ich auf die Frage zu sprechen komme, was hinter den Marsmonumenten stecken könnte, muß ich noch einige grundsätzliche Dinge sagen.

Von dem Mars-Gesicht gibt es neben den bekannten und einigen der weniger bekannten Bilder (im Internet tauchen ständig neue Bilder vom »Marsgesicht auf, die jedoch allesamt aus einem recht hohen Orbit aufgenommen worden

127

sind) zu der Rohversion noch jeweils eine weitere Version, die sogenannte »processed image«-Version. Diese Entwicklungen basieren auf einer speziellen Technik von Computervergrößerungen, und sie wurde von der Firma SRI International in Stanford/Kalifornien durchgeführt.

Nach der offiziellen Theorie geht der Eindruck eines »Gesichtes« auf eine Täuschung zurück, die aus einem Spiel aus Licht und Schatten resultiert. Aufgrund der Tatsache allerdings, daß es eben nicht nur eine »Viking«-Aufnahme gibt, die den Gesichtseindruck deutlich zeigt, möchte ich diese Möglichkeit eigentlich ausschließen. Dazu kommen natürlich die Pyramiden und die Stadt. Die müßte man dann auch noch separat als zufällige Gebilde erklären.

Jetzt könnte man, aus dieser Überlegung folgernd, sagen: Alle genannten Strukturen sind natürliche Gebilde, die zufällig so aussehen, wie sie eben aussehen. Das wäre die bequemste und einleuchtendste Antwort. Da ist also zufällig ein Berg entstanden, der aussieht wie ein menschliches Gesicht. Zufällig befinden sich in der Nähe ein natürlich entstandenes pyramidenartiges Gebilde, das offensichtlich ziemlich exakt fünfseitig ausgerichtet ist, und zufällig befindet sich in der Nähe eine Formation, die aussieht wie eine Stadt. In dieser Formation, die zufällig so aussieht wie eine Stadt, befindet sich zufällig noch ein Gebilde, das aussieht wie eine fünfseitige Pyramide.[5] Diese Gegend wurde mehr oder weniger zufällig von einer unseren Sonden aufgenommen und zur Erde gefunkt, wo diese Bilder dann weltweites Aufsehen erregten. Mir sind das einfach zu viele Zufälle.

Aber wer hat die Objekte dann gebaut? Ich bevorzuge eine »irdische« Erklärung. Die Objekte sind von irdischen Astronauten erbaut worden, die einer alten hochentwickelten Kultur, der von Atlantis, entstammen.

Die meisten Anhänger der Prä-Astronautik sind sich sicher: Die Objekte sind künstliche Gebilde, von Außerirdischen erbaut, die aus dem tiefen Weltraum kamen. Unzählige Autoren versuchen alle Rätsel der Vergangenheit durch die These zu erklären, daß Außerirdische in grauer Vorzeit hier waren. Und wenn Außerirdische hier waren, dann können sie natürlich auch auf dem Mars gewesen sein. Nach einer Theorie wurden die Marsmonumente von einer einstigen Mars-Zivilisation erbaut, die mittlerweile ausgestorben ist.

Könnte es einmal eine hochentwickelte Mars-Zivilisation gegeben haben, die diese Objekte errichtet hat?

Tatsächlich muß es auf dem Mars einmal deutlich wärmer gewesen sein, es muß Wasser existiert haben, und die Atmosphäre muß deutlich dichter gewesen sein als heute. Gibt es Hinweise auf derartige Klimaänderungen auf Mars in der Vergangenheit?

Der Mars entstand in einer kälteren Umgebung als die Erde. Er sollte nach Ansicht von Planetenforschern einst mehr Wasser gehabt haben als heute, ja die Kanäle sind allem Anschein nach durch fließendes Wasser entstanden. Wieviel Wasser allerdings einst auf dem Mars existiert hat, ist schwer zu sagen.

Nach den Forschungen von Thomas Donahue von der Universität in Ann Arbor, Michigan, scheint es einst viel Wasser auf dem Mars gegeben zu haben. In einem Beitrag in dem Wissenschaftsmagazin »Nature« vertritt er die Ansicht, das heute noch unter der Oberfläche als Eis vorhandene Wasserreservoir werde bislang stark unterschätzt. Die von ihm errechneten Wassermengen stützen die Vermutung, daß die großen talähnlichen Strukturen auf dem Mars in einer wärmeren Phase von großen Wasserfluten geformt wurden. Donahue stützt sich auf Untersuchungen von Meteoriten.

In einem Artikel der »Berliner Zeitung« vom 30. März 1995 ist die Rede davon, daß gemäß Donahues Berechnungen sogar ein hundert Meter tiefer Ozean auf dem roten Planeten existiert haben könnte.

Heute sind Spuren von Wasser auf verschiedene Art »versteckt« auf dem Mars zu finden. Ein geringer Wasserdampfanteil in der Atmosphäre, winzige Mengen als Reif auf der Marsoberfläche, als Eis gelagert in den Polkappen, wenn auch in reiner Form nur in der permanenten Nordpolkappe, wobei die Dicke schwer zu ermitteln ist. Weiter könnte Wasser als Untergrundeis gespeichert sein. Durch die dünne Mars-Atmosphäre entweichen leichte Gase wie Wasserstoff und Kohlendioxid, die Grundbausteine des Wassers, leicht nach draußen.

Nach verschiedenen Forschern soll es auf dem Mars einst mehr Wasser gegeben haben als auf der Erde! Eine Studie beruft sich auf durch die Vulkane abgedampftes Wasser. Auch Meteorite und Kometen könnten Wasser freigesetzt haben; andere Schätzungen gehen von Wassermengen in den Polbereichen und im Untergrundeis aus, unter Berücksichtigung der Verluste an den Weltraum. Nach beiden Schätzungen kommen beachtliche Mengen an Wasser zustande. Daß Wasser in Felsbrocken gebunden ist, kann nicht ausgeschlossen werden.

Auf indirektem Wege konnte mittlerweile Eis oder flüssiges Wasser unter der Oberfläche nachgewiesen werden. Die Morphologie der Auswürfe von Einschlagkratern weist auf die Bodenbeschaffenheit des Mars hin. Auf dem Mars gibt es Krater mit einfachen Fließformen des Auswurfmaterials. In Äquatornähe und nur bei großen Kratern hat sich die Lava deutlich »flüssiger« ausgebreitet: Dies könnte bestätigen, daß es in 1,5–3 Kilometern Tiefe unter dem Äquator heute flüssiges Wasser gibt. Bis in diese Tiefe sind die größten Meteoriten nämlich vorgedrungen.[6]

Indirekte Hinweise auf einen feuchten Mars in der Vergangenheit liefern einige SNC-Meteoriten, die mit hoher Wahrscheinlichkeit vom Mars stammen. »Skyweek« 15/1995 berichtet, daß in ihnen manchmal das Deuterium-zu-Wasser-Verhältnis (Deuterium ist ein Wasserstoff-Isotop, es hat noch ein zusätzliches Neutron im Atomkern, ist also, vereinfacht ausgedrückt, etwas anders aufgebauter Wasserstoff) beinahe so hoch ist, wie es in der Gegenwart von den »Viking«-Landern gemessen wurde. Bei der heutigen Entweichrate der beiden Wasserstoffarten (der leichtere entkommt schneller als der schwerere) hätte es aber deutlich kleiner sein müssen. Diese Beobachtung läßt indirekt auf einen in der Vergangenheit feuchteren Planeten schließen.

Wasser kann allerdings nur dann auf dem Mars existiert haben, wenn die Atmosphäre einst dichter und/oder wärmer gewesen ist. Man geht davon aus, daß die Ausflußkanäle auf dem Mars in einer Phase der Erwärmung entstanden sind. Nur: Sie sind unterschiedlich alt. Gab es also zyklische Klimaänderungen?

Bevor das Thema »zyklische Klimaschwankungen« bewertet werden kann, müssen wir einen Blick auf das jetzige Mars-Klima werfen.

Der Mars hat eine dünne Atmosphäre. Ihre Dichte entspricht jener der Erdatmosphäre in etwa 30 km Höhe. Der Luftdruck am Marsboden erreicht nicht 1% des irdischen Wertes und nimmt mit wachsender Höhe ab.

Auf dem Mars kann man, nebenbei bemerkt, Meteore sehen, denn die obere Atmosphäre ist beim Mars ähnlich dicht wie die irdische, wie »Skyweek« 28/1996 berichtete.

Die Marsluft besteht aus folgenden Bestandteilen (Prozentangaben nach Werten in Oberflächennähe): 95% Kohlendioxid, 0,01% – 0,1% Wasserdampf, 1,6% Argon, 0,16% Kohlenmonoxid, 2,7% Stickstoff, 0,4% molekularer Sauerstoff sowie je einem geringen Anteil an atomarem Sauerstoff, Krypton, Ozon und Xenon. Der hohe Anteil an Kohlendioxid ist begründet im geringen Schwerekraftfeld des Planeten. Wasserstoff entweicht in den Weltraum, und eine Reduzierung des Kohlendioxids zu Methan und Wasserdampf ist nicht möglich. Ebenso kann keine Umformung zu Alkalikarbonaten stattfinden. Die Marsatmosphäre erweist sich als ziemlich trocken. Der Wasserdampf verteilt sich mehr oder weniger gleichmäßig auf die unteren 10 km. Es steht also genug Wasserdampf zur Ausbildung von Wolken zur Verfügung, von denen es auch die verschiedensten Formen auf dem Mars gibt. Die Temperaturen sind relativ niedrig. Am Äquator erreichen sie durchschnittlich Werte um $-50°\,C$, wenn auch Temperaturen bis zu $+30°$ möglich sind. In den Polbereichen sinkt die Temperatur bis auf $-150°\,C$. Bedingt durch die dünne Marsatmosphäre sind größere Temperaturschwankungen möglich. Es dürfte in der Regel eher noch kälter sein auf dem roten Planeten.

Der Forscher Everett Scott ist der Meinung, daß es auf dem Mars früher eine Atmosphäre wie auf der Erde gab. Er untersuchte einen Meteoriten vom Mars. Ergebnis: Im Gestein waren Gase eingeschlossen – Indiz für eine verschwundene Mars-Atmosphäre. Auf dem Mars soll es früher auch heiße Quellen und Geysire gegeben haben. In solchen Geysiren entstanden auf der Erde in der Urzeit primitive Lebensformen, so berichtet die »Die Welt« vom 6. 10. 1995.

Mit den Klimaschwankungen auf dem Mars beschäftigt sich Frank Miles in seinem Buch »Aufbruch zum Mars« eingehend. Besteht tatsächlich die Möglichkeit, daß der Planet in der Vergangenheit deutlich wärmer gewesen ist, daß er regelmäßig Wärmeperioden durchmacht?

Merkwürdige schichtförmige Ablagerungen im Bereich zwischen den Polen und 80° Breite weisen durch ihre Regelmäßigkeit auf aufeinanderfolgende Klimaschwankungen hin.

Diese dicken Ablagerungen bestehen aus einer von Schicht zu Schicht unterschiedlichen Zusammensetzung von Eis und Staub. Im Nordpolarbereich beträgt die Dicke der Eisablagerungen zwischen vier und sechs Kilometern, im Bereich des Südpolargebietes zwischen einem und zwei Kilometern. Im Norden werden die Ablagerungen das ganze Jahr über von Eis bedeckt. Die Schichtung innerhalb der Ablagerungen ist dort besonders deutlich, wo Wind und Sonne den Reif an den Hängen abgetragen haben: Die Bänder in Horizontnähe sind zwischen 10 und 50 m dick und viele Kilometer lang. Die Landschaft ist eben, enthält sanft geschwungene Hügel, Täler und steile Abhänge. Es scheint eine junge Landschaft ohne Krater zu sein.

Auslöser der Schichtung ist vermutlich der Wechsel im Mischungsverhältnis des vom Wind abgelagerten Eises und Staubes. Die Wechsel scheinen durch Klimaschwankungen herbeigeführt worden zu sein.

Langfristig gesehen schwankt die Marsbahn durch die Marsrotation. Der Umlauf des roten Planeten um die Sonne wird durch andere Planeten, z. B. Jupiter, gestört. Die Rotation schwankt durch die ungleiche Verteilung der Marskruste. Bedingt durch äußere Einflüsse wurde die Umlaufbahn des Mars zunehmend elliptischer. Die Exzentrizität schwankt über einen Zeitraum von 100.000 Jahren. Bei Zunahme der Exzentrizität wird die Sonneneinstrahlung auf der Sommerseite zunehmen. Die Neigung der Marsachse unterliegt ebenfalls starken Schwankungen; sie kann früher noch ausgeprägter gewesen sein. Durch eine größere Neigung der Achse würde der Sommerpol stärker erwärmt. Am Winterpol könnte weniger Kohlendioxid ausfrieren. So würde der Luftdruck gleichbleibend höher bleiben. Schon langsame Windbewegungen würden Staub aufwirbeln. Mehr Staub würde in den Polgebieten abgelagert werden. Bei geringerer Neigung der Achse würde die Temperatur über dem Winterpol stark absinken, mehr Eis und weniger Staub würden abgelagert. Dies wäre eine Erklärung für die schichtförmigen Ablagerungen.

Dann muß die Präzession berücksichtigt werden. Ein Präzessionszyklus dauert bei Mars etwa 175.000 Jahre. Während eines solchen Zyklus, in welchem die Achse kreiselförmige Bewegungen durchführt, kann der Pol wechseln, an dem die Ablagerungen stattfinden.

Eine Kombination der genannten Effekte könnte eine Klimaänderung oder zyklisch ablaufende Klimänderungen durchaus herbeigeführt haben.

Auch kurzfristig scheint das Klima auf dem roten Planeten starken Änderungen unterworfen zu sein. Daten, die mit Hilfe des modernsten aller Teleskope, dem im Erdorbit operierenden Hubble-Space-Teleskop, gewonnen wurden, beweisen, daß sich das Mars-Klima seit 1976 drastisch geändert hat. Daraus folgt, daß die »Viking-Daten« nicht den Regelfall darstellen. Allein auf »Viking« basierende Annahmen über das Marsklima waren schlichtweg falsch. Seither ist die Temperatur global gefallen, der Planet ist kühler und die Atmosphäre ist klarer geworden. Als Auslöser wird die zurückgegangene Sandsturm-Aktivität vermutet. Im ersten Jahr der »Viking«-Besuche gab es zwei schwere Stürme, kleine Staubteilchen blieben länger in der Atmosphäre zurück als sonst. Die »Vikings« lernten den Mars also lediglich mit dieser staubgeladenen und dadurch aufgeheizten Atmosphäre kennen. Mittlerweile ist die Atmosphäre transparenter, aber auch wolkiger geworden. Der Wasserdampf in der Atmosphäre ist zu Zirren aus Eiskristallen ausgefroren; der Planet ist kühler und trockener geworden. Jetzt entpuppen sich die Wolken als wichtiger Transporteur für Wasser zwischen dem Nord- und Südpol im Laufe eines Marsjahres. Außerdem herrscht auf dem Mars mittlerweile ein ausgedehnter Ozonüberschuß, ein weiterer Hinweis auf die trockener gewordene Atmosphäre.[7]

Ein Präzessionszyklus dauert 175.000 Jahre. Wenn man nun annimmt, daß der Mars tatsächlich bedeutend wärmer gewesen war, und zwar lange genug, um eine hochentwickelte Kultur hervorzubringen, dann müssen wir davon ausgehen, daß die Monumente, die die Marsbewohner errichtet haben, schon sehr lange Zeit stehen, und dann müssen wir uns fragen, ob sie nicht schon deutlicher erodiert sein müßten. Kann eine fünfseitige Pyramide, die immer wieder Staubstürmen ausgesetzt ist, die vermutlich schon Oberflächenwasser gesehen hat, nach 175.000 Jahren immer noch von einer Sonde, die im Orbit kreist, als fünfseitig erkannt werden, geschweige denn zwei Pyramiden? Kann die Kontur eines menschlichen Gesichtes nach dieser Zeit immer noch so deutlich erkennbar sein? Ich glaube kaum. Und da ist der Schwachpunkt bei dieser These.

Walter Hain ist davon überzeugt, daß vor 10.000 Jahren noch Marsianer gelebt haben, die der Erde immer wieder rege Besuche abstatteten. Er spekuliert sogar dahingehend, daß es heute noch Marsianer geben könnte. Ich halte es jedoch für unmöglich, daß unter den heutigen marsianischen Bedingungen noch humanoides Leben existiert. Und es gibt keinerlei Anzeichen dafür, daß vor 10.000 Jahren die Bedingungen auf unserem roten Nachbarn merklich besser waren.

Die Frage aber, ob es in der Zeit vor dem letzten zyklischen Klimawechsel Leben, in welcher Form auch immer, gegeben haben kann, ist weder mit einem klaren »Nein« noch mit einem klaren »Ja« zu beantworten.

Was jedoch die möglichen Bakterienfunde in Marsmeteoriten angeht, steht eine ganz wichtige Untersuchung noch aus, aber ich glaube, sowohl im Hinblick auf die Bakterien als auch auf die Marsmonumente ist eine bemannte Mars-Mission unumgänglich. Ob und wann ein solches Unternehmen stattfinden wird, darüber ist man sich immer noch nicht im klaren. Man diskutiert, wägt die Finanzen ab, schlägt Zeitpunkte vor, kommt zu anderen Ergebnissen usw. usf.

Einer von vielen diskutierten Plänen ist der von der Einrichtung einer ständigen Forschungsstation auf dem Mars, ein großer Wunschtraum der Wissenschaftler. Den Abschluß einer Ende 1996 begonnenen Forschungskampagne bildet das europäisch-amerikanische Projekt »Intermars-Net«, bei dem drei Landegeräte im Abstand von 3500 Kilometern abgesetzt werden. Sie sollen dazu dienen, auf dem Planeten selbst, aber auch von der Erde aus genaue Vermessungsarbeiten für einen künftigen Landeplatz durchzuführen. In diesem Zusammenhang wird von einem bemannten Marsflug im Jahr 2011 gesprochen. Immer wieder berichten Zeitungen über dieses Thema, wie die Berliner Zeitung vom 9. Oktober 1996. Technisch heute bereits machbar, würde angeblich auch die menschliche Kondition kein Hindernis darstellen. Man beruft sich hier auf Studien von Langzeitflügen. Das Problem ist, wie könnte es anders sein, der Preis: 500 Milliarden Dollar. Ein stolzer Preis. Die Menschheit verpulvert jährlich 1000 Milliarden Dollar für Militärausgaben – das wären schon zwei bemannte Marsflüge.

Was den bemannten Marsflug betrifft, so gibt es allerdings durchaus auch warnende Stimmen. (»Skyweek« 4/1997) Eine Studie des National Research Council warnt, es werde noch ein Jahrzehnt der Forschung erfordern, um die genetischen und Krebsrisiken während eines Marsfluges durch die energiereiche kosmische Strahlung von außerhalb des Sonnensystems zu verstehen und um Schutzschilde zu entwickeln, die bezahlbar und nicht zu schwer sind. Würde man einfach eine Abschirmung nach heutigen Kenntnissen fertigen, dann könnte dies mit 10 – 30 Milliarden $ Extrakosten zu Buche schlagen.

Also ist es doch wieder das liebe Geld, das hier mehr oder weniger das Hauptproblem darstellt. Die Studie besagt allerdings weiterhin, daß die auf der Erde bewährte Strahlungsabschirmung durch Blei im Weltall eventuell nicht funktionieren könnte, da die Bleikerne durch die kosmische Strahlung in schwere, noch gefährlichere Kerne zerfallen könnten. Als idealer Weltraumschild wird Stickstoff genannt, der aber keine Lösung darstelle, weil er gekühlt werden müsse. Der National Research Council schlägt den Bau eines speziellen Teilchenbeschleunigers vor – und eine 20jährige Versuchsreihe. Vor dem Jahre 2025 könne man nach dieser Studie keine Marsreise beginnen.

Diese Pläne wurden geschmiedet, bevor die Sonde »Mars 96« ins Meer stürzte. Hinterher herrschte Verwirrung. Was ist, wenn wir 500.000 Milliarden $ in den Sand setzen? Sollten wir den bemannten Marsflug nicht lieber verschieben und erst einmal auf unbemannte Sonden setzen? Oder sollten wir es doch riskieren? Schließlich sind wir ja doch neugierig. So ähnlich dürften die Gedankengänge der Verantwortlichen gewesen sein; anders sind jedenfalls die widersprüchlichen Pressemeldungen zu diesem Thema nicht zu erklären.

Doch »Mars 96« ist nicht die einzige unbemannte Sonde auf dem Weg zum roten Planeten.

Der amerikanische »Mars Global Surveyor« startete am 6. November 1996 um 18.11 Uhr und umkreist ab September 1997 ein Marsjahr lang den Planeten. Nach langer Suche hat man auch einen geeigneten Landeplatz für den

»Mars Pathfinder« – diese amerikanische Sonde startete am 4. Dezember 1996, nachdem der Start zweimal verschoben werden mußte, als Landetermin ist der 4. Juli 1997 vorgesehen – gefunden. Das Tal Ares Vallis scheint die besten Bedingungen zu bieten. Es wird ein riskanter Sturz durch die Atmosphäre sein, den der »Pathfinder« ausführt; und so werden sogar Amateurastronomen aufgerufen, den Zustand der Marsatmosphäre im Auge zu behalten, da sich das Dichteprofil der Atmosphäre mit der Staubmenge verändere. Die Landetechnik des »Pathfinders« wird ein Novum sein. Auf seinen 24 Airbags wird der Lander etwa fünfmal wieder nach oben hüpfen, wobei die Luftballons immer mehr Luft verlieren. Diese Technik empfiehlt sich bei der Landung auf steinigem Gebiet. »Sojuturner« soll der Mini-Rover heißen, der dann auf dem Mars herumrollen wird.[8]

Die amerikanischen Pläne für das unbemannte Mars-Programm stehen. Man will das gegenwärtige Startfenster ausnutzen, d.h. die günstige Entfernung zwischen Erde und Mars mit der kürzesten möglichen Flugzeit.

So soll im Jahr 1998 der nächste »Mars Surveyor« starten. Das Ziel des »Mars Surveyor 98« ist die Einsteuerung eines Mars-Orbiters und das Absetzen eines Landers auf dem Eispanzer der Südpolarkappe. Weiter soll es dann gehen mit dem »Mars Surveyor 01«, der im Jahr 2001 starten und eine Landefähre sowie einen Rover zum Einsammeln von Marsgestein mitführen soll. Der »Mars Surveyor 03« (Start 2003) soll die Bodenproben zur Erde bringen. Das gleiche soll auch der »Mars Surveyor 05« tun, der im Jahre 2005 starten wird.

Sogar die Japaner haben eine Marssonde in Planung. »Planet B« soll im August 1998 starten. Die Erkundung der Mars-Oberfläche und Atmosphäre aus der Umlaufbahn steht im Programm dieser Sonde.[9]

Das russische Mars-Programm mußte leider einen herben Rückschlag in Kauf nehmen. Die Sonde »Mars 96« startete am 16. November 1996 planmäßig und stürzte bereits wenige Tage später vermutlich aufgrund eines Triebwerkschadens in den Pazifischen Ozean. Dabei verlief in der ersten Viertelstunde alles nach Plan. In der Nacht des 16. November, um 23.48 Uhr und 52 Sekunden Moskauer Zeit, hatte die Sonde in Baikonur abgehoben, die ersten drei Stufen waren abgebrannt. »Aber als die vierte Stufe zündete«, so berichtete Gerhard Neukam von der Deutschen Forschungsanstalt für Luft- und Raumfahrt (DLR) dem Nachrichtenmagazin »Focus«, »war ich erleichtert.« Denn erst wenige Monate zuvor war ein »Proton«-Start in dieser Phase gescheitert. Als das Objekt von der Bodenstation nach der ersten Erdumdrehung erfaßt wurde, hatte es bereits zwölf Minuten Verspätung. Die vierte Stufe hatte zuwenig Schubkraft, um die Erdanziehung zu überwinden. Die Sonde kreiste 28 Stunden lang um die Erde, dann stürzte sie mitsamt dem an Bord befindlichen hochgiftigem Plutonium 238 vor der chilenischen Küste in den Pazifik. Gerüchte über Funde von »Mars 96«-Trümmern machten in Chile die Runde. Angeblich wurde Verdächtiges in Bolivien in der Nähe des Salar de Uyuni eingesammelt.

Nun dürfte auch der Start der Sonde »Mars 98«, der für Dezember 1998 vorgesehen war, fraglich sein. Ein intelligenter Roboter hätte landen sollen, um nach Lebensspuren zu suchen. Der Aufstieg französischer Wetterballons war geplant.

Diese Sonde wäre natürlich ein großer Fortschritt gewesen. Zwar ist ein »intelligenter« Roboter nicht mit einem Menschen vergleichbar, der auf dem Mars herumläuft, aber er ist doch etwas mehr als eine unbemannte Lander-Sonde. Oder vielmehr: Er wäre es gewesen!

Der Absturz von »Mars 96« muß als herber Rückschlag für die internationale Raumfahrt gesehen werden. »Die Perspektiven für die europäische Marsforschung sind nicht gut«, wird Jan-Baldem Mennicken, Generaldirektor der Deutschen Agentur für Raumfahrtangelegenheiten (DARA), in »Focus« 48/1996 zitiert. Diese Äußerung machte Mennicken einen Tag nach dem Absturz der Sonde. Neben der unvermeidlichen Erklärung, daß von den Plutonium-Kapseln auf dem Meeresgrund keine Gefahr ausginge, stellte Mennicken sich jedoch die Frage, ob das Desaster nicht als Anzeichen für eine ernste Krise der russischen Raumfahrt anzusehen sei. Die dreistufige Version der »Proton«-Rakete wird als zuverlässig angesehen. Die DARA berichtet, daß seit den sechziger Jahren über 200 erfolgreiche Starts durchgeführt worden waren. Bei der Stufe vier jedoch, bei der allem Anschein nach ein Hilfstriebwerk versagte, handelte es sich um eine Sonderanfertigung. Da »Mars 96« neben der Raumstation MIR das letzte Projekt war, mit dem sich Rußland international profilieren wollte, sei der Absturz für die notleidende russische Raumfahrt eine Katastrophe, meint »Focus«.

An der »Mars 96«-Mission waren 22 Staaten beteiligt, darunter auch Deutschland. An Bord befand sich eine hochauflösende Stereo- (HRSC) sowie eine Weitwinkelkamera (WAOSS). Sie hätten die Marsoberfläche kartieren und die Atmosphäre beobachten sollen. Weder der »Mars Global Surveyor« noch der »Pathfinder« können diese Instrumente ersetzen.

Weiter befand sich an Bord der Sonde ein Gamma-Spektrometer des Max-Planck-Institutes für Chemie in Mainz. Mit diesem Instrument sollte die Zusammensetzung des Marsbodens ermittelt werden. Auf den Bildern, die von der Berliner Deutschen Forschungsanstalt für Luft- und Raumfahrt gemacht worden wären, hätten die Wissenschaftler in

ausgewählten Gebieten Details bis zu zehn Metern erkannt.
Die Kamera wäre dazu in der Lage gewesen, Stereofarbbilder zu liefern, und so hätte eine Höhenkarte erstellt werden können. Durch die Farbfotos ließe sich die mineralogische Zusammensetzung des Bodens ermitteln. Mit Spektralaufnahmen, die ein französisches Instrument hätte anfertigen können, wären Mineralien wie Carbonate identifizierbar geworden. Und die spielen bei der Frage nach ehemaligen Wasservorkommen eine nicht unwesentliche Rolle. Das Max-Planck-Institut für Aeronomie in Katlenburg-Lindau wollte dieser Sache mit einem Radargerät nachgehen. Radarstrahlen können einige hundert Meter tief in den Boden eindringen, und so wollte man nach Permafrost oder sogar nach verborgenem Grundwasser suchen.

Allerdings wird auch der »Mars Surveyor« eine Oberflächenkarte mit einer Auflösung von 300 Metern, in ausgewählten Gebieten sogar von rund zwei Metern, erstellen. Die Amerikaner kombinieren ihre Aufnahmen mit den Daten eines Laserhöhenmeßgerätes; und so erhalten auch sie ein Höhenmodell. Was jedoch fehlt, ist die Farbinformation, ohne die es unmöglich ist, Mineralien zu identifizieren. Allerdings ist die Flugbahn des »Global Surveyor« sogar günstiger als die für »Mars 96« vorgesehene. Die NASA-Sonde fliegt auf einer Kreisbahn über die Pole, nach zwei Jahren hat sie den gesamten Planeten in einem einheitlichen Maßstab abgetastet. »Mars 96« hätte auf einer zum Äquator geneigten und stark elliptischen Bahn fliegen sollen. Dadurch wären jedoch die Polgebiete nur eingeschränkt beobachtbar gewesen, und der Abbildungsmaßstab auf den Bildern hätte sich aufgrund des sich ständig ändernden Abstandes zur Sonne geändert.

Da »Mars 98« jetzt wohl kaum noch starten dürfte, will Deutschland ein deutsch-französisches Unternehmen auf die Beine stellen. Unter Berufung auf Gerhard Neukam schreibt die »Süddeutsche Zeitung« vom 28. November 1996, daß es möglich sein sollte, für 100 Mio. DM plus Startkosten die beiden Kameras sowie französische Instrumente mit einer kleinen Sonde im Jahr 2001 zum Mars zu bringen. Einige Aufgaben der »Mars 96«-Sonde können also vom »Global Surveyor« übernommen werden, andere jedoch leider nicht. Besonders bedauerlich ist, daß die Wassersuche wohl nicht stattfinden wird.

Auch der »Spiegel« beschäftigte sich mit der Havarie von »Mars 96«. Der Autor eines Artikels in der Ausgabe 48/1996 weiß zu berichten, daß sich Deutschland nicht mehr in dieser Form an einem derartigen Unternehmen beteiligen werde. Er beruft sich hierbei auf DARA-Chef Gernot Hoffmann. Deutschland sei mit 190 Millionen Dollar dabeigewesen (der »Focus« hatte von rund 180 Millionen Dollar berichtet). Ob die russische Raumfahrt überhaupt noch zu retten sei, fragt man sich im »Spiegel« unter Berufung auf die »Frankfurter Allgemeine«. Überleben könne sie nur mit westlicher Unterstützung.

Doch die Russen geben nicht auf. Beim Treffen des US-Vizepräsidenten Gore mit dem russischen Premierminister Chernomyrdin Anfang Februar 1997 wurde vereinbart, daß sich zu dem US-Marsrover, der für das Jahr 2001 vorgesehen ist, ein russisches Marsfahrzeug gesellen soll. Auf einer russischen Rakete soll es auf einem auch in Rußland entwickelten Bus reisen. Es handelt sich hierbei um eine vorbildliche Zusammenarbeit zwischen Rußland und den USA, denn der Rover wird auch US-Experimente tragen. Ein vager Plan sieht vor, daß der russische Rover wie seine amerikanischen Pendants von 2001 und 2003 in koordinierter Weise interessante Steine zu kleinen Häufchen zusammenträgt, die später vom »Mars Surveyor 05« wieder abgeholt werden.[10]

»Mars 96« war jedoch nicht die erste Sonde, die den Weg zum Mars nicht geschafft hat. Am 10. Oktober 1960 startete die sowjetische Sonde »1960 A«, die ebenso wie die am 14. Oktober 1960 gestartete »1960 B« die Parkbahn um die Erde nicht erreichte. Etwas weiter kam zwar die Sonde »1962 A«, die am 24. Oktober 1962 gestartet war, leider erreichte sie aber die Übergangsbahn zum Mars nicht. Am 4. November 1962 startete die Sonde »1962 B«. Sie sollte am Mars vorbeifliegen, jedoch erreichte auch sie die Übergangsbahn zum Mars nicht. Am 30. November 1964 startete die Sonde »Zond 2«. Auch hier waren ein Vorbeiflug und eine Landung geplant. Leider ging auch hier wieder der Funkkontakt verloren. Man kann nur vermuten, daß die Sonde im August 1965 gelandet ist. »Zond 3« startete am 18. Juli 1965. Bei dieser Landung gelang endlich ein erfolgreicher Kommunikationstest über die Marsentfernung. Die am 27. März 1969 gestartete Sonde »1969 A« erreichte (wie zwei ihrer Vorgänger) die Parkbahn um die Erde nicht. Ebenso erging es der am 14. April gestarteten Sonde »1969 B«. Am 10. Mai 1969 startete die Sonde »Kosmos 419«, eine Orbiter/Lander-Mission, die leider die Übergangsbahn zum Mars einmal mehr nicht erreichte.

Die sowjetische Sonde »Mars 1«, die am 1. November 1962 gestartet wurde, erwies sich als Fehlschlag. Die Funkverbindung ging vor dem geplanten Vorbeiflug verloren. Den USA ging es mit der »Mariner 3«-Sonde (Start am 5. November 1964) nicht viel besser. Der Funkkontakt brach ab. Ebenso ging es der Sonde »Zond 2«. Sie startete am 30. November 1964, der Funkkontakt brach ab. Damit war die amerikanische Sonde »Mariner 4«, die am 28. November 1964 startete, die einzige Sonde in diesem Startfenster, also dem Zeitraum, in dem unter Berücksichtigung der Flugdauer einer Sonde der Abstand zwischen Erde und

Mars möglichst gering ist, die Erfolg hatte. Sie übermittelte 21 Fotos. Es waren jene Fotos, die die Ernüchterung brachten – die Fotos einer Mondlandschaft. Es sollte nun bis 1969 dauern, bis die USA die nächste Sonde auf die Reise schickten. »Mariner 6« begann seine Mission am 24. Februar 1969 und übermittelte 76 Fotos. 126 Fotos lieferte gar die Marssonde »Mariner 7«, die am 27. März 1969 gestartet war. »Mariner 8« (USA) hatte am 8. Mai 1971 einen Fehlstart und stürzte ab. Im selben Jahr konnten die Russen wieder eine erfolgreiche Sonde zum roten Planeten schicken. »Mars 2« (Start am 19. Mai 1971) gelangen ebenso wie der Sonde »Mars 3« (Start am 28. Mai 1971) Fotos aus der Marsumlaufbahn. Aber auch die Amerikaner waren in jenem Jahr erfolgreich: »Mariner 9« startete am 30. Mai und übersandte 329 Fotos und Daten. Das Jahr 1973 war für die Marsforschung wieder bescheidener. Während »Mars 5«, die am 25. Juli die Erde verließ, Fotos und Daten übermitteln konnte, verfehlte die am 19. Mai gestartete Sonde »Mars 4« die Umlaufbahn, und nach »Mars 5« brach auch der Funkkontakt zur am 5. August 1973 gestarteten »Mars 6« ab. Wenig später, am 9. August, verfehlte der »Mars 7«-Lander den Planeten. Im Jahre 1975 gelang den bisher erfolgreichsten Mars-Sonden die weiche Landung auf dem Mars, den »Viking-Sonden« (Start »Viking 1« am 20. Juni; Start »Viking 2« am 9. September). Als sich dieses Startfenster schloß, wartete man gespannt auf das nächste. Viele Hoffnungen wurden in das »Phobos«-Projekt gesteckt. Die Sonden »Phobos 1« und »Phobos 2«, die im Sommer 1988 zum Mars aufbrachen, sollten zahlreiche Aufgaben bewältigen. So sollte neben dem Mars selbst auch der gleichnamige Mond gründlich unter die Lupe genommen werden. »Phobos 1«, die am 7. Juli 1988 gestartet worden war, geriet am 29. August 1988 bereits außer Kontrolle. Schuld war ein Programmierfehler des Bodenpersonals. Die Sonde verlor die Orientierung und torkelte hilflos durch das Sonnensystem. Der Kontakt zu »Phobos 2«, die am 12. Juli 1988 zum Mars flog, ging am 27. März 1989 verloren. Auch diese Sonde verlor vollkommen die Orientierung. Auslöser der Havarie könnte ein Meteoritenschwarm gewesen sein. So konnten leider die Aufgaben dieser Sonde nur teilweise erfüllt werden, aber ganz erfolglos war die »Phobos«-Mission trotzdem nicht. Denn »Phobos 2« hat als erste Raumsonde das Magnetfeld des Mars vollständig erfaßt. Plasmaturbulenzen wurden immer dann registriert, wenn Phobos 2 alle 150 Stunden die Phobos-Bahn kreuzte. Existiert eine Quelle von Teilchen, die entlang der Marsbahn einen Gaswulst entstehen läßt? Vielleicht hat diese Aktivität etwas mit der Staub- und Gasproduktion bestimmter C-Typ-Planetoiden zu tun, denn schließlich besteht eine hohe Wahrscheinlichkeit, daß Phobos ein eingefangener Meteorit ist. Die russische Zeitschrift »Iswestia« vom 30. Januar 1990 (ich danke Herrn Thomas Mehner für diesen Artikel) wußte bezüglich der verschwundenen »Phobos 2«-Sonde etwas Besonderes zu berichten. Man erinnerte daran, daß im März 1989 die »Phobos«-Sonde in der Umgebung des gleichnamigen Mars-Satelliten verlorengegangen war. Nun seien plötzlich Informationen aufgetaucht, wonach die amerikanischen Stationen für Fernkommunikation in Pasadena Signale empfangen hätten, die den Rufsignalen der »Phobos-Sonde« ähnelten.

Eine der wichtigsten Aufgaben der Expedition der beiden Phobos-Sonden war, die Frage über die Anomalien der Umlaufbahn des Mars-Satelliten Phobos zu beantworten, Informationen über seine Natur und Eigenschaften zu übermitteln. I. Shklowski, korrespondierendes Mitglied der Akademie der Wissenschaften der UdSSR, hatte die Hypothese aufgestellt, daß die Anomalien nur mit der

Feststellung erklärt werden könnten, daß der Marsmond Phobos ein künstliches Objekt sei.

Man verweist darauf, daß weder »Phobos 1« noch »Phobos 2« die Oberfläche des Mars-Mondes erreichten, und daß es trotz aller Anstrengungen der Konstrukteure und Leiter bis jetzt noch nicht gelungen sei, die Ursache für das Versagen zu bestimmen.

Dann wird Professor N. Iwanow, Leiter des ballistischen Amtes der Behörde für Flugsteuerung, zitiert: »Den kleinen Apparat mit einem gewöhnlichen Teleskop zu sehen, ist unmöglich. Hoffnung bleibt nur bei Radiosignalen. Aber einen Monat nach Verlust der Radioverbindung ist der Apparat unumgänglich eingefroren. Die einzige, allerdings unseriöseste Möglichkeit ist, daß Phobos von außerirdischen Wesen fortgeschleppt wurde und dabei die Ressourcen erhalten blieben. Wir haben jetzt die Anweisung erhalten, nochmals nach Phobos zu suchen«. Wie eigentlich erwartet, hat man Spuren am Sternenhimmel bis jetzt nicht gefunden. Der Leiter der Abteilung der Haupt-Kosmos-Behörde der UdSSR, Dr. der technischen Wissenschaften Grad A. Seliwanow, fügt hinzu: »Wenn auch wie durch ein Wunder der Apparat noch funktionstüchtig geblieben sein sollte, ist eine Verbindung mit ihm nach einem Monat praktisch unmöglich. Seine Bahn, seine Doppler-Frequenz und andere Parameter haben sich verändert. Meinem Gedächtnis nach gab es drei Fälle der angeblichen Belebung verschiedener verlorener kosmischer Apparaturen. Es wurde aber letztlich kein einziger Fall davon bestätigt. So war es z.B. vor 20 Jahren mit einer der ›Venus-Sonden‹, als Empfangsstationen Rufsignale empfangen haben sollen. Übrigens habe ich mich mit den amerikanischen Wissenschaftlern aus Pasadena in Verbindung gesetzt. Sie waren überrascht. Es gab keine Signale von ›Phobos‹. So ist der ganze Fall wohl nicht mehr als ei-

146

Nun schreibt der Autor des Artikels:»Was soll es? Es ist beleidigend, daß solche interessanten Behauptungen nicht bestätigt werden.

Letztlich wissen wir nur eines – das Rätsel um das Verschwinden der Phobos-2-Sonde bleibt ungelöst.«

Wenn ich es richtig interpretiere, dann spricht aus den letzten Zeilen starke Enttäuschung darüber, daß dann doch keine Signale von der vermißten Sonde gekommen waren. Am 25. September 1992 startete der »Mars-Observer«, der den Mars vollkommen neu kartographieren sollte. Am 21. August 1993 sollte die Geschwindigkeit der Sonde gebremst werden, aber auf den entsprechenden Befehl erfolgte keine Antwort. Der »Observer« blieb stumm. Auch ein Reservesender meldete sich nicht. Über den Abbruch des Kontaktes zum »Mars-Observer« wurden vielerlei Spekulationen angestellt. Während zunächst von einem fehlerhaften Transistor die Rede war, kamen zwei unabhängig voneinander operierende Untersuchungskommissionen zu dem Schluß, daß wahrscheinlich ein Bruch im Antriebssystem für die Observer-Katastrophe verantwortlich gewesen sei. Man nimmt an, daß flüssiges Oxidationsmittel an einem Ventil vorbei in die Heliumleitungen gelangt sei, die zum Unterdrucksetzen des Treibstofftanks dienten. Als dies dann am 21. August begann, kamen Treibstoff und Oxidator schon in den Rohren statt in der Düse zusammen. Ergebnis: Die Rohre platzten. Als alternative Erklärungen werden auch folgende Szenarien gehandelt: Eine kleine Zündladung, die ein Ventil in einem der Druckaufbausysteme öffnen sollte, könnte wie ein Geschoß losgegangen und in den Tank geschlagen sein. Weiter wird an einen massiven Kurzschluß in der Stromversorgung des Observers durch einen elektronischen Puls bei der Zündung der Ladung gedacht; und als weitere Erklärungsmöglichkeit könnte ein gleichzeitiger Totalausfall des Haupt- wie Ersatzsenders durch das Versagen einer elektronischen Komponente die Ursache gewesen sein. Die Gedanken sind frei, und so kommen Leute, die aus ganz anderen Richtungen stammen, zu dem Ergebnis, die NASA habe die Sonde absichtlich zerstört, um so das Publikwerden der wahren Identität des Marsgesichtes zu verhindern. Und weiter wird munter darüber spekuliert, Marsianer hätten den »Observer« zerstört. Wir sehen, das Thema Marsmenschen werden wir nicht los. Bei allem, was mit dem Mars zu tun hat, taucht der Begriff Marsbewohner auf. Indes, Versuche, den Kontakt mit der Sonde wiederherzustellen, blieben erfolglos.

Was das Marsgesicht betrifft, so soll Pressemeldungen zufolge der »Mars Global Surveyor« diese Formation im Spätsommer 1997 überfliegen. Er soll mit deutlich besserer Auflösung fotografieren, als dies bisher möglich war. Und diese Bilder sollen direkt ins Internet übermittelt werden. Es bleibt abzuwarten, ob dieses Versprechen tatsächlich eingelöst wird.

Bei dem »Mars Global Surveyor« entstand eine Woche nach dem Start ein »kleines Problem« mit einem der beiden Sonnensegel. Es saß schief und hatte so die Sonde aus dem Gleichgewicht gebracht. Sie zitterte sich geradezu durchs All. Jedoch produzierte das sechs Quadratmeter große Segel noch genügend Antriebsenergie. Die NASA stellte fest, daß das nicht korrekt ausgeklappte Sonnensegel keine Gefahr für die Sonde darstelle. Weder das riskante Aerobraking in der Marsatmosphäre noch die Stromversorgung in der Umlaufbahn wären nach gründlichen Analysen und Simulationen in den Wochen nach dem Start problematisch. Trotzdem seien, wie die Zeitschrift »Skyweek« 46+47/1996 berichtete, weitere Versuche unternommen worden, um das Segel weiter zu bewegen. Vermutlich war ein kleiner Arm, der sein Aufklappen abbremsen sollte, abgebrochen und hatte sich verklemmt. Man will jetzt die Sonnensegel des »Surveyor« auf der klemmenden Seite etwas schütteln, um ihr mechanisches Verhalten und Wege zur Befreiung mit Hilfe des entsprechenden Motors zu erforschen. Bleibt es allerdings in der schiefen Position, dann müssen die Solarzellen des »Surveyor« beim Aerobraking etwas anders gegen den Luftwiderstand gedreht werden.

Auch die Mission des »Mars-Pathfinder« läuft nach »Skyweek« 7/1997 nicht fehlerfrei: die Laderegulationssoftware ist gestört. Sie fing plötzlich an, durch null zu dividieren und mußte vorerst außer Betrieb gesetzt werden. Noch wird sie nicht benötigt.

Wir dürfen gespannt sein, ob die Sonden ankommen, und wenn ja, ob tatsächlich neuere und schärfere Bilder vom Marsgesicht aufgenommen und der Öffentlichkeit via Internet direkt zugänglich gemacht werden. Ebenso dürfen wir gespannt sein, ob bei direkt vom Mars eingesammelten Steinen organische Spuren festgestellt werden können, was natürlich noch viel bedeutender wäre als das, was man im berühmten ALH-Meteoriten gefunden hat.

Doch Mars ist nicht der einzige Körper in unserem Sonnensystem, der in den Schlagzeilen mit dem magischen Wort »Leben« in Zusammenhang gebracht wird. Eine Schlagzeile im Jahr 1996 lautete: »Eine Sauerstoffatmosphäre um Jupitermond Europa«, »Leben auf Europa« eine andere.

Grund genug, jetzt unsere Reise fortzusetzen und uns durch den Dschungel von Planetoiden, kleinen gesteinsbrockenartigen Körpern, zu navigieren, die zwischen Mars und Jupiter ihre Kreise um die Sonne ziehen, um zu den Gasplaneten vorzustoßen, von denen Jupiter der uns näheste und gleichzeitig der größte Planet ist. Sehen wir uns einmal an, was die großen Planeten und deren zahlreiche

Monde im Hinblick auf Leben aufzuweisen haben. Wir besuchen auf unserer Reise durch das Sonnensystem Jupiter, Saturn, Io, Europa, Titan und Triton.

Die rätselhaften Monde der Gasplaneten

Nachdem wir uns nun durch die zahlreichen Asteroiden hindurchmanövriert haben und auf der anderen Seite angekommen sind, wollen wir einen ersten Halt beim Riesenplaneten Jupiter einlegen. Jupiter hat einen Äquatordurchmesser von 142 800 km. Der Riesenplanet ist an seinen Polen stark abgeplattet. Der mittlere Sonnenabstand des Planeten beträgt 778 Mio. km. Die Jupiter-Kugel (die aufgrund der Abplattung eigentlich kaum noch eine ist) faßt 318 Erdmassen. Sie besitzt eine innere Wärmequelle. Das heißt, das Wetter auf Jupiter wird hauptsächlich von unten bestimmt. Die Sonneneinstrahlung spielt nur eine geringe Rolle. Möglicherweise ist Jupiter selbst eine Art »verhinderte Sonne«. Von der Erde aus gesehen ist er nach der Venus der hellste Planet. Er erscheint in einem strahlend weißen Licht. Und er kann – wie der Mars – von der Erde aus gesehen der Sonne gegenüber stehen. Unter günstigen Bedingungen steht er also recht hoch, und er bleibt dann für etliche Wochen in einer Position, in der er gut beobachtet werden kann.

Die Aussichten, auf Jupiter auf Kohlenstoff basierendes Leben zu finden, werden als äußerst gering eingeschätzt.

Allerdings brachten die Autoren Sagan und Salpeter einmal eine recht interessante Idee ins Spiel. So können sich in der Atmosphäre schwebende Organismen aufhalten, die sie als »Sinker«, »Schweber« und »Jäger« bezeichneten. Die Sinker sollen ein Produkt der oberen Atmosphäre sein, die sich von organischen Molekülen in den Wolken ernähren. Dann sinken sie nach unten und werden von den »Schwebern« verzehrt. Das sind Organismen, die die unteren Schichten der Atmosphäre bewohnen sollen. Die Jäger, die dritte Sorte von Organismen, sind mehrere Kilometer große ballonartige Gebilde. Sie sollen sich, möglicherweise unter

Zuhilfenahme eines Düsenantriebs, durch die Atmosphäre bewegen. Und diese Jäger sollen die Schweber verzehren. Jackson und Moore bezeichneten dieses Modell als »phantasievoll« und wiesen darauf hin, daß die Jupiteratmosphäre vermutlich mehr aus chemischen als aus biologischen Gründen interessant sein dürfte.

Wir verlassen die Jupiteratmosphäre und machen uns auf den Weg zu dem Planeten, der – von uns aus gesehen – nach dem Jupiter seine Kreise um die Sonne zieht: dem Planeten mit dem von der Erde aus sichtbaren Ringsystem – Saturn.

Der Ringplanet hat einen äquatorialen Durchmesser von 120 800 km. Sein mittlerer Abstand von der Sonne beträgt 1 427 Mio. km. Er ist nach Jupiter der zweitgrößte Planet im Sonnensystem. Ebenso wie Jupiter besitzt er keine feste Oberfläche, sondern auch er ist – ebenso wie die Planeten Neptun und Uranus, die sich auf den Umlaufbahnen um die Sonne außerhalb befinden – ein Gasriese. Saturn erreicht nicht die Größe von Jupiter, jedoch ist er größer als alle weiteren Planeten. Auch Saturn besitzt eine äußerst turbulente Atmosphäre. Für Beobachter auf der Erde ist besonders sein Ringsystem interessant, das bereits mit guten Feldstechern bewundert werden kann.

Die Chancen für Leben auf dem Saturn werden als deutlich geringer eingeschätzt als jene des Jupiters. Leben auf Kohlenstoffgrundlage kann hier quasi ausgeschlossen werden.

Bei den Monden des Saturn ist es allerdings anders.

Titan ist mit einem Durchmesser von 5150 km der zweitgrößte Mond im Sonnensystem überhaupt. In etwa einem halben Monat umkreist der Mond in 1,2 Mio. km Abstand den Mutterplaneten. Titan besitzt eine methanhaltige Atmosphäre, die erstmals im Jahre 1944 durch Gerhard P. Kuiper (USA) nachgewiesen wurde. Die Atmosphäre ist dicht und mit undurchsichtigen Wolken gesättigt. Stickstoff ist mit über 90 % ihr Hauptbestandteil. Das zweithäufigste Gas ist Argon. Neben 1 % Methan kommen auch Wasserstoff, Ethan, Propan, Acetylen, Ethylen und eine ganze Reihe weiterer Gase vor. Drei Dunstschleierschichten wurden oberhalb der Titan-Atmosphäre entdeckt. Sie befinden sich in 200, 375 und 500 km Höhe, bestehen aus feinsten Schwebeteilchen (Aerosolen). Die Wolkenhülle erreicht in 50 km Höhe mit $-200°$ C ihre tiefste Temperatur. Hier werden Methan-Eis-Kristallwolken vermutet. Wahrscheinlich gibt es auf der $-178°$ C kalten Titanoberfläche auch flüssiges Methan. Kohlenstoff-Ozeane sind auf der Oberfläche dieses Mondes zu vermuten, da Methan Ethan verflüssigt. Der atmosphärische Druck ist etwa 0,5mal höher als der auf der Erde. Während der »Voyager«-Erkundungen wurde beobachtet, wie sich die dunkle Polarkappe in der ohnehin dunkleren Nordhalbkugel in einen dunklen Wolkenring verwandelte. Diese Veränderung der $-98°$ C kalten Wolkendecke ist jahreszeitlich bedingt. Mit 1,9 g/cm^3 besitzt Titan von allen Saturnmonden die größte Dichte.[1]

Das Hubble-Teleskop hat bei bestimmten Wellenlängen beim Saturnmond Titan Durchblick bis zum Boden. Zumindest etwas feste Oberfläche scheint es auf Titan zu geben, einige Flächen sind wohl von isolierten Seen bedeckt. Dies ergibt sich aus himmelsmechanischen Überlegungen. Ohne große Mengen flüssigen Kohlenwasserstoffes könnte der Titan gar keine so dichte Atmosphäre halten. Ein globaler Ozean wird jedoch durch Radarechos wie Infrarot-Bilder fester Kontinente ausgeschlossen.

Der Titan soll in absehbarer Zeit von der »Cassini«-Sonde besucht werden. Am 6. Oktober 1997 öffnet sich das Startfenster für die letzte große Planetensonde der NASA. Der Saturn-Orbiter »Cassini« soll an diesem Tag starten.

Er wird den Saturn vermutlich erst im Jahre 2004 erreichen, eine Landekapsel soll dann an einer geeigneten Stelle abgelassen werden. Die »Cassini«-Sonde transportiert
eine Botschaft an Titans zukünftige Bewohner. Ein Astronom und ein Künstler wollen dem Saturn-Orbiter und dem
Titanlander je eine kleine Scheibe mit Texten mitgeben.
Die Scheiben werden 2 cm groß und ein bis zwei mm dick
sein. Sie sollen eine Art Zeitkapsel darstellen, die Besucher des Saturn in späteren Jahrhunderten wieder einsammeln können. Im Internet werden auch schon Unterschrif-
ten und Botschaften gesammelt. Man kann auf der entsprechenden Seite wahlweise seinen Vor- und Nachnamen
sowie eine Botschaft eingeben; oder man kann, als zweite
Möglichkeit, mit der Computermaus eine Zeichnung anfertigen, die intelligente Titanbewohner, sollte es sie in ein
paar Billionen Jahren geben, entschlüsseln dürfen. Ich se-
he sie schon grübeln.

Nach einem Bericht der astronomischen Zeitschrift
»Skyweek« (10/1997) hat die Sonde auch noch andere
Aufgaben, als den zukünftigen Titan-Bewohnern Rätsel
aufzugeben. Nachdem die Muttersonde »Cassini« am
1. Juli 2004 die Umlaufbahn des Saturn erreichen wird,
soll am 6. November 2004 die ESA-Kapsel »Huygens« ab-
geworfen werden; und am 27. November 2004 tritt diese
in die Titanatmosphäre ein, um die chemische Zusammensetzung der Atmosphäre zu analysieren und um das Wetter
und die Topographie des ungewöhnlichen Planetenmondes
zu untersuchen.

Setzen wir nun unseren Flug durchs Sonnensystem fort.
Wir lassen die beiden nun folgenden Gasplaneten hinter
uns. Denn auf Uranus ist die Wahrscheinlichkeit, daß dort
Leben auf Kohlenstoffbasis existieren könnte, äußerst gering, zumal dieser Gasriese nicht einmal eine nennenswerte innere Wärmequelle zu besitzen scheint. Auf Uranus

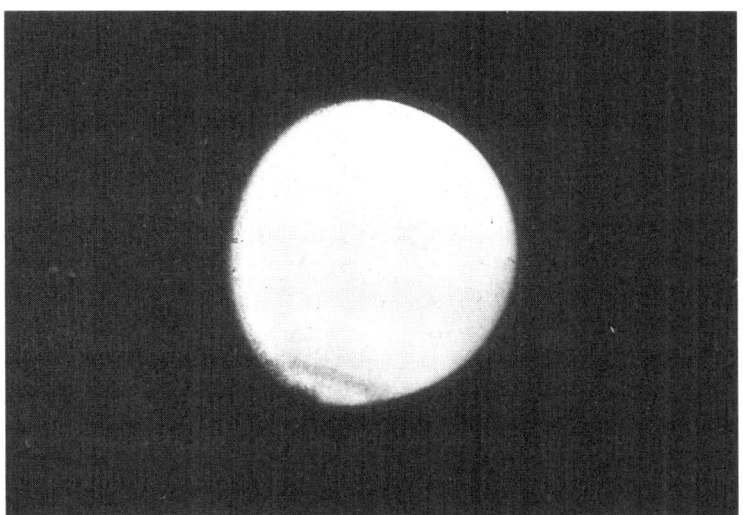

Eine Aufnahme des Saturnmonds Titan aus über zwei Millionen Kilometern Entfernung.

Neptun und sein Mond Triton – kann sich hier Leben entwickeln?

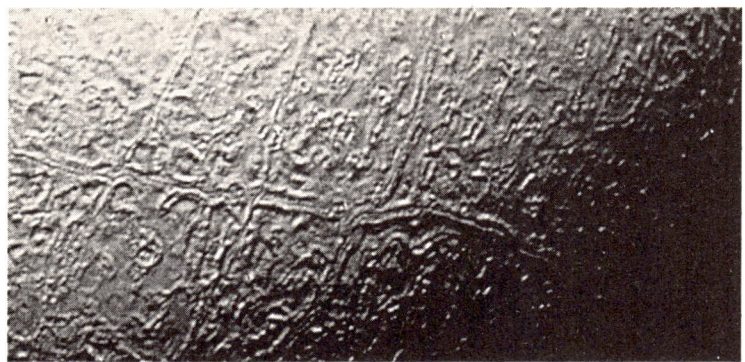

Der Neptunmond Triton. Bei der langen Linie handelt es sich um einen Graben, der möglicherweise Eis enthält.

Die vier größten Jupitermonde, Io, Europa, Ganymed und Callisto.

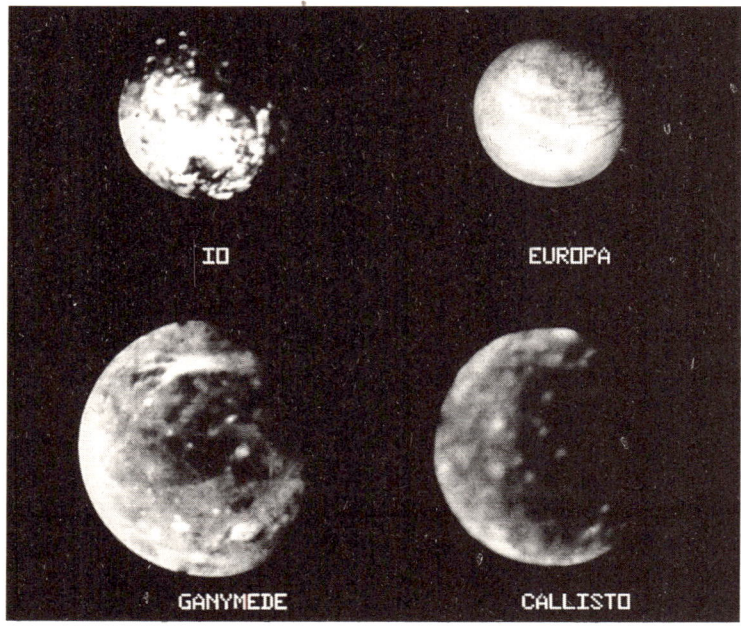

gibt es mehr Wasser und Methan als auf Jupiter. Aber: kein Leben auf Uranus, obwohl in den siebziger Jahren ein Buch mit dem Titel »Wissenschaftler vom Uranus testen Erdenvölker« erschienen ist.

Die Atmosphäre des Neptun, des nächsten Planeten von der Sonne aus gesehen, scheint aus Wasserstoff, Helium, Ammoniak und Methan zu bestehen. Der Planet strahlt doppelt soviel Wärme ab, wie er von der Sonne erhält. Die Neptun-Atmosphäre ist in starker Bewegung, und so nimmt man an, daß auch Neptun, der recht wenig Sonneneinstrahlung abbekommt, von unten erhitzt wird. Auch hier: keine Aussicht auf Leben.

Wenn wir den Neptun-Orbit verlassen, werden wir auf einen äußerst interessanten und ungewöhnlichen Mond aufmerksam: Der Neptunmond Triton zieht in rückläufiger Bahn seine Kreise. Der größte Mond mit rückläufiger Bewegung im Sonnensystem, Triton, wurde im Jahre 1948 von Lassel entdeckt, gerade einige Wochen nach der Entdeckung des Neptun. Er hat einen Durchmesser von 2720 km und kreist in ungefähr 5,9 Erdentagen um Neptun. Triton hat wohl eine leichte Methanatmosphäre, die allerdings bis jetzt noch nicht nachgewiesen werden konnte. Auf Triton könnten Ozeane aus flüssigem Stickstoff existieren. Die Oberfläche des Neptun-Begleiters ist rosa und blau. Laut »Voyager« ist Triton mit $-140°$ C vermutlich der kälteste Körper im Sonnensystem. Und es ist wohl zu kalt für Flüssigkeitsausbildung. Vielleicht speien die Vulkane auf Triton Stickstoffpartikel aus. Der Neptunmond enthält bei einer Dichte von 2,02 bis 2,03 g/cm^3 mehr felsiges Material als andere Eismonde. Der Trabant ist vermutlich eingefangen worden. Der Norden des Mondes ist dunkel, der Süden hell. Dort befindet sich ein mysteriöser schwarzer Fleck. Ein Drittel der Oberfläche des Triton nimmt das Cantaloupe-Terrain ein – eine 30 km breite Senke neben der anderen. Auch auf dem Triton gibt es offensichtlich kaum Aussichten auf Leben.

Kehren wir zurück. Beenden wir unseren Flug in Richtung Ende des Sonnensystems und kommen wir langsam zurück, vorbei am Neptun, an der Uranusbahn, werfen noch einmal kurz einen Blick auf Titan, eine potentielle Brutstätte neuen Lebens, und gehen wir zurück zu den Jupitermonden.

Die vier großen Jupitermonde Io, Callisto, Ganymed und Europa wurden im Jahre 1610 durch Galileo Galilei entdeckt. Die Beobachtung widersprach dem geozentrischen Weltbild, das damals allgemein als die Norm galt. Galilei wurde zu einem Verfechter des heliozentrischen Weltbilds, der Vorstellung, daß die Planeten um die Sonne kreisen.

Ganymed ist mit einem Durchmesser von 5200 km der größte Trabant im Sonnensystem. Er umkreist den Mutterplaneten in einem Abstand von 1 071 000 km und ist von Kratern bedeckt. Großräumige graubraune Flächen werden von zahlreichen Rillen und Spalten durchzogen, die von Kratern überlagert sind. Die Formationen sind vermutlich verschieden alt. Unterhalb dieser dünnen Gesteinsschicht liegt eine Eisschicht, die wohl nach innen hin flüssig wird. Ganymed hat wahrscheinlich einen Gesteinskern.[2]

Die ersten »Galileo-Bilder« von Ganymeds Oberfläche zeigen, daß die Landschaften ausgesprochen vielgestaltig sind. Die Topographie ist bestens zu sehen, obwohl die Sonne fast 80 Grad hoch steht und kaum Schatten wirft. Diese komplexen Landschaften geben einige Rätsel auf. Viele junge Gebiete sind darunter. Und dabei sind z. Zt. erst 10 % der Daten erfaßt. Hier werden wir noch viele Überraschungen erleben. Ganymed scheint sich jedenfalls seit dem Besuch der »Voyager«-Sonde drastisch verändert zu haben. »Die Farbe des Materials am Boden und seine Verteilung haben sich signifikant verändert«, sagt Kamera-

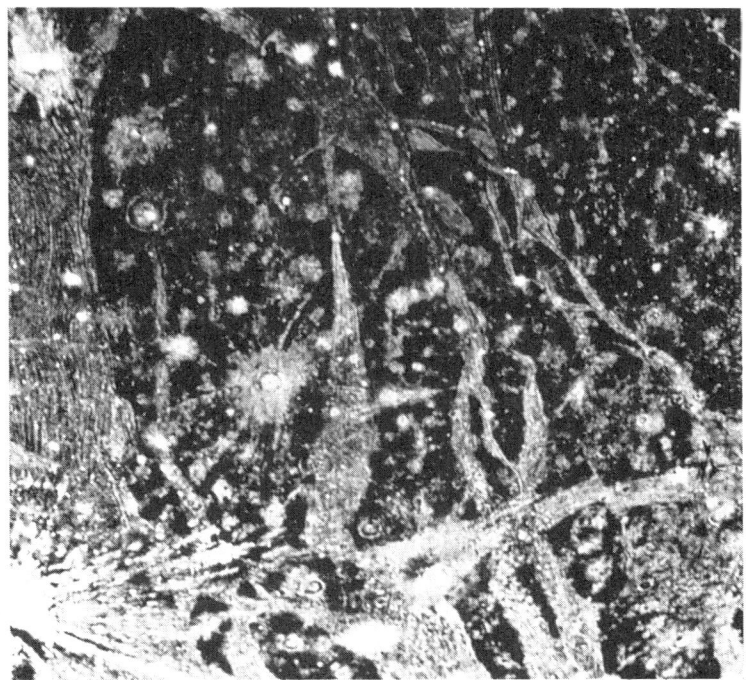

Der Jupitermond Ganymed

chef Mike Belton. Eine große Überraschung ist die Entdeckung feiner Strukturen und der hohe Kontrast, der teilweise die Kamera mit ihren 256 Graustufen überforderte.[3] Ganymed hat eine Magnetosphäre. Das Plasma-Wave-Spectrometer von »Galileo« registrierte starken Radiolärm rund ums Periganymedium, und zwar 45 Minuten lang bei hohen Frequenzen, die vorher und nachher ruhig blieben. Das Magnetometer sah die Gesamtfeldstärke auf das Fünffache hochschnellen, während sich der Feldvektor um viele Grad in Richtung Ganymed drehte. Als Galileo den Mond passiert hatte, kehrten Feldstärke und -vektor zu den alten Werten zurück. Das ist genau die Reaktion, die bei einem Flug durch eine Region mit starkem Magnetfeld und Strahlungsgürtel auftreten würde. Wir haben es hier also mit einer eigenen Magnetosphäre des Mondes innerhalb der Magnetosphäre des Jupiter zu tun. Außerdem besitzt der Mond eine Ionosphäre sowie eine dünne Sauerstoffatmosphäre. Ozon wurde durch »Hubble« nachgewiesen. Womöglich beherbergt Ganymed sogar große Mengen an Sauerstoff! Allerdings dürfte dieser im Eis des Mondes eingeschlossen sein.[4]

Callisto bewegt sich in einem Abstand von 1 884 000 km um Jupiter. Dieser Mond ist dunkel und von Einschlagkratern übersät. Maria finden wir kaum. Callisto ist eine Eiskugel, die wohl einen Gesteinskern besitzt. Ihr Durchmesser beträgt 4 890 km. Callisto ist sowohl im allgemeinen als auch im Hinblick auf die Frage nach Leben der uninteressanteste Mond des Jupiter.

Io hat von den galiläischen Monden den geringsten Abstand zum Planeten. Er umkreist Jupiter in einer Entfernung von etwa 421 600 km und umrundet den Planeten in einem Tag und 19 Stunden. »Voyager« machte auf diesem von der Sonne doch recht weit entfernten Himmelskörper eine unglaubliche Entdeckung: Auf ihm existieren acht aktive Vulkane und mehr als 100 Einbruchkessel erloschener Vulkane. Der Schwefel, das Natrium und der Sauerstoff, die aus den tätigen Vulkanen herausgeschleudert werden, erreichen Geschwindigkeiten bis 4 000 km in der Stunde. Warum es auf Io Vulkanismus gibt, ist noch nicht geklärt. Eine Theorie besagt, daß eine Störung der Io-Bahn, die durch die Anziehungskraft der Monde Ganymed und Europa hervorgerufen wird, infolge der damit verbundenen Abstandsänderungen weg von Jupiter zu starken Gezeitenkräften auf Io führt. Diese würden sein Innerstes aufheizen, so entstünde der Vulkanismus. Diese Theorie scheint nach neueren Erkenntnissen zutreffend zu sein. Einschlagkrater gibt es auf Io nicht. Man trifft sehr viele geologische Strukturen auf diesem durch Salzüberkrustung sehr hellen Mond an, aber offenbar wurde Io nie von Meteoriten getroffen. Oder der permanente Teilchenbeschuß aus dem Jupiterstrahlungsgürtel hat diese Krater quasi ausradiert. Möglicherweise ist auch die hohe Anfangstemperatur des Jupiter verantwortlich für die »Kraterleere«. Der planetennahe Mond wurde natürlich stärker aufgeheizt als die anderen Monde, die Kruste blieb viel länger meteoritendurchlässig, die Meteoriten verschwanden im glutflüssigen Inneren des Mondes. Als die Mondkruste fest wurde, war der kosmische Gesteinshagel aus der Ursprungsphase unseres Sonnensystems auch schon vorüber. Die Zahl der Krater auf den Jupitermonden wächst tatsächlich mit dem Planetenabstand. Auch die Dichtewerte der großen Jupitermonde nehmen mit wachsenden Entfernung ab. Bei den inneren Monden verdampfte das Wasser völlig. Der Vulkanismus sorgt für eine ständige »Umpflügung« der Landschaft. Die Sonde »Pioneer 10« entdeckte 1973 eine dünne Atmosphäre um Io.

1995 tobte auf Io ein Vulkanausbruch. Auf dem Mond ist auch ein neuer heller Fleck entstanden, der auf die Vulkanaktivität zurückzuführen sein dürfte. Binnen 16 Monaten bildete sich ein 300 km großes gelbliches Gebiet. In den vergangenen 15 Jahren gab es solch eine dramatische Veränderung auf Io noch nicht. Wir haben es mit einer neuen Klasse von veränderlichen Phänomenen auf einem abenteuerlichen Mond zu tun, wie es die »Skyweek«-Redakteure ausdrückten.

Io hat einen Eisenkern – eine neue Erkenntnis der »Galileo«-Sonde. Schon kurz vor dem Eintritt der Sonde in den Orbit wurde festgestellt, daß Io eine so große Masse hat, daß er bis zur Hälfte seines Durchmessers aus Eisen bestehen muß. Als der Orbiter im Dezember in knapp 900 km Höhe über ihn hinwegflog, wurde seine Bahn deutlicher abgelenkt, als man erwartet hatte. Somit wurde erstmals bei einem Planetenmond ein Kern nachgewiesen. Dieser entstand vermutlich, als das Mondinnere aufgeheizt wurde, vielleicht schon bei der Bildung Ios oder später durch die ständige Gezeitenheizung, die auch den gegenwärtigen Vulkanismus auf Io verursacht. Io scheint ebenfalls ein Magnetfeld zu haben. Galileo stieß nämlich beim Vorbeiflug an Io auf ein Loch in Jupiters Magnetfeld. Merkwürdigerweise fiel die Feldstärke am Io plötzlich und unerwartet um 30 %. Möglicherweise schafft sich der Mond kraft eines eigenen Feldes (was ebenso ein Novum wäre) eine Art Blase geringeren Magnetismus in Jupiters starkem Feld. Sicherer scheint man sich zu sein, daß Staubströme vom Jupiter, die mit Fluchtgeschwindigkeit das Sonnensystem verlassen, von Io stammen.[5]

Europa steht nach Io dem Jupiter von den galiläischen Monden am nächsten. Sie bewegt sich in einem Abstand von 671 000 km um den Jupiter und braucht für einen Umlauf 3 Tage und 13 Stunden. Europa besitzt eine gebundene Rotation, sie bewegt sich in dieser Zeit um sich selbst (wie alle galiläischen Monde). Die Oberfläche der Europa ist glatt und hell. Dunkle, sich überkreuzende Linien, ver-

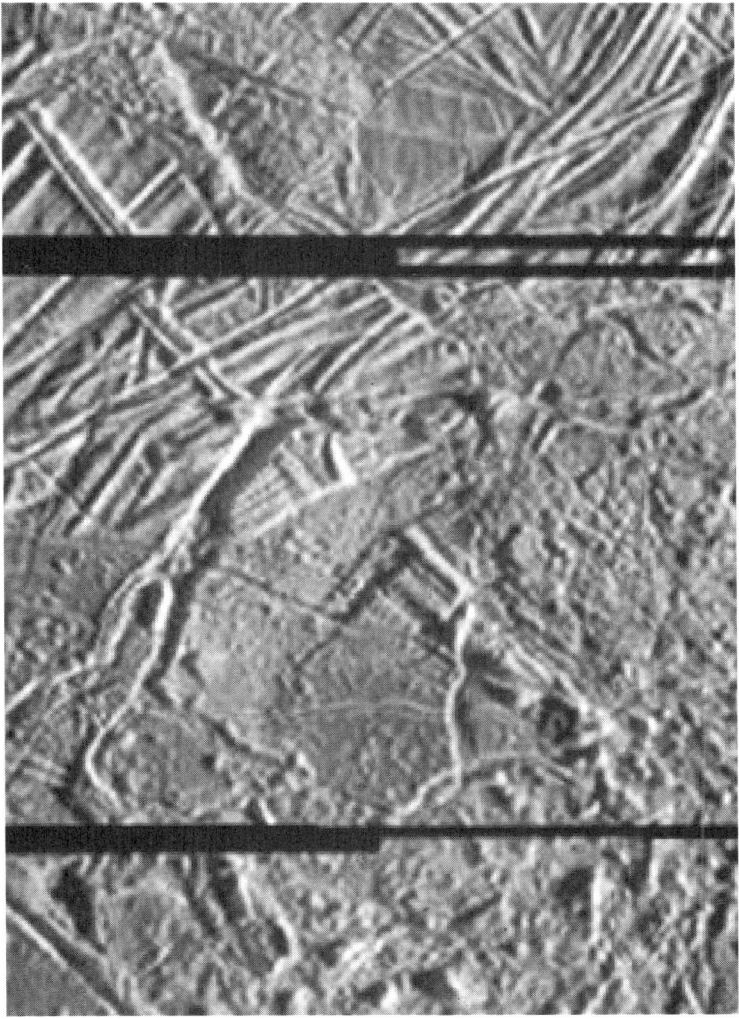

Die Oberfläche des Jupitermondes Europa sieht wie eine Skipiste aus.

zweigte Risse im Eispanzer, dehnen sich über einige 1 000 km aus. Diese Risse sind wohl auf starke Gezeitenkräfte zurückzuführen, ihre dunkle Farbe wird vermutlich durch aus dem Mondinneren an die Atmosphäre getretene Substanzen hervorgerufen. Mit einem Durchmesser von 3066 km ist Europa der kleinste der galiläischen Monde. Ein fester Kern wird vermutet.[6]

Europa hat eine Sauerstoffatmosphäre. Diese Erkenntnis verdanken wir dem Hubble-Teleskop. Die Atmosphäre ist nichtbiologischen Ursprunges. Man weiß auch, daß Europas −145° C kalte Oberfläche z. T. von Wassereis bedeckt ist. Auch Natrium ist auf dem Mond entdeckt worden, das er dem Io verdankt. Denn: Europas Bahn liegt tief in Jupiters starker Magnetosphäre, so daß seine Oberfläche permanent von energiereichen Ionen bombardiert wird. Und die modifizieren die Eise seiner Oberfläche und verursachen so wohl auch die Sauerstoffatmosphäre. Der Vorgang, daß ein Mond die Atmosphäre des anderen »stibitzt«, ist ein einmaliger Vorgang im Sonnensystem.[7]

Die ersten Nahaufnahmen von Europa wurden am 17. Januar 1997 veröffentlicht. Sie zeigen Überreste von Meteoriteneinschlägen sowie Krater, zwei Kilometer breite Rücken, die sich teilweise überlappen oder von neueren Ablagerungen zum Teil überlagert sind. Da die Oberfläche dieses Mondes größtenteils aus Wassereis besteht, hinterlassen größere Einschläge allerdings ganz andere Spuren als etwa auf unserem Mond oder dem Merkur. Die beim Einschlag auf Europas eisiger Oberfläche gebildeten Krater werden durch tektonische Spannungen zu einem von ringförmigen Bruchteilen umgebenen, zerklüfteten Zentralteil umgeformt. Geradezu sensationell sind Fotos, die uns von der Sonde »Galilei« übermittelt wurden. Die Sonde lieferte gestochen scharfe Bilder aus über 3 300 Metern Höhe und erreichte eine Auflösung von 70 Metern. Wenn man sich die Fotos betrachtet, kann man die volle Komplexität der Eislandschaften erahnen. Manche Muster erinnern an die bekannte Plattentektonik (auf der Erde bekannter unter dem Begriff »Kontinentalverschiebung«), andere erscheinen jedoch völlig fremdartig. Auch auf diesen Bildern erkennt man wieder einander überlappende Rücken und Brüche, dazwischen sogenanntes chaotisches Gelände. Andere Bilder zeigen geordnetere Verhältnisse. So ist auf einem Bildmosaik deutlich erkennbar, wie sich eine Platte seitlich verschoben hat. Bei dieser Verschiebung wurden Eisrücken mitgenommen. Und in der Mitte sind Rücken durch spätere Eiseruptionen zugeschüttet worden. Nur wenige Einschlagkrater sind zu sehen, die Landschaft auf dem Foto ist nicht alt. Auf anderen Bildern erkennt man dicke, sich windende Fließstrukturen, wie sie noch nirgendwo gesehen wurden.[8]

Bereits im Juni 1996, als die Sonde »Galileo« noch weit von Europa entfernt war, gelangen einige Fotos. Und die deuteten an, daß das Eis an einigen Stellen angeschmolzen war. Mary Murill, Sprecherin des JPL (Jet Propulsion Laboratory, eine NASA-Einrichtung), erklärte: »Für Leben braucht man drei Dinge: flüssiges Wasser, Wärme, über die Europa ebenfalls verfügt, wenn er Eis schmelzen kann, und organische Substanzen, die Kometen mitbringen, wenn sie auf den Planeten stürzen.« Dan Goldin, der spätestens durch sein nicht immer ganz korrekt übersetztes Statement zum Marsmeteoriten ALH 84001 berühmt geworden war, meinte erneut, daß die Bilder »zwingend, aber nicht schlüssig« seien und daß sie einen »weiteren Schritt bei unserem Streben nach der Erforschung des Sonnensystems, der Sterne und der Antwort auf das große Geheimnis, ob Leben irgendwo sonst im Kosmos existiert«, bedeuteten. Schon auf diesen Bildern war zu erkennen, daß Lücken zwischen den einzelnen Eisplatten klafften. Die Gestalt dieser Platten wurde nun selbst mit der damals noch bescheidenen Auflösung der Bilder als ein Indiz für ein zumindest zähflüssiges Medium darunter gewertet. Man vermutete entweder warmes Eis nahe am Schmelzpunkt oder gar flüssiges Wasser – beides wäre eine ausgesprochene Seltenheit im Sonnensystem. »An manchen Stellen ist das Eis in große Stücke zerbrochen, die sich voneinander weggeschoben haben«, so der Geologe Ronald Greeley. »Aber sie passen zusammen wie ein Puzzle. Das zeigt, daß das Eis von unten ›geschmiert‹ wurde oder wird, von warmem Eis oder Wasser.« Vermutlich ist die Wärmequelle im Inneren des Eismondes dieselbe, die Io den Vulkanismus und womöglich Ganymed das Magnetfeld ermöglicht. Ständige und wechselnde Verformungen des Mondkörpers durch Jupiters Gezeitenkräfte, zusammen mit dem wechselnden Schwerkraftzug der anderen Galiläischen Monde, sollten auch diesen Mond von innen aufheizen. Dies wäre auch eine Erklärung für die auf den Bildern gut zu sehenden 1000 km langen Brüche, die den Mond überziehen. Diese werden »Tripple Bands« genannt, weil sie außen schwarz und in der Mitte weiß sind. Geysir-Aktivitäten lösen vermutlich die Brüche aus. Die Eiskruste ist Modellrechnungen zufolge 10–15 km dick; aber der Ozean darunter könnte 60–80 km tief sein! Interessant sind auch die Spekulationen über den Meeresboden. Wie wir bereits gesehen haben, kommt Europas Wärme von innen, folglich dürfte er von warmen Quellen übersät sein – und diese werden als Verwandte der unterseeischen Schlote angesehen, in denen auch das irdische Leben seinen Anfang nahm.

Immer mehr Indizien deuten jetzt darauf hin, daß das Leben auf der Erde in hydrothermalen Systemen entstanden ist. Es wird angenommen, daß die frühen Zellen am liebsten in der Nähe heißer Quellen gelebt haben, denn dort bieten die chemisch-physikalischen Bedingungen viele Vorteile. Bestimmte chemische Details des heutigen Lebens wie die Bedeutung metallbindender oder hitzeschützender Proteine bei vielen Lebensprozessen könnten auf eine zentrale Rolle heißer Quellen vor ungefähr vier Billionen Jahren zurückgeführt werden. Und wenn es auf dem Mars in dieser Zeit ebenfalls hydrothermale Systeme gab, warum sollten dann nicht vergleichbare Prozesse begonnen haben?[9] Ist also das Leben auf Erde, Mars und Europa gleichermaßen an Warmwasserquellen entstanden?

»Wenn sich nun irgendwie nachwiesen ließe«, schreibt »Skyweek«, »daß Europa heute noch geologisch aktiv ist und der Ozean (noch) existiert, dann wäre er sogar ein vielversprechenderer Ort, um nach Leben zu suchen, als der Mars.«

Der »Spiegel« berichtete am 3. März 1997, ein Team deutscher und amerikanischer Meeresforscher habe bei einer Fahrt mit dem Tiefseetauchboot »Alvin« entlang des Mittelatlantischen Rückens südwestlich der Azoren in einer Tiefe von 3650 Metern Mikroorganismen entdeckt, die noch bei 113 Grad Celsius gedeihen. Es handelt sich um die heißeste Umgebung, die jemals auf der Erde für ein Lebewesen registriert wurde. Die Organismen sollen in schornsteinartigen Schächten leben, durch die heißes Wasser mit einer Temperatur zwischen 90 und 113 Grad Celsius aus dem Meeresboden strömt. Solche Temperaturen übersteigen einerseits zwar den Siedepunkt von Wasser an der Meeresoberfläche, andererseits aber läge dieser Punkt im Lebensbereich der Tiefseeorganismen weitaus höher. Die Kleinstlebewesen wurden von den Forschern »pyrolobus fumarii« genannt, dies bedeutet etwa »Kaminfeuerlappen« und spielt auf die schornsteinartigen Schächte an, in denen sie leben. Der Meeresbiologe Holger Jannasch erklärte, daß diese Lebensform so vielseitig sei, daß ihr Wasserstoff und Schwefelverbindungen als Lebensgrundlage ausreichen würden. Allerdings könnten sie gemäß Jannasch auch geringe Mengen an Nitrat oder Sauerstoff verwerten. Und genau das ist auch die Art von Lebensform, wie sie auf dem Europa oder vielleicht sogar auf dem Mars vermutet wird.

Der erste Vorbeiflug der »Galileo«-Sonde an Europa fand am 19. Dezember 1996 statt. Somit kam die Sonde deutlich näher an den Jupiter-Trabanten heran als die Voyager-Sonden. Schon eine Aufnahme aus einer höheren Umlaufbahn zeigte bereits Details. So sehen die dunklen Bänder, die sich quer über den Jupitermond ziehen, wie die mittelozeanischen Rücken der Erdkruste aus. Kryptovulkanismus scheint an der Tagesordnung zu sein.[10]

Europa war in der Vergangenheit wärmer, besitzt auch heute noch eine innere Wärmequelle, die »Eisvulkanismus« ermöglicht. »Das ist das erste Mal, daß wir echte Eisflüsse auf einem der Jupitermonde gesehen haben«, erklärt der bereits erwähnte »Galileo«-Geologe Ronald Greeley. Auf Europa könnte durchaus Leben entstanden sein. Auch Greeleys Kollege Robert Sullivan meint, daß Europa ein großes Potential besitze. Es gibt Hinweise auf Plattentektonik auf Europa. Mittlerweile wird über Ideen für Raumsonden nach Europa nachgedacht. Der »Europa Ice Clipper« wäre ein Versuch, Eis von Europa zur Erde zu schaffen. Eine weitere Idee ist der Europa-Orbiter mit Radaranlage. Die könnte das Eis 1–2 km durchdringen und die Existenz des Ozeans darunter nachweisen (möglicher Start 2001–2004). Ein ganz interessantes Projekt ist ein Europa-Cyobot-Hydrobot, eine heiße Landeeinheit, die sich durch das Europa-Eis schmelzen könnte. Und wenn sich tatsächlich flüssiges Wasser darunter befindet, kann die Sonde dorthin vordringen und die Bewohner suchen, wurde in »Skyweek« 2/1997 berichtet.

Unser Sonnensystem bietet zahlreiche Hinweise auf mögliche Lebensformen in der Vergangenheit (Mars, Europa), Gegenwart (Europa, Mars nicht ausgeschlossen) und in der Zukunft (Titan), und Mars kann mit Recht als »Planet des Lebens« bezeichnet werden. Überraschend ist dabei lediglich, daß der Jupitermond Europa sich als Spitzenreiter, als heißester Kandidat für Leben in unserem Sonnensystem entpuppt hat. Möglicherweise ist auf der Europa sowie auf dem Mars einst, in ferner Vergangenheit, auf die gleiche Weise Leben entstanden wie auf der Erde.

Ich möchte an dieser Stelle noch einmal an die Worte der JPL-Sprecherin Mary Murill erinnern: »Für Leben braucht man drei Dinge: flüssiges Wasser, Wärme, über die Europa ebenfalls verfügt, wenn sie Eis schmelzen kann, und organische Substanzen, die Kometen mitbringen, wenn sie auf den Planeten stürzen.«

Organische Substanzen, die Kometen mitbringen. Kometen, weitere Körper unseres Sonnensystems. Es ist an der Zeit, sich mit diesen Objekten zu befassen.

Meteoriten und Kometen als Lebensträger?

Kometen bestehen in der Hauptsache aus Eis. Heute werden sie oft als »schmutzige Schneebälle« bezeichnet. Nähert sich ein Komet der Sonne, dann beginnt das Eis zu verdampfen, und der berühmte Schweif entsteht. Man geht davon aus, daß eine ganze Wolke aus Kometen, genannt die Oortsche Wolke, die Sonne in einem Abstand von mehr als einem Lichtjahr umkreist. (Ein Lichtjahr beschreibt die vom Licht in einem Jahr zurückgelegte Strecke von 9,46 Billionen km.) Diese Wolke soll mehr als hundert Billionen Kometen enthalten. Es kann vorkommen, daß ein Komet gestört wird und er so in Richtung Sonne »fällt«. Er wird dann in einer Kurvenbahn um die Sonne herumschwingen und zur Wolke zurückkehren. Oder aber er wird durch die Anziehungskraft eines Planeten, im Normalfall der des Jupiter, abgelenkt und in eine kurzperiodische Umlaufbahn gezwungen. Ein Komet ist kurzlebig, denn jedesmal, wenn er an der Sonne vorbeischlittert, verliert er an Masse. Gut in Erinnerung ist noch der Komet »Hale-Bopp«, der zuweilen gar als »Jahrhundertkomet« bezeichnet wird. Gerade ein Jahr zuvor stand der Komet »Hyakutake« recht hell am Himmel, während Jahre zuvor lange Zeit kein heller Komet am Himmel zu sehen war. Der bekannteste Komet ist natürlich der »Halleysche Komet«.

Im Jahre 1986 wurden fünf Raumsonden zu diesem »Halleyschen« Kometen geschickt, und das europäische Gerät »Giotto« durchquerte die Koma und sandte Nahaufnahmen von der Kometenkoma zurück. Das ist jener Bestandteil des Kometen, der sich zwischen dem Kometenkern und dem Schweif befindet

Die meisten Astronomen zeigten sich vom Ergebnis überrascht. Nahaufnahmen des Kerns zeigen diesen als sehr dunkel. Hell hätte er jedoch nach Meinung der meisten Astronomen sein müssen.

Nicht überrascht von diesem Ergebnis waren die Astronomen Sir Fred Hoyle und sein Mitarbeiter Chandra Wickramasinghe. Hoyle hatte 1986 behauptet, daß die schwarze Oberfläche nicht durch Absorption des Sonnenlichtes hervorgerufen würde. Die Oberfläche sei für diese Erklärung viel zu kalt. Hoyle vermutete, daß das Oberflächenmaterial für optische Wellenlängen eher durchlässig sei, jedoch für Infrarotstrahlung mit Wellenlängen um zehn Mikrometer habe es eine stark absorbierende Wirkung. Dadurch entstünde ein starker Treibhauseffekt. Die eingedrungene Energie des Sonnenlichtes würde in einer Tiefe von 10 bis 20 Metern absorbiert und in Wärme verwandelt werden. Folglich kann sie nicht mehr entweichen. Die Temperatur der Zone unter der Oberfläche würde durch die gespeicherte Energie gesteigert werden. Das Licht würde auf diese Weise an der Oberfläche nicht nennenswert zurückgeworfen, also erscheint diese schwarz. »Ein Komet ist kein schmutziger Schneeball!« sagt Hoyle entgegen der weitverbreiteten Meinung. Der Astronom weist darauf hin, daß der Komet »Schwassmann-Wachmann I« eine nahezu kreisrunde Umlaufbahn hätte; lediglich ein wenig größer als die des Jupiter. »Schwassmann-Wachmann I« kommt der Sonne niemals nahe, trotzdem zeigt er einmal in 15 Jahren einen heftigen Ausbruch. Hoyle hält es für unmöglich, daß diese Eruptionen auf die Verdampfung von Wärme zurückzuführen sind.

Der Astronom glaubt an eine biologische Erklärung: Das Phänomen des Ausstoßes von Gas und Staub durch Kometen könnte die Folge von Gasansammlungen sein, die von Bakterien verursacht würden, deren Stoffwechseltätigkeit zu hohen Drücken und zu explosionsartigen Entladungen führe.

Hoyle und Wickramasinghe vertreten die Meinung, das Leben sei im Weltraum entstanden, und zwar zwischen den Sternen. Kometen seien im wesentlichen interstellar und möglicherweise der Ort der Biopoiese, das heißt, der Ort, an dem belebte Materie aus unbelebter Materie entsteht. Im Kometen geborene Organismen könnten daher auf anderen Himmelskörpern, also auch auf der Erde, Lebenskeime ausgesät haben. Diese Vorstellung ähnelt der schon länger diskutierten »Panspermie-Theorie«. Sie nimmt an, daß Lebenskeime oder schlummernde Formen von Organismen im Raum ausgestreut worden seien und sich beim Erreichen eines geeigneten Planeten, der Erde beispielsweise, weiterentwickelt hätten. Die Anhänger der Meteoriten-Panspermie waren der Meinung, Leben werde durch Meteoriten von einem Himmelskörper zum anderen transportiert. Im neunzehnten Jahrhundert fand diese Theorie bei namhaften Wissenschaftlern Anklang. Die Idee der »Strahlenpanspermie« entwickelte Svante Arrhenius, ein schwedischer Wissenschaftler, im Jahre 1909. Er war überzeugt, daß winzige Keime durch Strahlungsdruck von einem Punkt des Universums zum anderen getrieben werden. Die Thesen von Hoyle und Wickramasinghe bauen auf dieser Theorie auf.

Hoyle und Wickramasinghe vertreten die Meinung, Bakterien und Viren, die aus dem Weltraum auf die Erde gelangten, könnten selbst heute noch die Ursache gewisser Epidemien sein; allerdings fand diese Theorie nicht viel Anklang.

Nach den beiden britischen Wissenschaftlern erfolgt die Erzeugung vorbiologischer und einfacher biologischer Systeme im interstellaren Raum mehr oder weniger kontinuierlich; jedenfalls eher als in sogenannten »Ur-Suppen« an der Oberfläche von Planeten. Man vermutet in den Staubwolken, die sich im Raum zwischen den Sternen befinden,

Der Komet Hale-Bopp im Frühjahr 1997

Eine Darstellung des Halleyschen Kometen von 1479. Der Schweifstern ist als Todesbringer dargestellt.

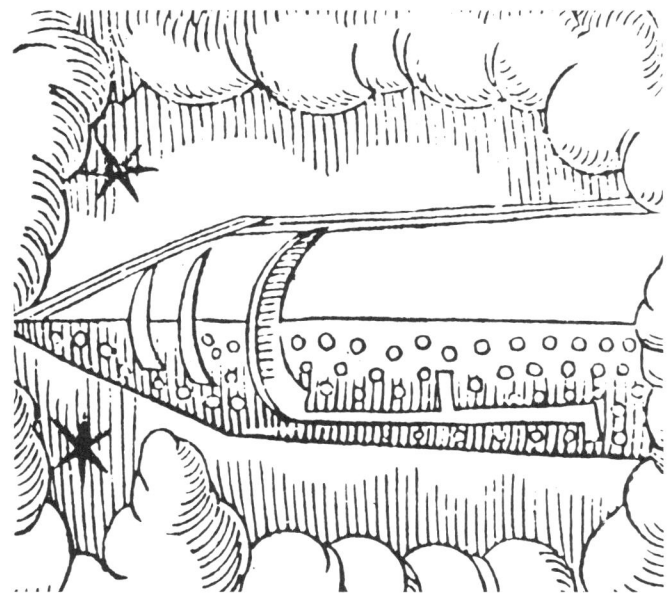

AN
ALLARM
TO
EUROPE:
By a Late Prodigious
COMET
feen *November* and *December*, 1680.

With a Predictive Difcourfe. Together with fome preceding and fome fucceeding Caufes of its fad Effects to the *Eaft* and *North Eaftern* parts of the World.

Namely, *ENGLAND*, *SCOTLAND*, *IRELAND*, *FRANCE*, *SPAIN* *HOLLAND*, *GERMANY*, *ITALY*, and many other places.

By *John Hill* Phyfician and Aftrologer.

The Form of the *COMET* with its Blaze or Stream as it was feen *December* the 24th Anno 1680. In the Evening.

Ein Kometenflugblatt von 1680 warnt vor Katastrophen. Verdanken Kometen ihren schlechten Ruf ihrer Bakterienfracht?

174

die Regionen, in denen sich diese Vorgänge abspielen. Kometen, die aus diesem Material gebildet werden, dürften eine geeignete Umgebung für die Entwicklung primitiver Organismen darstellen und Schutz vor potentiell schädlicher Strahlung bieten. Derartige Organismen könnten bei einem gelegentlichen Zusammenstoß mit einem Kometen oder mit dem Staub aus dessen Schweif über der Erde ausgesät worden sein, und ein solches Aussäen fände möglicherweise noch heute statt.[1]

Hoyle und Wickramasinghe hatten in den fünfziger und sechziger Jahren mit Versuchen begonnen, die astronomischen Beobachtungsdaten mit jenen in Einklang zu bringen, die sie selbst im Laboratorium mit anorganischen Substanzen erhalten hatten. Hoyle und Wickramasinghe hatten die Möglichkeit in Betracht gezogen, daß mineralische bzw. Silikatpartikel im interstellaren Raum für die beobachteten Daten verantwortlich seien. Weitere Arbeiten konnten diesen Gedanken im einzelnen nicht bestätigen. Es wurde jedoch untersucht, ob Experimente mit organischen Körnchen sich besser einfügten, mit dem Ergebnis, daß die Resultate, die bei Polysacchariden, also Stärkemolekülen, die aus verschiedenen Zuckern aufgebaut sind, erzeugt werden konnten, am besten mit den astronomischen Daten übereinstimmten. Sollten große Mengen von Polysacchariden im Weltraum abiotisch erzeugt worden sein? Hoyle und Wickramasinghe hielten das für unwahrscheinlich. Dann erkannten die beiden Wissenschaftler, daß getrocknete Bakterien infrarote Absorptionslinien liefern könnten, die denen interstellarer Körnchen stark ähnelten.

Die diffuse Materie, die sich zwischen den Sternen befindet, absorbiert Licht, schluckt es also gewissermaßen. Diese Lichtschwächung ist bei großen Entfernungen beträchtlich. Ein Absorptionsspektrum wiederum ist das

Spektrum, das vor einem hellen Kontinuum dunkle Linien zeigt – die Absorptionslinien.

Was sie beim Vergleich zwischen Labormessungen mit Bakterien und den durchschnittlichen Absorptionseigenschaften von den Körnern auf dem ganzen Wege vom Zentrum der Galaxis bis zur Erde fanden, schien für die beiden Forscher jedenfalls sehr gut übereinzustimmen. Die Messungen wurden bei 60 Wellenlängen zwischen drei und vier Mikrometern durchgeführt.

1986 hatte Hoyle die Infrarot-, Strahlungs- und Absorptionscharakteristiken von Bakterien und Staub diskutiert, die vom Halleyschen Kometen ausgesandt wurden. Man hat die Feststellung getroffen, daß angesichts der kohlenstoffhaltigen Natur eines Großteils des Kometenstaubs sowie der Größe und Dichte der Teilchen und der guten Übereinstimmung zwischen den Beobachtungsdaten und den Laborergebnissen kein von Vorurteilen unbelasteter Mensch zögern würde, die Hypothese ernsthaft in Betracht zu ziehen, daß die große Masse der Kometenpartikel tatsächlich Bakterien sind. Daher stammte auch Hoyles Idee, Kometenausbrüche könnten eine biologische Erklärung haben.

Die Vermehrung der Bakterien stellte sich Hoyle als ein Nebenprodukt der Sternentstehung in dafür geeigneter Umgebung vor. Die Bakterien würden dann später in den Raum ausgestoßen. Einige überlebten, andere nicht. Hoyle hält solche Organismen für »weltraumresistent«. Die Vermehrung könnte im Inneren kometenartiger Objekte stattfinden, die durch radioaktive Erwärmung und durch den Treibhauseffekt der äußeren Schichten geheizt werden. Kometen als Laboratorien für die Entwicklung des Lebens? Kometen sollen in sehr großer Anzahl in der Umgebung von Zwergsternen vorkommen. Nach Hoyles Berechnungen könnten alle diese Körper zusammen einen viel günstigeren Standort für die Entwicklung von Leben bieten als die sterile Oberfläche eines kleinen Planeten.

Bakterien könnten auf der Erde weiche Landungen vollführen, sie würden nicht durch Reibungshitze verglühen.

Jackson und Moore sind der Meinung, daß es zum gegenwärtigen Zeitpunkt nicht möglich ist, die Meinung zu ignorieren, daß kometenartige Objekte die Brutstätten komplexer organischer Moleküle oder gar einfacher Organismen irgendwelcher Art sind. Es sei leider praktisch unmöglich, mit Bestimmtheit über die Bedeutung von Infrarot-Absorptionslinien von interstellaren Körnchen zu urteilen. Jackson und Moore neigen eher zu der Ansicht, daß die Hypothese von den Bakterien im All schwer zu verteidigen ist.

Hinzu komme, daß Kometen mit kurzen Umlaufzeiten ihre flüchtigen Bestandteile möglicherweise nur ein paar tausend Jahre festhalten könnten, das sei zu kurz, um eine Biopoiese zu gestatten. Dadurch würde die Zahl jener Kometen, die als potentielle Lebensträger in Frage kämen, verringert.

Dennoch bleibt das Thema brandaktuell. Die BILD-Zeitung vom 2. April 1997 verkündete: »Komet – Forscher finden Spuren von Leben«.

Mit dem Kometen war natürlich der im März und April 1997 sichtbare Komet Hale-Bopp gemeint. Und die BILD-Zeitung schreibt über den Kometenschweif, daß dieser wichtige Moleküle, eben Spuren von Leben, mit sich führe. In dem Artikel wird auch auf die Theorie Bezug genommen, daß die Erde vor vielen Millionen Jahren von einem Kometen »befruchtet« worden sei. Bei einem Aufprall auf die Erde hätte dieser dann das Wasser mitgebracht und sei so für die Ausbildung der Ozeane verantwortlich gewesen. Eine sehr populäre und äußert interessante Hypothese, für die einiges zu sprechen scheint. Für die Autoren des BILD-

Artikels gilt sie freilich bereits als Tatsache. Und man spekuliert auch, daß bei einem Zusammenstoß mit einem unserer Nachbarplaneten auch dort Leben entstehen könnte. Nach diesem Aufreißer auf der Titelseite wurde man bei der Fortsetzung auf Seite 6 sachlicher und auch konkreter. Man habe bei ersten Auswertungen von Analysen des Kometenschweifes 13 organische Moleküle identifiziert – Moleküle, aus denen die Aminosäuren entstehen, die, wie wir wissen, die Bausteine des Lebens sind. Damit hätte die These, wonach das Leben auf der Erde aus dem Weltall stammt und von Kometen überbracht wurde, eine sensationelle Bestätigung erfahren.

Die BILD-Zeitung geht auch auf die Analysemethode ein. Wir wissen ja, daß ein Komet, während er sich in Sonnennähe befindet, sein Eis verliert. Es verwandelt sich in Gas. Und in dieser Phase lassen sich die Staubwolken des Schweifes auf ihre chemische Zusammensetzung analysieren. Unter anderem wird hierzu ein Spektrometer verwendet, das am großen Teleskop am Mount-Palomar-Observatorium in Kalifornien angebracht ist. Mit einem Spektrometer kann ein Spektrum sowohl erzeugt als auch beobachtet werden. »Auf der Oberfläche des Kerns von Hale-Bopp muß eine unvorstellbar hohe Dynamik herrschen«, sagte Dr. Harold Weaver, Astrophysiker der John Hopkins University in Baltimore.

Also eine weitere Bestätigung für die These, daß das Leben aus dem Weltraum stammt.

Nun wenden wir uns den Meteoroiden zu, die ja auch als potentielle Lebensträger zur Debatte stehen.

Die Begriffe »Meteoroide«, »Meteore« und »Meteoriten« können schon für etwas Verwirrung sorgen. Ein Meteor ist das, was landläufig als »Sternschnuppe« bezeichnet wird. Ursprünglich hielt man die Sternschnuppe fälschlicherweise für ein meteorologisches Phänomen, da-

her der Name Meteor. Meteore sind meist die Überreste
von Kometen. Als Himmelskörper heißen sie »Meteoroide«. Eine besonders helle Meteorerscheinung wird als
»Bolide« (= Feuerkugel) bezeichnet. Meteore treten meist
in Schwärmen auf. Meteoriten, das sind Meteoroiden, die
auf der Erde auftreffen, stammen in den seltensten Fällen
von Kometen. Die meisten kommen aus dem tiefen Weltraum. Auch Asteroiden, Kleinplaneten, die meist zwischen
Mars und Jupiter in unregelmäßigen Abständen um die
Sonne ziehen, ja selbst unregelmäßig geformte Körper
sind, können der Erde recht nahe kommen und als Meteoriten auf der Erde aufschlagen. Die Adonis-Gruppe ist eine
Gruppe von Asteroiden, die im Laufe ihres Sonnenumlau-
fes auch die Erde kreuzen, also nicht stur zwischen Mars
und Jupiter ihre Bahnen ziehen.

Es gibt verschiedene Arten von Meteoriten. Da sind einmal die Eisenmeteoriten, dann die Steinmeteoriten und
weiter die Stein-Eisen-Meteoriten. Nach einer anderen
Klassifizierungsmethode wird unterschieden zwischen un-
differenzierten Meteoriten (Chondriten) und differenzierten Meteoriten. Bei den Chondriten kommen die am reich-
lichsten vorhandenen Elemente in derselben Relation vor
wie in der Sonnenatmosphäre. In den meisten Fällen ist
das Alter der Meteoriten dem der Erde vergleichbar. In unserem Kontext sind die kohlenstoffhaltigen Chondriten am
wichtigsten, weil ihre Zusammensetzung zeigt, daß sie
vermutlich in einem Teil unseres Sonnensystems entstanden sind, in dem Wasser oder Eis vorhanden war. Auch organische Moleküle kommen in diesen Meteoriten vor. Einige von ihnen sind möglicherweise Bruchstücke von Kometen, vielleicht verursacht durch eine Kollision zwischen
einem Kometen und einem Asteroiden.

Ein solcher kohlenstoffhaltiger Chondrit zerbarst am
28. September 1969 über Murchison in Australien. Einige

der Bruchstücke wurden aufgesammelt und untersucht. Unter den dabei festgestellten Substanzen befanden sich Aminosäuren sowie die Basen Adenin, Cytosin, Guanin und Thymin sowie Uracil. Sie alle sind Bestandteile der Nukleinsäuren-Moleküle, wie Jackson und Moore schreiben.

Wir haben ja im Zusammenhang mit den Marsmeteoriten schon gehört, daß es ungemein schwierig ist, irdische Verunreinigungen vollkommen auszuschließen.

Ein Dr. Hopkins aus Kingstown beschäftigte sich intensiv mit einem Meteorblock, der am 10. August 1862 auf Jamaika niedergegangen sei. Hopkins behauptete, er habe in diesem Block den Rest eines Mauerstückes und sogar bildliche Darstellungen intelligenter Wesen erkannt. Das Stück war leider nicht aufzufinden, so daß der Verdacht eines Schwindels zumindest in Betracht gezogen werden muß.

Im Jahre 1879 erschien ein Buch des Rechtsanwalts und Hobby-Geologen Dr. Otto Hahn mit dem Titel »Die Urzelle«. In diesem Buch versuchte Hahn den Nachweis zu erbringen, daß Granit, Gneis, Serpentin, Talk, gewisse Sandsteine, Basalt und auch die Meteoriten aus Pflanzen bestünden. Auf diese merkwürdige Idee kam er durch die Tatsache, daß das Leben auf unserer Erde erst im Kambrium-Zeitalter voll eingesetzt habe, dort aber gleich hochentwickelte Formen zeigte. Hahn folgerte daraus, daß die früheren Zeitalter dem Pflanzenreich vorbehalten waren und daß die Zeit der Granit- und Gneisentstehung die eigentliche Pflanzenzeit der Erde sei.

Diese Urgesteine sollen nach Hahn Bildungen von Pflanzen sein, die aus einer Nebelwolke die Entstehung des Erdballs verursacht hätten. Beim Beginn des organischen Lebens auf der Erde sei diese nicht von einem heißen oder feuerflüssigen Granit- oder Gneisbrei bedeckt gewesen. Durch die ersten Atmosphärenniederschläge hätte es ein großes Meer über die ganze Erde gegeben, und in

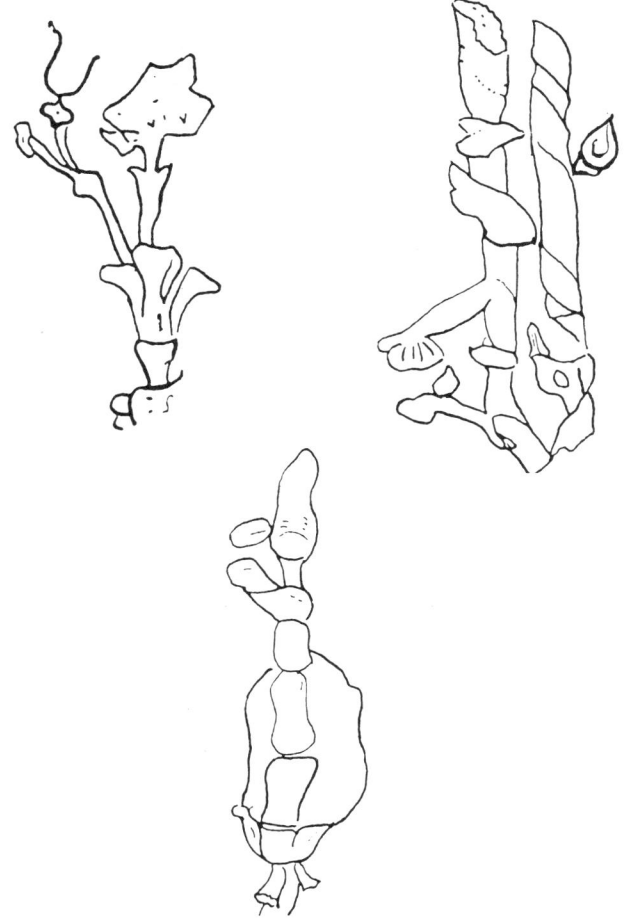

1880 will Dr. Hahn diese Versteinerungen in Meteoriten entdeckt haben. Oben links und unten Pflanzenreste aus dem Eisenmeteoriten von Toluca, rechts ein Mischwesen aus Alge und Farn, entdeckt im Meteor von Knyahinya.

181

diesem seien Pflanzen in undenkbarer Menge gewachsen. Hahn dachte dabei an die niedrigsten Arten einer einzelligen Alge oder Flechte. Einige Meteoriten hätten ähnliche Figuren gezeigt, so daß Hahn sich fragte, ob diese Meteoriten und Steine nicht Teile der Erde seien, die sich in frühester Zeit losgelöst hätten, später aber wieder zur Erde zurückgekommen seien.

Die Entwicklung der Urpflanze soll in der Finsternis, dann später unter der Oberfläche stattgefunden haben. Sie lebte nach Hahn unter völligem Abschluß von Sonnenlicht, und dort soll sie auch heute noch im Erdinneren leben. Ihr Aufbaustoff waren die Kieselsäure und das herabsinkende Wasser. Die Pflanze sollte erst alle Gebirge gebildet haben. Der Umschwung, die Steigerung durch die Entwicklung höherer Lebensformen, sollte dann in der Silurzeit durch das Hervortreten der Organismen in das Sonnenlicht erfolgt sein. Die jetzigen Geschöpfe der Erde seien Lichtwesen, dies müsse gemäß Hahn jedoch nicht überall im Weltraum der Fall sein.

Interessant ist ein Werk, das Hahn im Jahre 1880 veröffentlicht hatte. Hier ging es nämlich um »Die Meteorite (Chondrite) und ihre Organismen«. Die einzelnen Meteoritenformen wurden von Hahn als Schwämme, Korallen und Haarsterne erklärt, während er gewisse Figuren bei den Meteoreisen als einzellige Pflanzen auffaßte. Hahn sprach sogar von einer »Tierwelt in einem Gesteine«.

Wie zu erwarten, gab es heftige Diskussionen. Zeichnungen, die Hahn in einem Buch veröffentlicht hatte, wurden zu Recht als Ausgeburten einer wilden Phantasie bezeichnet, die natürliche Entstehung von Hahns »Chondren« wurde schließlich nachgewiesen. Andere Wissenschaftler verteidigten Hahns Ideen.

Der nächste Meteorit, der als möglicher Lebensträger Aufsehen erregte, fiel am 11. April 1925 zu Bleckenstad in

Schweden vom Himmel; später wurde nur ein Stück Kalkstein gefunden, das außen eine schmutzigbraune Verwitterungshaut aufwies und Versteinerungen enthielt. Ob dieses Stück nun tatsächlich ein Meteorit war oder nicht, darüber gab es wieder erregte Debatten.

Ende 1954 ging eine Nachricht durch die Zeitungen, daß man im Kern eines Meteoriten neben Stickstoff auch winzige Lebewesen gefunden habe, die in ähnlicher Form auch auf der Erde vorkämen. Diese ovalen Mikroben, ausgestattet mit außen vibrierenden Härchen, sollen außerordentlich widerstandsfähig gewesen sein. Sie ertrügen ungeheure Temperaturunterschiede. Schließlich hätten sie bei ihrer Reise durch das Weltall dessen riesige Kälte und dann beim Eintritt in unsere Atmosphäre die Entzündung in der Luft überlebt. Diese Meldung ging auf verschiedene Veröffentlichungen von Charles B. Lipman zurück, der bei Versuchen mit sechs verschiedenen Meteorsteinen Bakterien gefunden hatte. Die Untersuchungen Lipmans wurden von Sharat Kumar Roy vom Chicago Natural History Museum unter den sorgfältigsten Bedingungen wiederholt. Er entdeckte zwei verschiedene Bakterien, die sich jedoch auch in gleichzeitigen Kontrollkulturen befanden. Folglich handelt es sich wohl um irdische Formen, die erst hier in die Meteoriten eingedrungen sind. Der Nachweis von organisch gebundenem Stickstoff konnte nicht bestätigt werden.[2]

Von Zeit zu Zeit ist auch über die Auffindung organisierter Strukturen in Meteoriten berichtet worden. Meistens handelte es sich jedoch um Verunreinigungen. Allerdings wurde auch über einen Fund von Strukturen im Murchison-Meteoriten berichtet, die oberflächlich einem irdischen Organismus, dem Pedomicrobium, ähneln. Der Astronom Pflug will zudem Strukturen, die Viren ähneln, in diesem Meteoriten entdeckt haben. Eine Reihe anorganischer Substanzen bilden Strukturen, die eine oberflächliche Ähnlichkeit mit Organismen haben. Einige Wissenschaftler werten diese Hinweise auf mögliche präbiologische Organisationstendenzen. Es war Hoyle, der darauf hinwies, daß, wenn die in Meteoriten vorgefundenen Strukturen tatsächlich biologischen Ursprungs sein sollten, es eher fossile als lebende Wesen wären. Da die Meteoriten durch eine Kollision zwischen einem Asteroiden und einem Kometen entstanden sein könnten und gewöhnlich Millionen oder Hunderte von Millionen Male um die Sonne kreisen, bis sie auf die Erde stießen, wären etwaige Organismen »abwechselnd geröstet oder tiefgefroren« worden, wie Jackson und Moore es ausdrückten.

Nach neueren Informationen sollen Aminosäuren in Meteoriten die gleiche Händigkeit, also Drehrichtung, wie die auf der Erde haben. In einem Meteoriten wurden 2 bis 9 % mehr L- als D-Formen seltener Aminosäuren gefunden. Astrophysikalische Prozesse scheinen eine Rolle zu spielen, etwa die Strahlung von Neutronensternen.[2] Vereinfacht ausgedrückt bedeutet »L«, daß Lösungen dieser Verbindungen die Schwingungsebene polarisierenden Lichtes nach links drehen. Bei Aminosäuren des Typs »D« handelt es sich um sogenannte »rechtsdrehende Aminosäuren.« Wenn ein Molekül mehr als ein asymmetrisches Kohlenstoffatom besitzt, dann gibt es an jeder Stelle zwei mögliche Formen. Wenn mehr als eine Molekülform vorkommt, von denen jede aus der gleichen Anzahl von Atomen besteht, dann ist dies ein Beispiel von chemischer Isometrie. Aufgrund der Tatsache, daß die besonderen Moleküle, um die es hier geht, das Verhalten von polarisiertem Licht beeinflussen, werden sie »optische Isomere« genannt, womit auch dieser Begriff erklärt ist. Warum alle in lebenden (irdischen) Organismen vorkommenden Aminosäuren zur L-Reihe gehören, konnte bis heute noch nicht geklärt werden.

KAPITEL 3

Fern der Sonne

Geburt und Tod von Sternen

Sensationelle Informationen über die Geburt und das Sterben von Sternen liegen uns vor, seit das Hubble-Teleskop seine Fühler ausgestreckt hat. Das Hubble-Space-Teleskop (kurz HST) befindet sich in einer Erdumlaufbahn 370 Meilen über uns. Es ist ein empfindlicher Licht-Sammler, der in der Lage ist, unendlich kleine Teilchen sichtbar zu machen, auch infrarote und ultraviolette Energie, die über Milliarden von Jahren hinweg durch den Weltraum gewandert ist. Das Licht, das heute entdeckt wird, entstand vor so langer Zeit und seine Quelle ist so weit entfernt, daß seine Ankunft in gespannter Erwartung empfangen wird. Diese fernen Signale können uns enthüllen, wie das Universum eigentlich ist, wie es begann – und wie es sich veränderte.

Das Juwel dieses Teleskops, der 8-Fuß-Hauptspiegel, liegt tief innerhalb der Schutzhülle verborgen. Der Spiegel ist ein technologisches Wunder: groß, aber leichtgewichtig, sein pures Aluminium ist mit einer Schicht aus transparentem Aluminium-Fluorid überzogen. Um das schwache Licht so präzise wie gefordert zu bündeln, muß der Spiegel praktisch perfekt sein, und genau das ist er auch. Keine Delle oder Kräuselung auf seiner glänzenden Oberfläche weicht um mehr als ein Millionstel eines Zolls von der idealen, perfekten Kurve ab, kein Spiegel hat jemals mehr geglänzt oder war gleichmäßiger veredelt. Wenn der Spiegel erdgroß wäre, dann würden der höchste Gipfel und das tiefste Tal weniger von der Oberfläche abweichen als sieben Zentimeter.

189

Licht, das in das Teleskop einfällt, stößt gegen den Haupt-Spiegel, dann wird es nach vorne zum Sekundärspiegel reflektiert, kehrt wieder zum Teleskop zurück, und durch ein Loch gelangt es in den Hauptspiegel der Brennpunkt-Ebene, wo die Bilder sich formen. Dort nehmen Detektoren die Bilder auf und analysieren das hereinkommende ultraviolette, sichtbare oder infrarote Licht. Diese Instrumente der Brennpunkt-Ebene sind entscheidend für die Beobachtung, ohne sie würden der perfekte Spiegel und der Vorteil, daß sich das Teleskop über der Atmosphäre befindet, verlorengehen. Das eingefallene Licht wird in elektronische Signale umgewandelt und durch Relais-Satelliten an Bodenstationen übermittelt. Dort werden die Daten mittels Computer verarbeitet und zu Bildern rekonstruiert, damit sie dann von den Astronomen studiert werden können.

Das Hubble-Space-Teleskop ist ein Observatorium, das völlig anders ist als jedes Observatorium auf der Erde.

Einige der Unterschiede gegenüber auf der Erde stationierten Teleskopen sind offensichtlich. Es hat nicht die vertraute Kuppel-Gestalt von Sternwarten, weil es keinen Schutz gegen die Witterung benötigt. Es hat eigentümliche Merkmale wie Sonnenpaddel, um Elektrizität zu erzeugen, und es hat Kommunikations-Antennen, um Informationen aufzunehmen und weiterzugeben. Das Teleskop wird aus der Ferne durch Operateure kontrolliert, die Hunderte von Meilen unter ihm arbeiten, und es befindet sich zeitweise eine halbe Welt entfernt. Es operiert rund um die Uhr, Tag und Nacht, Jahr um Jahr, unabhängig von Wolken und Wetter. Die Sichtbedingungen sind immer perfekt. Mehr noch: Das Hubble-Space-Teleskop repräsentiert einen revolutionären Schritt. Während der Beschäftigungs-, Betriebs- und Wartungs-Phasen seiner Mission wird das Teleskop vollkommen anders behandelt als ein stationäres Boden-Teleskop. Mit dem HST erreichen astronomische Untersuchungen die Reife für das Weltraum-Zeitalter.[1]

Ende 1996 wurde veröffentlicht, daß das Hubble-Space-Teleskop einen wahren Babyboom im Weltall entdeckt hatte. Ein Team aus Astronomen analysierte die Bilder und Farben einiger der fernsten Galaxien. Diese waren erstmalig ein Jahr zuvor beobachtet worden, als das HST tief ins Universum blickte, als es mit seiner Optik in das sogenannte »Hubble Deep Field« vordrang, das nahe der Deichsel des Großen Wagens liegt. Dabei wurden faszinierende Beweise für die Tatsache enthüllt, daß dem Urknall ein stellarer »Babyboom« folgte.

Hubbles Messung der Sternengeburtsrate in fernsten Galaxien, die existierten, als das Universum weniger als 10 % seines gegenwärtigen Alters hatte, unterstützt die populäre Anschauung, daß das frühe Universum eine aktive, dynamische Jugend hatte, in der sich Sterne aus Staub und Gas bildeten, und das in einer heftigen Geschwindigkeit. Eine derartige Messung war vor Hubble nicht möglich.

Daraus kann geschlossen werden, daß die meisten Sterne des Universums bald vorhanden waren, und jetzt enthält das Universum große, in ihrer mittleren Lebensspanne befindliche Sterne.

Die Hubble-Ergebnisse helfen, die Leere in unserem Verständnis von der Zeit zwischen dem frühen Abkühlen des Universums zur Formung von Materie (entdeckt als kosmische Mikrowellen-Hintergrund-Strahlung) und dem Auftauchen von Sternen und Galaxien zu füllen.

»Die Hubble-Befunde, zusammen mit Daten aus bodenstationierten Teleskopen, bieten einerseits einen ersten Blick zurück in der Geschichte der Sternbildung im Kosmos und direkte visuelle Beweise, daß Sternengeburten den Höchststand ungefähr drei Milliarden Jahre nach dem Urknall erreichten«, sagte Pioro Madau vom Space Telescope Science Institute, Baltimore, Maryland. »Dies bedeutet, daß wir mit Hubble die Geburt der meisten Sterne bezeugen, die heute existieren.« Unsere Sonne ist ein »Spät-Zünder«, weil sie vor ungefähr 5 Milliarden Jahren geboren wurde, gegen das Schwanzende der stellaren Bevölkerungsexplosion zu.

Die Resultate, die auf die Arbeit von Madau, Henry Ferguson, Mark Dickinson, Andrew Fruchter (Space Telescope Science Institute, STScI), Mauro Giavalisco (Carnegie Observatories) und Charles Streidel (Palomar Observatories, California Institute of Technology) beruhen, erschienen in den monatlichen Notizen der Royal Astronomical Society vom 15. Dezember 1996.

Die Untersucher bestimmten zunächst die ungefähre Entfernung der Himmelsobjekte durch das Vergleichen von HST-Belichtungen, die durch verschiedene Farbfilter aufgenommen worden waren. Zahlreiche Galaxien, die im sichtbaren Licht gesehen werden können, verschwinden abrupt, wenn sie im ultravioletten Licht beobachtet werden. Dies kommt daher, daß Wasserstoff, der innerhalb der fernen Galaxien beheimatet ist, in der großen Menge von intergalaktischen Weltraumlicht-Durchquerungen das ultraviolette Licht von fernen Objekten absorbiert. Der gesamte Effekt dieser Absorption ist der, daß diese Galaxien im Ultravioletten verschwinden wie ferne Straßenlaternen, die im Morgendunst verschwimmen. Dies stellt eine einzigartige Möglichkeit dar, um weit entfernte Galaxien von nahen Objekten zu unterscheiden. Die Technik ist bereits mittels spektroskopischer Rotverschiebungen getestet und geprüft worden, die mit dem Keck-Teleskop in Hawaii aufgenommen wurden.

Mit Verwendung dieser Technik haben die Untersucher mindestens 15 Galaxien identifiziert, die existierten, als das Universum zwischen 8 und 10 % seines gegenwärti-

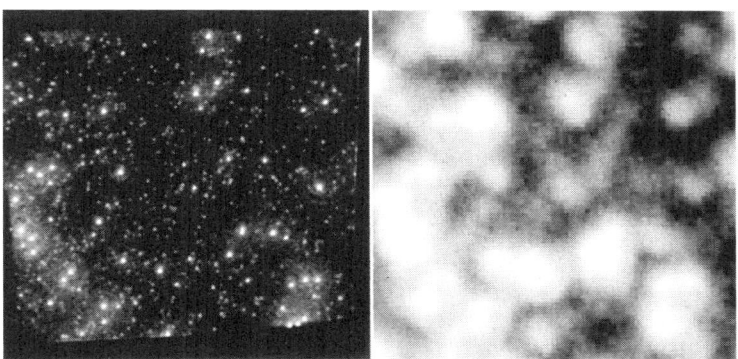

Der Kugelsternhaufen M14. Einige dieser Sterne sind aus einer Nova hervorgegangen.

Ein Planetennebel in der Magellanschen Wolke

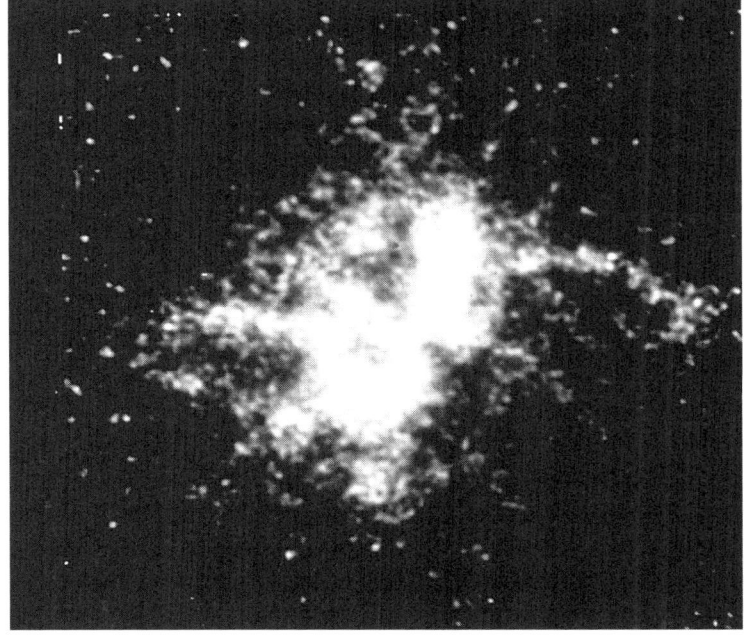

gen Alters hatte, und mehr als 70 Galaxien, die existierten, als das Universum zwischen 10% und 20% seines gegenwärtigen Alters hatte. »Es könnte mehr von diesen lichtschwachen Objekten unter den 3000 in dem Hubble Deep Field (HDF) geben«, sagte Madau, »aber unsere Technik ist lediglich anwendbar auf etwa 500 helle Galaxien.«

Nach dem Festlegen der Galaxien berechneten die Untersucher die Geschwindigkeit der Sterngeburten durch die Messung des vollkommenen Betrages an ultraviolettem Licht, das sie ausstrahlten. Von diesem ultravioletten Licht weiß man, daß es durch heiße, massive Strahlung innerhalb der Galaxien produziert wird. Weil solche Sterne kurzlebig sind, legt ihre konkrete Anwesenheit nahe, daß sie auf der Seite einer jüngeren Stern-Formation liegen, und dafür sind sie ein exzellenter Suchindex in bezug auf die Sterngeburt-Aktivität.

Die Astronomen fanden heraus, daß die Sterne um einiges schneller als in der gegenwärtigen Epoche gebildet wurden. Die Untersucher betonen jedoch, daß ihre Schätzung insofern nur eingeschränkt gültig ist, als ihre Suchtechnik keine staubigen Galaxien finden kann, die als ein signifikanter Betrag von Sternenlicht eingebracht werden könnten, gerötet durch die Streuung aufgrund des interstellaren Staubes.

Die Hubble-Ergebnisse ergänzen Schlüsse, die von der ausgedehnten boden-stationierten Canada-France-Redshift-Survey (CFRS) gezogen wurden. Hierbei handelt es sich um ein Projekt, das von dem Astronomen Simon Lilly (University of Toronto) geleitet wird. Er und seine Mitstreiter maßen die Sternen-Formations-Geschwindigkeit für Hunderte von Galaxien bis zu einer Distanz von ungefähr neun Milliarden Lichtjahren. Die CFRS-Ergebnisse zeigten, daß stellare Geburtsgeschwindigkeiten im Uni-

Sternenwiegen in M16 – aus dem Gas formen sich EGGS, der Ursprung der Sterne.

versum als ein Ganzes heute relativ niedrig sind, in der Vergangenheit jedoch bedeutend höher waren.

Die bodenstationierten und die Hubble-Daten stellen die Eckdaten um die Periode herum dar, in der Sterngeburten wahrscheinlich ihren Höhepunkt erreichten, und das in einer Geschwindigkeit, die zehnmal höher ist als heute. Interessanterweise erschien der Höhepunkt von Sternformationen nahe der wohlbekannten Spitzen in dem Reichtum von Quasaren (extrem energetische Ecken von Galaxien) im frühen Universum.

Die HDF-Ergebnisse stützen die theoretische Arbeit von Michael Fall (STScI) und Yichuan Pei (John Hopkins University), der zuvor geschätzt hat, die Stern-Bildungs-Geschichte des Universums basiere auf der Entwicklung des Gases und des Metallgehalts der Galaxien, die aus Quasar-Absorptionen-Linien-Messungen gefolgert wurden.

»Die Übereinstimmungen zwischen den Hubble-Beobachtungen und den Absorptionslinien-Beobachtungen sind erfreulich. Dies versetzt uns in die Lage, das HST-Ergebnis in eine Beziehung zu anderen Phänomenen mit höheren Rotverschiebungen zu setzen«, sagte Michael Falls von der STScI.

Die Untersucher setzen viel Hoffnung in den Space Telescope Imaging Spectrograph (STIS), der im Rahmen der Space Shuttle-Servicemission im Februar 1997 ins Space-Teleskop eingebaut wurde, um nachfolgend Beobachtungen zu unternehmen. Die ultravioletten Fähigkeiten des STIS werden die Suche nach fernen Galaxien ausdehnen, die fünfmal lichtschwächer sind, als jene, die bisher im HDF geortet wurden.

Das Hubble-Space-Teleskop verbrachte im Dezember 1995 zehn Tage damit, einen kleinen Flecken des Himmels nahe des Großen Wagens zu beobachten. Diese Beobachtungen führten in den tiefsten Punkt des Himmels, der jemals beobachtet wurde. Sie enthüllten Galaxien, die licht-schwächer waren als jedes zuvor gesehene Objekt. Das Bild vom Hubble Deep Field wurde bei dem Treffen der American Astronomical Society im Januar 1996 veröffent-licht, und es war Gegenstand von intensiven weltweiten Studien.[2]

»Unheimlich dramatische neue Bilder vom Hubble-Spa-ce-Teleskop der NASA zeigen neugeborene Sterne, die aus EGGS auftauchten, nicht die Bauernhofversion (eggs = Eier), sondern ungewöhnlich dichte Taschen aus interstel-larem Gas, ›sich verflüchtigende gasförmige Globule‹ (EGGS = Evaporating Gaseous Globules) genannt. Hubble hat die ›EGGS‹ bezeichnenderweise im Adler-Nebel ge-funden, einer nahen sternbildenden Region, die 700 Licht-jahre entfernt im Sternbild Schlange liegt.«

Geradezu Sensationelles wird in einer Pressemitteilung[3] des Hubble-Space-Telescope Institutes gemeldet.

Jeff Hester von der Arizona State University in Tempe berichtet:»Eine lange Zeit haben die Astronomen darüber spekuliert, über welchen Prozeß die Größe der Sterne kon-trolliert wird, warum Sterne die Größe haben, die sie eben haben. Nun, in M 16 scheinen wir wenigstens einen sol-chen Prozeß bei der Arbeit zu beobachten, und zwar genau vor unseren Augen.«

Bemerkenswerte Bilder, die von Hester und Co-Unter-suchern mit Hubbles Wide Field and Planetary Camera 2 (WFPC2) aufgenommen worden waren, lösten die EGGS an der Spitze von fingerähnlichen Gebilden auf, die aus monströsen Säulen aus Gas und Staub im Adler-Nebel (M16) hervorstehen. Die Säulen,»Elefantenrüssel« ge-nannt, ragen aus der Wand einer gewaltigen Wolke aus molekularem Wasserstoff wie Stalagmiten hervor, die über den Boden einer Höhle emporsteigen. Innerhalb der gas-förmigen Türme, die Lichtjahre lang sind, ist das interstellare Gas dicht genug, um unter seinem eigenen Gewicht zusammenzubrechen. Dabei bildet es neue Sterne, die fortgesetzt wachsen und die mehr und mehr Masse in ihrer Umgebung anhäufen.

Hubble gewährt eine klare Sicht auf das, was passiert, wenn ein reißender Strom aus ultraviolettem Licht von nahen, jungen heißen Sternen das Gas entlang der Oberfläche der Wassersäule erhitzt und es in den interstellaren Raum hinaus »verdampft« – ein Prozeß, der »Photoevaporating« (Lichtverdampfen) genannt wird. Die Hubble-Bilder zeigen das lichtverdampfende Gas als geisterhafte Fahnen, die von den Säulen wegfliegen. Aber nicht jedes der Gase verflüchtigt sich mit der gleichen Geschwindigkeit. Die EGGS, die dichter sind als ihre Umgebung, werden von dem Gas zurückgelassen, nachdem es sich verflüchtigt hat.

»Es ist ein wenig wie ein Sandsturm in der Wüste«, sagte Hester. »Wenn der Wind den leichteren Sand hinwegbläst, werden schwere Felsen, die im Sand begraben sind, aufgedeckt. In M 16 enthüllt ultraviolettes Licht die dichteren EGGartigen Gas-Globulen, die die Sterne umrunden, die sich in den inneren gigantischen Gassäulen geformt haben.«

Einige EGGs erscheinen als kleine Unebenheiten auf der Oberfläche der Säulen. Andere erinnerten an »Fingerspitzen« aus Gas, die aus einer großen Wolke hervorstehen. (Die Finger sind Gas, das vor der Lichtverdampfung durch die Schatten der EGGs geschützt worden war.) Einige EGGs wurden von den großen Säulen, aus denen sie auftauchten, komplett zusammengedrückt. Sie sehen aus wie Tränen im Weltall.

Die Bilder der EGGs zeigen die Sterne in verschiedenen Entstehungsstadien. Hester und seine Kollegen vom Wide Field and Planetary Investigation Definition Team erhielten so einen völlig neuen Blick darauf, wie Sterne und ihre Umgebung aussehen, bevor sie endlich Sterne werden.

»Dies ist das erste Mal, daß wir tatsächlich den Prozeß der Sternbildung beobachtet haben«, betonte Hester. »Auf irgendeine Weise scheint es mehr Archäologie als Astronomie zu sein. Das ultraviolette Licht von nahen Sternen übernimmt das Graben für uns, und wir studieren, was unterirdisch ist.«

Jeff Hester weiter: »In ein paar Fällen können wir die Sterne in den EGGs direkt in den WFPC2-Bildern sehen. Sobald der Stern in einem EGG ungeschützt ist, sieht das Objekt irgendwie aus wie eine Eiscremetüte, mit einem neuen enthüllten Stern, der die Rolle der Kirsche auf der Spitze spielt.«

Letzten Endes hemmt die Lichtverdampfung das weitere Wachstum der embryonischen Sterne durch das Auflösen der Gaswolke, die sie speist. »Wir glauben, daß die Sterne in M 16 immer weiter wachsen und mehr und mehr Gas auf sie fällt, immer weiter, bis zu dem Moment, in dem sie von ihrem umgebenden Material durch Lichtverdampfung abgeschnitten werden«, sagte Hester.

Dieser Prozeß unterscheidet sich merklich von jenem Vorgang, der die Größe von Sternen bestimmt, die in der Isolation gebildet werden. Einige Astronomen glauben, daß diese mit ihrem Wachstum fortfahren, bis nahe an den Punkt, an dem Kernfusion in ihrem Inneren beginnt. Wenn das passiert, bläst der Stern einen strengen »Wind«, der das restliche Material hinwegfegt. Hubble hat diesen Prozeß in den sogenannten Herbig-Haro-Objekten abgebildet.

Hester spekulierte, daß Lichtverdampfung tatsächlich die Bildung von Planeten um solche Sterne herum hemmen könnte. »Auch mit den neuen Daten ist noch nicht geklärt, ob die Sterne in M 16 den Punkt erreicht haben, an dem sie Scheiben gebildet haben, aus denen ein Sonnensystem entsteht«, sagte Hester, »und falls die Scheiben sich nicht gleich geformt haben, dann werden sie es auch nie tun.«

Hester plant, die hohe Auflösung des Hubble-Teleskops zu verwenden und andere nahe sternenbildende Regionen zu untersuchen, um nach ähnlichen Strukturen zu fahnden. »Entdeckungen über die Natur der M16-EGGs könnten Astronomen dazu bringen, ihre Ideen über Sternbildungen in anderen Himmelsregionen zu überdenken, wie etwa im Orion-Nebel«, präzisierte er.

Sterne kommen also auf die Welt, führen ein für unsere Maßstäbe langes Leben – und dann sterben sie. Wie das vor sich geht – auch zu dieser Thematik hat das Hubble-Space-Teleskop ein paar Antworten parat.

Eines seiner Fotos zeigt einen stellaren Tod. Es beobachtete und fotografierte einen Stern, der im Sterben lag.

Das Bild vom Planetarischen Nebel NGC 7027 zeigt bemerkenswerte neue Details jenes Prozesses, bei dem ein sonnenähnlicher Stern stirbt: schwache, blaue, konzentrische Hülsen, die den Nebel umgeben, ein umfassendes Netzwerk von roten Staubwolken überall in den helleren inneren Regionen, und den heißen zentralen weißen Zwerg, der auf dem Foto wie ein weißer Fleck im Zentrum wirkt.

Der Nebel ist die Aufzeichnung des finalen Todesschmerzes des Sterns. Am Anfang warf die äußere Schicht des Sternes, als er in seinem Roten-Riesen-Stadium in einer niedrigeren Geschwindigkeit erschien und kugelförmig war, nur episodisch Material aus, das die konzentrischen Hülsen produzierte. Diese kulminierten in einem kraftvollen Ausbruch all dieser übriggebliebenen Regionen. In diesem späteren Stadium war der Ausstoß nicht kugelförmig, und dichte Staubwolken kondensierten aus dem ausgestoßenen Material.

Die Ergebnisse wurden durch die Astronomen Howard Bond, Karen Schaefer und Laura Fullton vom Space-Telescope-Science-Institute sowie Robin Ciardulla von der Pennsylvania State University beim 187sten Treffen der

American Astronomical Society in San Antonio, Texas, vorgestellt. »Als wir die Hubble-Fotografie vom Nebel NGC 7027 sahen, waren wir verblüfft von dem exquisiten Reichtum, den niemand jemals zuvor gesehen hat«, sagte Bond. Das Foto wurde als Teil einer Übersicht über planetarische Nebel aufgenommen: Das sind Gaswolken und aus einem Stern mit einer Masse ähnlich der Sonne ausgeworfener Staub, wobei der Stern jedoch am Ende seines Lebens angelangt ist. NGC 7027 ist ungefähr 3000 Lichtjahre von der Erde entfernt in der Richtung des Sommersternbildes Schwan beheimatet.

Wenn ein Stern wie die Sonne sich dem Ende seines Lebens nähert, dann expandiert er um mehr als das Fünffache seines Durchmessers. Er wird ein »roter Riese«, der überwiegend rotes Licht ausstrahlt. Dann werden seine äußeren Schichten in den Weltraum hinausgeworfen; enthüllt wird das dünne, extrem heiße Innere des Sterns, das abkühlt und zu einem weißen Zwerg wird. Bei einem solchen handelt es sich um einen kompakten Sternrest. Obwohl Sterne wie die Sonne zehn Milliarden Jahre leben können, bevor sie zu einem roten Riesenstern werden und einen Nebel auswerfen, braucht der Auswurfprozeß lediglich einige tausend Jahre.

Eine spektakuläre Himmelserscheinung wurde im Sommer 1054 von chinesischen Astronomen beobachtet.

Dieses Phänomen war die gewaltige Explosion einer Supernova, der gewaltsame Tod eines Sternes, der mehr als die zehnfache Masse unserer Sonne besessen haben dürfte. Im Juli oder August wurde das Ableben dieses Sternes beobachtet und berichtet.

Auch Sterne werden geboren, leben und sterben.

Ein anderes Hubble-Bild zeigt den Tod eines gewöhnlichen Sternes. Ein am 16. Januar 1996 veröffentlichtes Bild des Egg-Nebulas, auch bekannt als CRL 2688 und ungefähr 3000 Lichtjahre von uns entfernt, wurde im roten Licht mit der Wide Field and Planetary Camera 2 (WFPC2) aufgenommen, die sich an Bord des Hubble-Teleskops befindet.

Das Bild zeigt ein paar mysteriöse »Suchscheinwerfer«, die zum Vorschein kommen, indem sie aus einem versteckten Stern ausgestrahlt werden – ein Gewirr von Linien durch zahlreiche helle Lichtträger. Dieses Bild wirft ein neues Licht auf das dürftige Wissen über den Auswurf von steriler Materie, die den langsamen Tod von sonnenähnlichen Sternen begleitet.

Der zentrale Stern in CRL 2688 war vor ein paar hundert Jahren ein Roter Riese. Der Nebel ist eine wahrlich lange Wolke aus Staub und Gas, die vom Stern mit einer Fluchtgeschwindigkeit von 20 km/h ausgeworfen wird. Ein dichter Kokon aus Staub hüllt den Stern ein und verdeckt ihn aus unserer Sicht. Sternenlicht entkommt einfacher in Richtungen, in denen der Kokon dünner ist. Objekte wie CRL 2688 sind selten, weil sie in einer Entwicklungsphase sind, die nur eine kurze Zeit andauert, nämlich 1 000 bis 2 000 Jahre. Jedoch könnten sie der Schlüssel zu unserem Verständnis sein, wie Rote Riesen sich in Planetarische Nebel (nebelartige Objekte, die auf Bildern dem Erscheinungsbild von Planeten ähneln, jedoch nichts mit einem Planeten zu tun haben) verwandeln.

Andere unerwartete Eigenschaften sind sehr scharf definierte Kanten der Lichtstrahlen und der feinen speichenartigen Gebilde, die nahelegen, daß sich die Suchlichtstrahlen als Resultat von entfliehendem Sternenlicht aus ringförmigen Löchern im Kokon und den Sternen formten. Die speichenförmigen Gebilde resultieren aus Schattierungen durch Klümpchen von Material, die im Inneren der Region der ringähnlichen Löcher verteilt sind. Solche Löcher könnten durch eine flatternde Hochgeschwindigkeits-Strömung herausgeschnitten worden sein; sie werden beim Ausbilden des planetarischen Nebels eine entscheidende Rolle spielen. Andererseits könnten die Suchlichtstrahlen aus Sternenlicht resultieren, das von den strahlähnlichen Strömen von aus dem Zentrum ausgeworfenem Material reflektiert wird. Solche feinen Strahlen sind nicht unbekannt: Sie wurden kürzlich auf Hubble-Bildern des planetarischen Katzenaugen-Nebels beobachtet.

Beide der obengenannten Szenarien fordern den Auswurf von Hochgeschwindigkeits-Material in einem nahen Lichtstrahl. Die Anwesenheit von solchem Material in CRL 2688 ist aus anderen Beobachtungen gefolgert worden. Der Mechanismus für das Auswerfen des Hochgeschwindigkeits-Strahls oder für das Produzieren des Kokons wird noch nicht verstanden. Aber es ist wahrscheinlich, daß, falls der Zentralstern in solchen Objekten einen blassen Begleitstern hat, die gravitationale Interaktion zwischen den beiden Sternen und/oder das Ausfluß-Material aus dem roten Riesenstern eine wichtige Rolle bei der Produktion des Kokons und der Strahlen spielen könnte.

Wenn sonnenartige Sterne alt werden, werden sie kühler und nehmen rötlichere Färbung an, wachsen und stoßen furchtbare Energie aus; sie alle werden Rote Riesen genannt. Der Großteil des Kohlenstoffs (der Grundstoff des Lebens) und besondere Materie (entscheidende Bausteine von Sonnensystemen wie dem unseren) im Universum wird durch rote Riesensterne erstellt und zerstreut. Wenn der rote Riesenstern alle seine äußeren Schichten ausgeworfen hat, formt die ultraviolette Strahlung aus dem bloßgestellten heißen stellaren Kern die umliegende Materiewolke, während der Rote Riese glüht: Das Objekt wird ein planetarischer Nebel. Ein lange bestehendes Rätsel ist, wie planetarische Nebel ihren Komplex formen und Symmetrien erlangen, da rote Giganten und die umliegenden Gas/Staub-Wolken meistens rund sind. Hubbles Möglichkeiten, sehr feine Struktur-Details zu sehen (gewöhnlich zu verwischt, um es danach auf Bildern, die vom Boden aus gewonnen wurden, zu erkennen), versetzten uns in die Lage, nach Anhaltspunkten für dieses Rätsel zu suchen.

Einem Science-fiction-Film ähneln dramatische Bilder, die das HST aufgenommen hat. Die Astronomen entdeckten Tausende von gigantischen kaulquappenförmigen Objekten rund um einen sterbenden Stern, die »cometary knots« genannt wurden, weil ihre glühenden Köpfe und ihre hauchdünnen Schwänze höchstwahrscheinlich das Ergebnis des Ausbruches eines sterbenden Sterns sind. Obwohl Beobachtungen vom Boden aus auf derartige Objekte haben schließen lassen, sind sie früher nicht in solcher Fülle gesehen worden.

Der Hubble-Astronom Robert O'Dell und der graduierte Student Kerry P. Handron von der Rice University in Texas entdeckten diese Knoten während der Beobachtung des Helix-Nebels, eines Rings aus glühenden Gasen, die an dessen Lebensabend von der Oberfläche eines sonnenähnlichen Sterns geblasen werden.

O'Dell erwartete diese Gasknoten, von denen jeder einen Durchmesser von mehreren Milliarden Kilometern aufweist. Sie werden eventuell zerstreut und verschwinden in der kalten Leere des interstellaren Raumes. Er spekulierte jedoch, daß diese Objekte sich ansammeln, um permanente solide Körper zu formen. Diese Körper könnten Bruchstücke der fehlenden Masse unserer Galaxie darstellen (weniger als 10%), einfach aufgrund ihrer ganzen Fülle um einen typischen sterbenden Stern. (Diese sogenannte dunkle Materie ist eine bekannte Ursache von Gravitation, die sich auf die Bewegung von Sternen in der Galaxis auswirkt.)

Die meisten beobachteten Knoten liegen entlang der inneren Kanten des Ringes, in einer Distanz von Trillionen von Meilen vom Zentralstern entfernt. Die kometenartigen Körper, jeder erstreckt sich über Hunderte Milliarden von Meilen, formen ein gürtelartiges Muster um den Stern und gleichen den Speichen eines Wagenrades. Obwohl vorherige Beobachtungen vom Boden aus ein Speichenmuster im Helix zeigten, betont O'Dell, daß die Hubble-Bilder eine darunterliegende Region von einigen kleineren Objekten enthüllen.

O'Dell machte die Beobachtung, weil er wissen wollte, ob diese Objekte das Ergebnis des finalen Ausbruchs des Sternes waren, der Kometen aus der »kalten Speicherung« durch Verdampfen des Eises hervorbringen konnte.

Die Knoten haben exakt die richtige Erscheinung und befinden sich in genau der richtigen Entfernung vom sterbenden Stern, um eine langgesuchte Kometen-Wolke zu sein. Der gasförmige »Kometen-Kopf« hat jedoch wenigstens zweimal den Durchmesser unseres eigenen Sonnensystems, und das ist viel zu groß für die gasförmige Hülse, das Koma, das einen aktiven Kometen, wie wir ihn kennen, umgibt.

Die wahrscheinliche Erklärung ist, daß all diese Objekte während der letzten Jahre des Sternenlebens ausgebildet wurden, als sie aus den Gashüllen in den Weltraum hineinsprangen. Dieses ereignet sich in Stadien, in denen eine schnellere Bewegung des Gases, das aus dem dem Tode geweihten Stern herausgesprungen ist, mit schnellbewegtem Gas zusammenstößt, das 1000 Jahre zuvor freigegeben worden ist.

Diese Kollision von heißem, weniger dichtem Gas formt einen wenig stabilen Zustand. Die beiden Gase vermischen sich, und die vorher ruhige Wolke wird zerstückelt. Dieser Prozeß, die Rayleight-Taylor-Instabilität, zerbricht die Wolken in kleinere fingerähnliche Tröpfchen.

Standard-Modelle sagten vorher, daß die Knoten sich innerhalb von ein paar hundert Jahren ausdehnen und zerstreuen würden. Jedoch könnten Gaspartikel innerhalb eines jeden Gasballs kollidieren und zusammenkleben und dabei mit der Zeit lawinenartig zu planetengroßen Körpern werden. Die so entstandenen Objekte wären wie erdgroße Kopien des frostigen Eisplaneten Pluto. Diese eisigen Welten würden dem toten Stern entfliehen und vermutlich für immer durch den interstellaren Raum wandern.

Falls dieses Phänomen allgemeingültig ist, dann könnte unsere Galaxie übersät sein mit Trillionen dieser Objekte, schließt O'Dell. Planetarische Nebel wurden in unserer Galaxie Milliarden von Jahren lang ausgebildet, und etwa jedes Jahr wird eine neuer geformt, da dies das gewöhnliche Ende für die Milliarden von sonnenähnlichen Sternen ist, die in unserer Milchstraßen-Galaxie leben.

Mit Hubble sollen entfernte planetarische Nebel nach ähnlichen Gebilden abgesucht werden. O'Dell hofft, den Helix-Nebel in ein paar Jahren wieder beobachten und mehr Bilder aufnehmen zu können, die die äußerste Bewegung dieser Knoten enthüllen könnten.[4]

Wir kehren zurück zur Supernova von 1054. Damals erschien am Himmel über dem südlichen Horn des Sternbildes Stier ein Stern, den die chinesischen Astronomen als sechsmal heller als die Venus einschätzten und als ungefähr so lichtintensiv wie den vollen Mond. Die Überreste dieses Sternes wurden später Crab Nebula, also Krebsnebel, getauft. Das ist eine wolkige, glühende Gas- und Staubmasse, etwa 7000 Lichtjahre von der Erde entfernt.

Dieser »Gast-Stern«, wie die Chinesen ihn nannten, war so hell, daß er am Tage gesehen werden konnte, und zwar für die Dauer eines gesamten Monats. Während dieser Zeit funkelte der Stern mit dem Licht von ungefähr 400 Millionen Sonnen. Der Stern blieb für mehr als ein Jahr am abendlichen Himmel sichtbar. In zwei verschiedenen Darstellungen beschrieben Chinesen ihn als strahlend in alle vier Himmelsrichtungen. Er war von rötlich-weißer Farbe. Hätte die Explosion in 50 Lichtjahren Entfernung von der Erde stattgefunden, wären alle Lebewesen durch die Strahlung zerstört worden. In den neun Jahrhunderten seither haben Astronomen lediglich zwei vergleichbare Katastrophen in unserer Galaxie bezeugt: die Supernova-Explosionen von 1572 und 1604.

Nach chinesischen Darstellungen war die Supernova ein furchtbares Himmelsschauspiel. In Europa wurde sie von Astronomen nicht beobachtet.

Die amerikanischen Indianer in Nord-Arizona jedoch könnten dermaßen von dem Erlebnis inspiriert gewesen sein, daß sie Bilder von ihm malten. Zwei Piktogramme wurden gefunden, eines in einer Höhle bei White Mesa und das andere auf einer Wand des Navajo Canyon. Beide zeigen einen zunehmenden (Halb-)Mond mit einem nahen großen Stern. Wissenschaftler haben berechnet, daß am Morgen des 5. Juli 1054 der Mond lediglich zwei Grad nördlich von der gegenwärtigen Position des Crabnebels stand.

Für die Dauer von mehr als 600 Jahren wurde die Supernova vergessen. Mit der Erfindung des Fernrohres konnte man dann auch lichtschwächere am Himmel befindliche Details erkennen, die dem bloßen menschliche Auge bisher verborgen geblieben waren. 1731 beobachtete der englische Physiker und Amateurastronom John Bevis die Gasschnüre und den Staub, die den Crabnebel formten. Während der Kometenjagd im Jahre 1758 machte Charles Messier den Nebel ausfindig. Er bemerkte, daß dieser keine augenscheinliche Bewegung hatte. Der Nebel wurde die erste Eintragung in seinem berühmten »Katalog von Nebeln und Sternhaufen«, der erstmals im Jahre 1774 veröffentlicht wurde. Lord Rosse nannte den Nebel im Jahre 1844 den Crab, weil seine tentakelartige Struktur an die Beine von Krebstieren erinnerte.

In den Jahrzehnten, die auf Lord Rosses Arbeit folgten, fuhren Astronomen damit fort, den Crabnebel aufgrund ihrer Begeisterung für das fremdartige Objekt zu studieren. 1939 schloß der Astronom John Duncan, daß der Nebel expandierte und vermutlich ungefähr 700 Jahre früher aus einer fleckförmigen Quelle entstanden war.

Der Astronom Walter Baade untersuchte den Nebel eingehend. Er beobachtete 1942, daß ein hervorragender Stern nahe dem Zentrum des Nebels mit seinem Ursprung in Verbindung gebracht werden könnte. Sechs Jahre später entdeckten Wissenschaftler, daß der Crab einer der stärksten Radiowellensender von allen am Firmament befindlichen Objekten ist. Baade bemerkte 1954, daß der Crab kraftvolle magnetische Felder besitzt. 1963 entdeckte eine Höhenrakete Röntgenstrahlen-Energie aus dem Nebel.

Wissenschaftlern ist bekannt, daß der Crab-Nebel eine kraftvolle Strahlungsquelle besitzt, aber was ist die Ursache? Sie wurde 1968 entdeckt: ein Objekt im Zentrum des Nebels – Baades hervorragender Stern – war es, der Ausbrüche von 30 Pulsen in der Sekunde abstrahlt. Dieser Crab-Pulsar ist einer der ersten entdeckten Pulsare, und er ist der schnellste und energiereichste Pulsar, der durch eine Supernova-Explosion entstanden ist.

Die Wissenschaftler wunderten sich, daß der Pulsar sich so schnell bewegte. Sie schlossen, daß er ein Neutronenstern ist, weil die Theorie nahelegt, daß diese Sterne in den Zentren der Supernova-Reste existieren. Neutronen-Sterne sind die einzigen Sterne, die schnell rotieren, ohne auseinanderzubrechen. Ein extrem dichtes, kompaktes Objekt, ein Neutronenstern, bildete sich aus der Materie eines kollabierenden Sternes. Der Crab-Pulsar agiert als eine himmlische Kraftstation, die genügend Energie erzeugt, um die ganze Nebel-Ausstrahlung über beinahe das gesamte elektromagnetische Spektrum aufrechtzuerhalten. Aufgrund der Kraft des Pulsares scheint er heller als 75 000 Sonnen zu sein.[5] Und das ist es, was mich so fasziniert. Da stirbt etwas, in diesem Falle ein Stern, und einige Zeit danach ist aus den Überresten etwas ganz anderes entstanden, das im weitesten Sinne auch lebendig ist. Begriffe wie »Kraft«, »Strahlung«, »Energie« kann man schwerlich mit dem Begriff »tot« in Verbindung bringen, wenn auch in diesem Kapitel die Worte »Leben« und »Tod« nicht im biologischen Sinne gebraucht werden. Die Begriffe »sterbende Sterne«, »EGGs« und »embryonale Sterne«, »Babyboom im Weltall« stammen nicht von mir, sondern von professionellen Astronomen. Ebenso wie der Begriff »Planetenwiegen«, von dem im nächsten Kapitel die Rede sein wird.

Erst durch Hubble aufgespürt: Planetenwiegen im fernen Weltall

Astronomen veröffentlichten am 20. November 1995 eine der größten Himmelsfotografien, die jemals durch das NASA-Hubble-Weltraumteleskop (HST) aufgenommen wurden. Es geht um ein spektakuläres Farb-Panorama vom Zentrum des Großen Orionnebels, einer sternenbildenden Region, die 1500 Lichtjahre entfernt ist und die in dem Sternbild Orion liegt.

Ebenso wurden fünf neue aufschlußreiche Fotos von Staubscheiben gemacht, die embryonale Sonnensysteme um neugeborene Sterne im Orion sein könnten. Jedenfalls ähneln diese Scheiben unserer eigenen Ur-Scheibe, aus der unser Sonnensystem vor 4,5 Milliarden Jahren entstanden ist.

Das nahtlose Mosaik wurde aus 15 verschiedenen Hubble-Ansichten des gewaltigen Großen Orionnebels zusammengesetzt. Obwohl das Orion-Panorama mit einem Durchmesser von 2,5 Lichtjahren eine gewaltige Größe besitzt, ist der Nebel doch so weit entfernt, daß er für das Hubble-Teleskop ein Himmelsareal von Vollmondgröße abdeckt.

Die Aufnahme wurde von C. Robert O'Dell von der Rice-Universität in Houston, Texas, gemacht, der das Hubble-Teleskop von Januar 1994 bis März 1995 benutzte, um den Nebel zu vermessen. O'Dell fertigte dieses Panorama an, weil der Nebel ein wahres Laboratorium ist, in dem die Prozesse studiert werden können, die auch unserer Sonne die Geburt schenkten.

Verstreut unter 500 Sternen in dem weitreichenden Foto-Mosaik sind verschiedene neu identifizierte Staubscheiben von umgebenden Sternen zu erkennen. Marc J. McCaughrean vom Max-Planck-Institut für Astronomie in

Im Großen Orionnebel entdeckte das Hubble-Weltraumteleskop die Geburtsstätte von Planeten.

Kein Frisbee, sondern eine protoplanetare Scheibe um einen jungen Stern im Orionnebel.

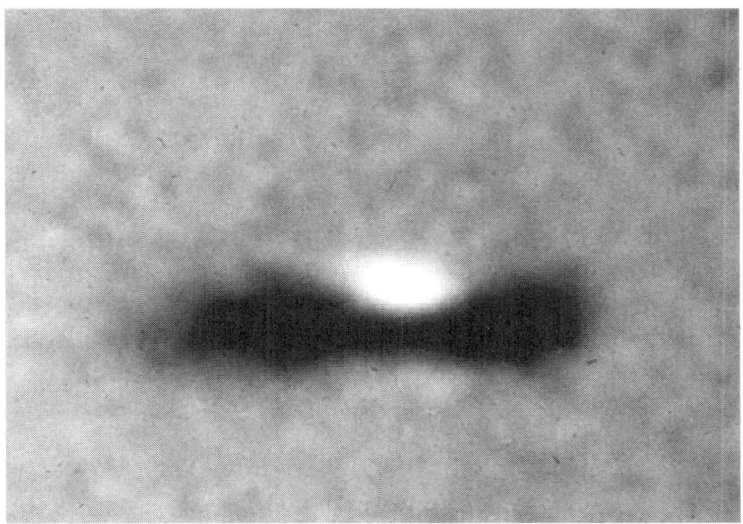

Heidelberg identifizierte in Zusammenarbeit mit O'Dell diese dunklen Scheiben, die sich gegen den hellen Hintergrund des Großen Orionnebels abzeichneten.

Durch den ersten visuellen Beweis für circumstellare (also einen Stern vollkommen umgebende) Staubscheiben im Orion, der 1992 vom HST erbracht wurde, zeigen diese letzten Bilder unmißverständlich, daß diese Scheiben in verschiedenen Winkeln zur Erde geneigt sind. Ein beeindruckendes Bild, einem interstellaren Frisbee ähnelnd, zeigt eine Scheibe, in deren Zentrum junge Sterne versteckt sind.

Der Überblick zeigt 153 Scheiben. Durch die Existenz so vieler junger Sterne mit protoplanetaren Scheiben nimmt die mathematische Wahrscheinlichkeit von anderen Planetensystemen zu, sagten die Untersucher. »Es bedeutet, die aufbauenden Blöcke sind da, aber das bedeutet nicht zwangsläufig, daß sich mit letzter Sicherheit Planeten bilden werden«, sagte O'Dell. Wenn sich ein junger Stern entwickelt, dann wird dessen Scheibenmaterial entweder »Planeten herausgebracht haben oder es wird mit der Zeit verleben«. Hoffen wir, daß ersteres häufiger der Fall war (und ist) als das zweite. Gegenwärtige Theorien legen jedenfalls nahe, daß sich Planetensysteme etwa eine Million Jahre nach der Erhitzungsphase um Sterne bilden. »Das ist in etwa das Alter, das wir hier sehen«, bemerkte O'Dell.[1]

Der Große Orionnebel hat eine dramatische Oberflächen-Topographie mit glühenden Gasen, mit Gipfeln, Tälern und Wänden. Sie sind beleuchtet und erhitzt durch einen reißenden Strom von energiegeladenem ultraviolettem Licht aus seinen vier heißesten und massereichsten Sternen, die das Trapezium genannt werden. Dieses Trapezium fällt bei jedem Bild des Großen Orionnebels sofort ins Auge. In Ergänzung zum Trapezium enthält diese stellare Höhle 700 andere junge Sterne in verschiedenen Stadien ihrer Ausbildung. Hochgeschwindigkeitsstrahlen aus heißem Gas, gebrochen durch einige der neugeborenen Sterne, die Überschall-Schock-Wellen senden, zerreißen den Nebel mit einer Geschwindigkeit von 100.000 Meilen in der Stunde. Diese Schockwellen erscheinen als dünne, gebogene Schlaufen, manchmal mit hellen Kanten an den Enden.

Die 153 glühenden protoplanetaren Scheiben verstärken das Argument, daß die Ausbildung von Planeten ein allgemeingültiges Ereignis im Universum ist. Die »proplyds«, die sehr nahe an den Trapez-Sternen liegen, verbreiten einiges von ihrem Gas und Staub. Der Druck des Lichtes aus den heißesten Sternen bildet »Zipfel«, die sich wie Windfahnen verhalten und vom Trapez wegzeigen. Zusätzlich zu diesen leuchtenden Proplyden zeichnen sich sieben Schichten gegen den hellen Hintergrund des Nebels ab. Diese dunklen Objekte ermöglichen es den Hubble-Astronomen, die Maße der Scheiben auf mindestens 0,1 zu 730mal Erdmasse zu bestimmen. Die Sterne wurden innerhalb der letzten Millionen Jahre aus kollabierenden Wolken ausgebildet, die aus interstellarem Gas bestehen. Die massivsten Wolken haben die hellsten Sterne nahe dem Zentrum geformt, und diese sind so heiß, daß sie das leuchtende Gas hinterlassen, nachdem die Phase der Stern-Ausbildung abgeschlossen ist. Die zahlreichen lichtschwachen Sterne sind immer noch im Zustand des Kollabierens unter ihrer eigenen Schwerkraft, jedoch werden sie in ihren Zentren heiß genug, um selbst als Körper zu leuchten.

Die Planetenwiegen wurden also aufgespürt. Wir beginnen zu verstehen, wie sich Planeten bilden. Nicht immer kommt es dazu, daß aus diesen protoplanetaren Scheiben auch tatsächlich Planeten werden. Aber manchmal wird aus einer Scheibe aus Staub und Gas, die um einen Zentralstern herum gelegen ist, ein Planetensystem. Unser Sonnensystem hat sich also offensichtlich aus diesen »proplyds« gebildet. Aber was ist mit anderen, fremden Planetensystemen? Haben sich auch anderswo im Weltall Planeten gebildet, und wenn ja, sind einige davon möglicherweise dazu fähig, Leben zu entwickeln? Sind uns solche Sterne mit Planeten bekannt? Dies wird der nächste Punkt unserer Betrachtung sein.

Gerade erst entdeckt: Planeten in fernen Sonnensystemen

Man glaubt es kaum, aber nachdem in den letzten Jahrzehnten der Nachweis extrasolarer Planetensysteme einfach nicht glücken wollte, gab es in jüngster Zeit plötzlich eine Erfolgsmeldung nach der anderen.

Zum Medienstar wurde der Stern 51 Pegasi – ein eigentlich eher unauffälliges Exemplar unter den Sternen. Er leuchtet so schwach, daß er bei den heutigen Lichtverhältnissen kaum noch zu sehen ist. Tief im Wald, abseits von allen Lichtquellen, bei klarer Sicht, da kann er gerade noch erspäht werden. 51 Pegasi steht knapp westlich der Westkante des Pegasusquadrates. 51 Peg ist ein gelber Stern des Spektraltyps G2. Die Einteilung der Sterne nach Spektraltypen bezieht sich auf die Temperatur des Sterns. Mit O werden heiße blaue Sterne bezeichnet, die Reihe setzt sich dann fort mit B (bläulich weiß leuchtende Sterne), A (weiß), F (leicht gelblich), G (gelblich weiß), K (orange), M (das sind die »kühlen« roten Sterne), dazu kommen noch einige Spezialtypen. Die Zahl präzisiert die Spektralklasse noch weiter. Mit dieser Angabe werden die Spektralklassen der Sterne noch einmal in Zehntelgrade unterteilt. So gehört z. B. Sirius zu der Spektralklasse A0 a, unsere Sonne zählt, wie 51 Pegasi, zur G2-Gruppe.

51 Pegasi wird der Leuchtkraftklasse V zugerechnet. Dieser Wert bezeichnet die absolute scheinbare Helligkeit eines Sternes in Größenklassen, die er hätte, wenn er 10 Parsec entfernt wäre. Die absolute Helligkeit unserer Sonne ist $+4,8$. Eine Parsec (eine Parallaxensekunde) beschreibt die Entfernung eines Sterns, dessen Parallaxe gerade eine Bogensekunde beträgt. Der Begriff »Parallaxe« beschreibt die scheinbare Positionsveränderung eines Objektes bei der Betrachtung von zwei verschiedenen Beob-

achtungsorten aus. 1 Parsec entspricht 3,26 Lichtjahren, also 30,8 Billionen km.

In den Mittelpunkt des astronomischen Interesses rückte der Stern 51 Peg im Oktober 1995, als die beiden Astronomen Michel Mayor und Didier Queloz vom Observatorium in Genf die Entdeckung eines Planeten meldeten. Es war das erste Mal, daß bei einem sonnenähnlichen Stern ein Planet aufgefunden werden konnte. Es wurden zwar schon Planeten entdeckt, die Pulsare umkreisten, aber 51 Peg ist der erste sonnenähnliche Stern, der einen Planeten zu besitzen scheint. Hans-Ulrich Keller berichtete in seinem astronomischen Jahrbuch »Das Kosmos-Himmelsjahr 1997« im Rahmen eines Monatsthemas darüber.

Die Existenz dieses Planeten kann nur indirekt nachgewiesen werden, und zwar mit Hilfe des »Doppler-Effektes«, den er seiner Sonne aufzwingt. Der Doppler-Effekt beschreibt eine scheinbare Änderung der Wellenlänge, die dadurch entsteht, daß sich »Sender« und/oder »Empfänger« relativ zueinander bewegen. Entfernen sich Lichtquelle und Beobachter voneinander, so fallen pro Sekunde weniger Lichtquellen ins Auge, die Wellenlänge erscheint länger, das Licht ist gerötet. Bei Annäherung ist das Licht blauer als in Ruhe. Fast alle fernen Sternensysteme zeigen Rotverschiebungen ihrer Spektrallinien, was als Beweis für die Ausdehnung des Weltalls angesehen wird. In der Radioastronomie spielt der Doppler-Effekt ebenfalls eine große Rolle.

Von leichten periodischen Verschiebungen der Spektrallinien war im Falle von 51 Peg die Rede. Die logische Folgerung daraus ist: Wenn er nicht ein außergewöhnliches Oberflächenverhalten zeigt, dann wird dieser Stern tatsächlich von einem Planeten umkreist. Und dieser zwingt ihn durch seine Schwerkraft zur Vor- und Zurückbewegung entlang unseres Sehstrahls. Die beiden Astronomen vom Genfer Observatorium hatten 18 Monate lang präzise Doppler-Messungen an rund 5000 Absorptionslinien im visuellen, d.h. im sichtbaren Bereich durchgeführt. Hierzu wurde ein Spektograph an einem 1,9-Meter-Teleskop des Observatoire de Haute-Provence angebracht.[1] Der Spektrograph ist in der Astronomie eines der wichtigsten Hilfsmittel in Verbindung mit Teleskopen. Er zerlegt das Licht in sein Spektrum.

Andere Quellen gehen noch genauer auf die Messungen am Haute-Reflektor ein. Bei Messungen, die über die Dauer von Monaten durchgeführt wurden, entdeckten Mayor und Queloz, daß die Radialgeschwindigkeit, also die Bewegungskomponente direkt auf uns zu bzw. von uns fort, von 51 Peg nicht konstant ist, sondern schwankt. Innerhalb von 4,2 Tagen variiert die Radialgeschwindigkeit um +/– 60 Meter pro Sekunde. Dies ist kein besonders großer Betrag verglichen mit dem Gesamtwert der Radialgeschwindigkeit von – 31 Kilometern in der Sekunde. Eine Erklärung für diese periodischen Radialgeschwindkeitsschwankungen von 51 Peg wäre die, daß der Stern um den Schwerpunkt eines Doppelsternsystems kreist. Dadurch nähert sich 51 Peg einmal der Erde, nach einer halben Periode entfernt er sich wieder. Das Problem: Weit und breit ist kein zweiter Stern zu sehen. Nach den Gesetzen der Himmelsmechanik läßt sich die Masse und die Entfernung von 51 Peg aus den Radialgeschwindigkeitsvariablen errechnen. Wenn man annimmt, daß der Begleiter von 51 Peg in der Ebene des Visionsradius kreist und seine Bahnebene zum Sichtstrahl nicht geneigt ist, dann ergibt sich eine Masse für den Begleiter von einer halben Jupitermasse, anders ausgedrückt, von 150-facher Erdmasse. Der Bahnradius liegt bei 7,5 Mio. km, das ist ein Zwanzigstel der Entfernung Erde – Sonne. Ist die Bahnneigung größer als null, dann ist auch die Masse des Begleiters entsprechend größer, da die Radialgeschwindigkeitskomponente dann nur einen Teil der Bahngeschwindigkeit des Begleiters beschreibt. Nun ist aber ein Himmelskörper mit einer halben Jupitermasse kein Stern, sondern ein Planet.[2]

Aber: Eine Abweichung der Radialgeschwindigkeit von +/– 60 in der Sekunde ist immer noch erstaunlich hoch und weist auf einen massereichen Planeten hin, dessen Umlaufzeit lediglich 4,23 Tage beträgt. Wenn wir seine Umlaufbahn von der Seite sehen, dann hat er immerhin etwa 0.47 Jupitermassen. Sehen wir die Bahn unter einem Winkel, dann ist seine Masse größer. Es könnte sich prinzipiell um einen massereichen Sternbegleiter handeln, dessen Bahn wir beinahe genau von oben sehen – jedoch ist das eher unwahrscheinlich. Planetenfreie Erklärungen für den beobachteten Dopplereffekt (ein Pulsieren des Sternes oder ein Bedecktsein von Peg 51 durch riesige Sternenflecken, die mal die eine und mal die anderen Seite des Sternes verfinstern) wurden diskutiert, aber nicht für wahrscheinlich gehalten, da entsprechende Helligkeitsschwankungen nicht beobachtet wurden.[3] Einige Astronomen vermuteten einen leuchtschwachen Weißen Zwerg, der dann eine weitaus höhere Masse besäße, dessen Bahnebene aber fast senkrecht zum Visionsradius liegen müßte, um die gleichen, geringen Radialgeschwindigkeitsschwankungen hervorzurufen. Ein Weißer Zwerg ist ein kleiner, äußerst dichter Stern, in dem die Atome eng gepackt sind. Er steht am Ende seiner Entwicklung und hat seinen Kernbrennstoff verbraucht. Satellitenbeobachtungen im UV-Licht zeigen, daß die Oberflächentemperatur dieses Weißen Zwerges, wenn es denn einer wäre, deutlich unter 10 000° Kelvin liegen müßte, was für einen Weißen Zwerg sehr ungewöhnlich wäre.[4] [100° C = 373 K.]

Messungen zeigen eine photometrische Variabilität von mehr als 1200° C. [Ein Photometer ist ein Apparat, der die Intensität des Lichtes mißt. Es wird entweder direkt am Okularende des Teleskops angebracht oder zur photometrischen Auswertung fotografischer Aufnahmen benutzt.] Alle leichteren Elemente müssen sich verflüchtigt haben, vermutlich ist nur ein metallischer Kern zurückgeblieben. Und der hätte dann den siebenfachen Erddurchmesser und die siebenfache Schwerebeschleunigung an der Oberfläche. Nach den aktuellen Modellen der Planetenbildung sind Sternenbegleiter mit jupiterähnlicher Masse aber Gasriesen, und die halten sich gewöhnlich in größeren Abständen zu ihrer Sonne auf. Aber daran scheint sich der Planet von 51 Pegasus nicht zu stören.

Wegen der geringen Distanz des Planeten zu seiner Sonne müßte seine Oberfläche auf über 1000° C aufgeheizt sein. Vermutlich ist der Planet atmosphärenlos, wie Keller schreibt. Eine glühende Gesteinskugel mit einem Eisenkern. Die Abweichungen in der Radialgeschwindigkeit wurden von anderen Beobachtern bestätigt.

Hochpräzise fotoelektrische Messungen zeigen leichte Helligkeitsabnahmen alle 8,5 Tage, dies wäre die doppelte Umlaufperiode des Begleiters. Und eine kleine Abdunklung ist von einem Planeten auch zu erwarten, wenn er vor 51 Peg vorüberzieht. Allerdings liegt sie an der Grenze der Meßgenauigkeit. Wieso die beobachtete Periode doppelt so lange ist wie der vermutete Planetenumlauf, bleibt ungewiß. Entgegen Kellers Darlegungen ist noch gar nicht sicher, ob der Planet möglicherweise nicht doch eine Atmosphäre haben könnte. Ohne Kenntnis von seiner Entstehung läßt sich das nicht sagen. Mehrere Analysen wurden durchgeführt. Wenn der Planet die halbe Jupitermasse hat, im Wärmegleichgewicht ist und dabei auch noch rotiert, dann hat er an der Oberfläche eine Fluchtgeschwindigkeit von 48 km pro Sekunde bei einer Oberflächentemperatur von etwa 1100 Kelvin. [Die Flucht- oder Entweichgeschwindigkeit beschreibt die Mindestgeschwindigkeit, die nötig ist, damit ein Objekt ohne weiteren Antrieb die Oberfläche eines Himmelskörpers für immer verlassen kann – ohne Berücksichtigung des Luftwiderstandes. Die Fluchtgeschwindigkeit der Erde beträgt 11,2 km/s.]

Wird sich die Atmosphäre nun in den Weltraum verflüchtigen, wie Keller meint, oder wird sie dies nicht tun? Als Faustregel gilt, daß ein Planet eine Atmosphäre festhalten kann, wenn die mittlere Teilchengeschwindigkeit in seiner Exosphäre, also der äußersten und dünnsten Atmosphärenschicht, kleiner als 1/6 der Fluchtgeschwindigkeit ist, und genau das trifft hier zu. Aber nichtthermische Prozesse, also Vorgänge, die nicht auf Wärme beruhen, allen voran der Sternenwind, ein vom Stern in alle Richtungen ausgehender Strom atomarer Teilchen, könnten die Atmosphäre erheblich schneller abbauen. Andererseits wird der Sternenwind wieder von einer Magnetosphäre abgeschirmt. Doch ohne Kenntnis der Entstehung dieses Planeten bleibt dies alles Spekulation.[5]

Es gibt bisher auch lediglich ein Modell, das die Entstehung eines Jupiters in dieser geringen Distanz zu seiner Sonne zuläßt. Weil bei der Bildung eines Riesenplaneten im Sinne unseres Sonnensystems Eis im Spiel ist, geht das erst ab einem Sternabstand von fünf Astronomischen Einheiten (eine Astronomische Einheit beschreibt die mittlere Entfernung Erde – Sonne von 149.600.000 Kilometer), was einer Umlaufperiode von 10 Jahren, nicht aber von 4,23 Tagen entspricht. Es könnte sich also um einen gewöhnlichen jupiterähnlichen Planeten handeln, der in einem Abstand von fünf Astronomischen Einheiten entstand, der aber, aus welchen Gründen auch immer, seinen Sternabstand auf 1/100 verringerte. Dann könnte er unter Umständen eine Atmosphäre halten. Allerdings bestünde dann wiederum die Möglichkeit, daß die UV-Strahlung des Sterns beispielsweise heiße Ionen und Atome produzieren könnte, aber auch die würden erst in 10^{10} Jahren (eine Zahl mit 11 Nullen!) allerhöchstens 1 % der Atmosphäre in den Weltraum entführen, es sei denn, der Planet hätte früher näher zum Stern gestanden. Nichtsdestotrotz favorisieren die Schweizer Entdecker ein Szenario, nach dem der Planet ursprünglich ein kleiner brauner Zwergstern war, der gemeinsam mit 51 Peg aus dessen Geburtsmolekülwolke entstand und den der Stern dann bis auf einen Rest schwerer Elemente vernichtet hat. Eine langperiodische Störung deutet auf einen weiteren Planeten um 51 Peg hin, der viel weiter draußen um 51 Peg kreisen müßte.

Überwachungen von Dr. Geoffrey Marcy und Dr. R. Paul Butler lassen jedoch darauf schließen, daß 51 Peg doch nur einen Planeten hat.[6]

Trotzdem gibt es Zweifler, die den Planeten von 51 Pegasi für eine »bizarre Illusion« halten (»Skyweek« 9/1997). Es geht um einen Disput zwischen Geoff Marcy und David Gray. Gray behauptet, daß die regelmäßigen Schwankungen im Spektrum von 51 Peg durch geheimnisvolle und noch nie gesehene Schwingungen der Sternoberfläche zustande kämen und nicht durch die Wirkung eines planetaren Begleiters. Gray schreibt, daß die Variationen bei 51 Pegasi nicht voll verstanden sind. Die Wahrscheinlichkeit jedoch, daß sie durch einen Planeten verursacht werden, sei verschwindend gering.

Marcy bezeichnet Grays Äußerungen als »skandalös« und als einen Schlag ins Gesicht, nach allem, was wir über sonnenähnliche Sterne wissen. Marcy ist der Ansicht, daß die mutmaßliche Entdeckung fremder Planetensysteme einen wunderbaren Einblick in die Arbeit der Wissenschaft bietet.

Schließlich waren sowohl die Schweizer Entdecker als auch die Bestätiger Marcy und Butler alle zum gleichen Ergebnis gekommen. Sie alle erkannten den klassischen Doppler-Effekt, der sich durch leichte Beschleunigungen des Sterns durch einen umlaufenden Planeten äußert. Sicherlich war die Meßtechnik damals noch nicht ausgefeilt genug, um auch die genaue Form der Spektrallinien während der periodischen Schwankungen zu verfolgen. Gray jedoch behauptet, dies anhand seiner 39 Spektren aus dem Zeitraum von 1989 bis 1996 leisten zu können. Man erkenne an ihnen, daß nicht die Lage der Linien schwanke, sondern ihre Form, und zwar mit der Periode, die von den Entdeckern als Umlaufzeit ihres Planeten auf einer sehr engen Bahn gedeutet wurde – 4,23 Tage. Die beobachteten Veränderungen der Spektrallinien seien Indizien für signifikante Sternenflecken auf 51 Pegasi, oder aber sie wiesen auf irgendeine Art von Pulsation hin. Irgendeine Art, die bislang vollkommen unbekannt ist. Nicht-radiale Sternschwingungen, also Schwingungen, die mit dem Spektrometer nicht erfaßt werden können, weil sie nicht »radial«, also in unsere Richtung hin oder von uns weg schwingen und bei denen sich Sektoren des Körpers vor- und andere gleichzeitig zurückbewegten, kämen dafür in Frage. Von der »Möglichkeit, daß wir einen atemberaubenden Sprung in unserem Verständnis der Stellarphysik machen«, schwärmt Gray. Allerdings bringen seine Ausführungen generell zu viele Unbekannte mit sich. »Irgendeine Art von Pulsationen, die bisher unbekannt waren...« »...kämen dafür in Frage«, das ist meines Erachtens einfach zu vage, um sich derart enthusiastisch zu äußern.

Mayor, Queloz, Marcy und Butler gingen so schnell als möglich auf Grays Darlegungen ein. Zum ersten bezweifeln die Entdecker und Bestätiger von 51 Pegasi, daß die Auflösung von Grays Spektroskopie überhaupt ausrei-

chend ist, um die behaupteten Schwankungen der Linien-
formen nachzuweisen. Die sollen im Bereich von 45 m/s
liegen, während die Meßgenauigkeit 35 m/s war. Hinzu
kommt, daß eine dritte Gruppe den Stern mit ähnlicher
Qualität spektroskopiert und im Gegensatz zu Gray keine
Veränderungen an den Linien gesehen hatte.

Unbestritten bleibt außerdem, daß die Helligkeit von
51 Peg um weniger als $0,0004^m$ schwankt. Ein seine Helligkeit verändernder Stern müßte größere Schwankungen
aufweisen, wie dies z.b. bei den Cepheiden der Fall ist,
das klassische Beispiel für »physisch veränderliche Sterne«.

Weiter wird in der Gegenargumentation darauf hingewiesen, daß die Spektrallinien eine perfekte sinusförmige
Variation aufweisen. Eine Periode. Eine Amplitude. Nichts
(weder in der Natur noch in der Technik) schaffe Schwingungen in solch einer Reinheit ohne irgendwelche Obertö-
ne.

Dann ist die Amplitude konstant. Sie hält sich bei
57 m/s. Wenn eine »Sternschwingung« vorläge, dann müßte der ominöse physikalische Prozeß es zuerst schaffen,
den Stern bei einer ganz präzisen Frequenz anzuregen, um
dann die Schwingung völlig ungedämpft aufrechtzuerhalten.

Auch die über Jahre festgestellte Konstanz der Phase
der Linienperiodizität ist kaum zu erklären, wenn nichtra-
diale Sternschwingungen dahinterstecken.

51 Peg ist unserer Sonne recht ähnlich, und die zeigt
keine dieser ominösen Schwingungen. Auch bei anderen
überwachten Sternen wurden diese Effekte nicht festgestellt.

Und 51 Peg soll nun plötzlich ein ganz ungewöhnliches
und bisher unbekanntes Verhalten zeigen, obwohl die
Planetenerklärung doch viel näher liegt.

Die »Skyweek«-Redaktion stellt drei mögliche Interpretationen der vorliegenden Daten vor:

Erstens könnte Gray recht haben. Dann gibt es keinen Planeten, aber einen geheimnisvollen Schwingmodus mit geringer Frequenz, der nur bei einer Handvoll sonnenähnlicher Sterne auftritt, bei der Sonne selbst jedoch nicht. Zweitens könnte zwar der Gray-Effekt als solcher existieren, was bedeuten würde, daß die Linienform von 51 Peg sich periodisch ändere, die Ursache ist jedoch, entgegen Grays Annahme, ein umlaufender Planet. Man könnte Szenarien konstruieren, bei denen er durch seine Schwerkraft bestimmte Schwingungsmodi erzeugt und aufrechterhält, also quasi einen Resonanzeffekt, oder daß er die Konvektionsströme, also Ströme von kalten Teilchen, die wärmere ersetzen (Winde), nahe der Oberfläche in einer Weise stört, daß der Gray-Effekt auftritt. In diesem Fall hätte Gray die Existenz des Planeten sogar spektakulär bestätigt.

Drittens sei es jedoch auch möglich, daß es den »Gray-Effekt« überhaupt nicht gibt und er seine Daten gehörig überinterpretiert hat. Daß eine Gruppe, die Spektrographien durchgeführt hat, bei vergleichbarer Instrumentation keinen Effekt messen konnte, ließe dieses Szenario möglich erscheinen. Grays Kommentar hierzu: »Unfug!«

Dieser Interpretation möchte ich mich ganz und gar nicht anschließen. Ich halte es in Anbetracht der vorliegenden Fakten auch gar nicht für notwendig, ein »Kompromiß«-Szenario in Betracht zu ziehen, solange niemand außer Gray diesen angeblichen Effekt aufzeichnen konnte. Im Gegenteil, die Ergebnisse der dritten Gruppe lassen die Deutung zu, daß Gray seine Daten tatsächlich falsch interpretiert hat.

Der Streit geht indes weiter. Jede Seite hofft, daß die jeweils andere binnen eines Jahres kapitulieren werde. Un-

abhängige Astronomen mahnen dazu, daß man die hochauflösende Spektroskopie von 51 Peg fortsetzen sollte,
was mir auch sehr vernünftig erscheint.

Ein weiterer Stern, der einen Planeten besitzen könnte,
ist Gliese 229 B. Dieser Stern steht neben einem Roten
Zwergstern der 8. Größenklasse. Im Infraroten leuchtet der
Stern röter als jeder bekannte Stern bei einer Leuchtkraft
von nur ein paar Millionstel der Sonnenleuchtkraft. Gliese
229 B kreist in einer Entfernung von 44 Astronomischen
Einheiten um Gliese 229 A, der mindestens eine Milliarde
Jahre alt ist. Wenn wir dieses Alter auch von 229 B annehmen, dann ist er seit seiner Entstehung schon etwas
schwächer geworden und hat mindestens 50 Jupitermassen. Ist das nun noch ein Brauner Zwergstern oder bereits
ein Planet? Ein Stern im eigentlichen Sinn ist es auf alle
Fälle nicht. Im Spektrum von 229 B gibt es Methan, und
das wäre auf der Oberfläche eines jeden Sternes zerstört
worden. Das Methan macht Gliese 229 B auf jeden Fall zu
einem klaren Beispiel von einem »Braunen Zwerg«.

Braune Zwerge sind, salopp ausgedrückt, »Sternver-
sager«. Sie haben es in ihrer Entwicklung nicht ganz zu einem Stern geschafft. Marcy und Butler bezeichnen Objekte von 5 – 20 Jupitermassen als »Superplaneten«, um sie
von den weniger massereichen Riesenplaneten wie Jupiter
und Saturn zu unterscheiden. Bei dieser Verwirrung dürfte
es wahrlich nicht so einfach sein, Braune Zwerge und Planeten voneinander zu unterscheiden. Erschwerend kommt
noch hinzu, daß Jupiter und Saturn ja selbst vielfach als
»verhinderte Sonnen« gelten, unter anderem aufgrund ihrer beschriebenen inneren Wärmequellen.

Es existieren zwei Aufnahmen von Gliese 229 B, auf denen der Begleiter zu sehen ist. Auf den am 29. November
1995 veröffentlichten Aufnahmen des Hubble-Space-Teleskops ist der Begleiter deutlich zu sehen. Er wird von den

Hubble-Astronomen als »Brauner Zwerg« gedeutet. Bei beiden Bildern handelt es sich um Falschfarbenaufnahmen, die das lichtschwächste Objekt enthüllen, das jemals bei einem sonnenähnlichen Stern gesehen worden ist. Es könnte die erste unzweideutige Entdeckung eines braunen Zwerges sein.

Das erste Bild von GL229 B, so der Name des Sternbegleiters, wurde am 27. Oktober 1994 von T. Nakajima und S. Durrance am Palomar Mountain in Kalifornien aufgenommen. Man benutzte ein anpassungsfähiges optisches Gerät und ein 60-Inch-Spiegelteleskop. Eine zweite Aufnahme, forderten Skeptiker, müßte belegen, daß das Objekt, das auf diesem Bild nahe Gliese 229 stand, tatsächlich schwerkraftmäßig an diesen gebunden war. GL229B ist mindestens vier Milliarden Meilen von seiner Sonne entfernt, das ist etwa die Entfernung zwischen unserer Sonne und dem äußersten Planeten unseres Sonnensystems, Pluto.

Das zweite geforderte Bild wurde am 17. Oktober 1995 durch das Hubble-Space-Teleskop angefertigt. Es handelt sich um eine Infrarotaufnahme. Der Braune Zwerg ist auch hier deutlich erkennbar. Herausgegeben wurde dieses Bild von S. Kulkarnie und D. Golimowski.

Marcy und Butler waren die ersten Astronomen, die die Entdeckung von 51 Peg bestätigt hatten. Anfang 1996 durften sie die Entdeckung zweier neuer extrasolarer Planeten melden. Die beiden amerikanischen Astronomen bemerkten nun selbst die charakteristischen Dopplereffekte von jupiterähnlichen Planeten in den Spektren zweier anderer naher Sterne, die beide rund 35 Lichtjahre von der Erde entfernt sind. Die Radialgeschwindigkeiten, die die beiden Planeten ihren Sonnen aufzwingen, sollen eindeutig sein.

70 Virginis scheint einen Planeten zu haben, der offensichtlich eine Umlaufzeit von 116 Tagen hat. 70 Vir ist ein sonnenähnlicher Stern, jedoch 100° kühler und ca. 3 Milli-

arden Jahre älter. Er befindet sich in einem elliptischen Orbit und müßte nach den Standardformeln des Temperaturgleichgewichtes etwa 85° warm sein, kühl genug für die Existenz komplexer Moleküle und flüssigen Wassers.[7] Der Planet verursacht bei seiner Sonne eine Radialgeschwindigkeit von +/– 311 m/s, hat eine Bahnhalbachse von 0,43 astronomischen Einheiten, eine Exzentrizität von 0,38 +/– 0,1 und vermutlich mindestens 6,5 Jupitermassen. Auch er könnte wieder ein Brauner Zwerg sein.[8]

Der zweite von Marcy und Butler entdeckte Planet kreist um 47 Urase Major. Er scheint etwa drei Jupitermassen mit 1100 Periode zu haben. Der Begleiter von 47 UMa ist von seinem Stern rund zwei Astronomische Einheiten entfernt. Wenn er eine Atmosphäre hat, dann könnte dort in einer bestimmten Höhe flüssiges Wasser vorkommen. Er verursacht bei seinem Stern eine Radialgeschwindigkeit von +/– 45,5 m/s, hat eine Halbachse von 2,09 Astronomischen Einheiten sowie eine Exzentrizität von 0,0 +/– 15.

Marcy und Butler, die seit der Entdeckung von 51 Peg unermüdlich an ihrem Radialgeschwindigkeitsprogramm an der Lick-Sternwarte arbeiteten, vermeldeten bald wieder die Entdeckung eines fremden Planetensystems. Ein Planet mit etwa 0,8 Jupitermassen kreist alle 14,78 Tage um den sonnenähnlichen Doppelstern HR 3522 alias 55 Cancri. Der Planet zwingt diesem eine Radialgeschwindigkeitsamplitute von 72 m/s auf. Der Stern heißt Gliese 324 A, weil er in 1000 AE Abstand vom Zwerg-Stern Gliese 324 B umkreist wird, wie »Skyweek« 15/1996 berichtet, ein Doppelsternsystem mit Planet also.

Mitte Juni 1996 erfuhr die Öffentlichkeit von gleich drei neuen Planetensystemen.

Das Planetensystem, das die klarsten Indizien aufweist, ist HR 5185, Tau Bootis, bei dem Marcy und Butler bei ihrem Radialgeschwindigkeitsprogramm eine sinusförmige Schwankung mit 468 m/s Amplitude und 3,31 Tagen Periode gefunden haben. 150 Umläufe sind über 1,3 Jahre hinweg beobachtet worden. Der Planet hat hier eine Mindestmasse von 3,9 Jupitern und eine große Halbachse von nur 0,046 Astronomischen Einheiten, das sind 67,9 km, was wiederum bedeutet, daß der Planet im nur 8,3fachen des Radius seiner Sonne (ein F7V-Stern) um diese flitzt. Der Stern ist 19 Parsec von uns entfernt.

Ein Problem gibt es bei den beiden mutmaßlichen Planeten von Lalande 21185, HD95735. Dieser ist ein roter Zwerg (M2,1V), der nur 8,2 Lichtjahre von uns entfernt ist. Die Belege für einen jupitergroßen Planeten in 11 AE (Astronomischen Einheiten) Abstand stammen aus einer 50 Jahre alten Serie von Fotoplatten des Allengheny-Observatoriums bei Pittsburgh, Pennsylvania. Auf diesen Platten scheint der Stern eine winzige Ellipse mit 30 Jahren Periode zu beschreiben. An derselben Sternwarte wurde Lalande 21185 auch acht Jahre lang mit einem ultrapräzisen Fotometer beobachtet. Dabei gab es Hinweise auf einen zweiten Planeten mit etwas geringerer Masse und 2,2 AE Bahnradius. Da die Umläufe um höchstens 30° zu unserer Sichtlinie geneigt zu sein scheinen, müßten die Planeten auch einen klaren Radialgeschwindigkeitseffekt mit 25–30 m/s Amplitude hervorrufen. Nach diesem hat mindestens eine Gruppe bereits gesucht – ihn aber nicht gefunden!

Der dritte Planetenkandidat ist noch indirekter. Möglicherweise hat er sich durch die geringfügige Verfinsterung des Sterns CM Draconis verraten. Es handelt sich dabei um einen Doppelstern mit einer Periode von 1,3 Tagen, dessen Bahnebene genau in der Sichtlinie liegt, so daß es zu gegenseitigen Bedeckungen der beiden Sterne kommt, das Gesamtlicht fällt ab. Ansonsten ist die Helligkeit der

Sterne sehr konstant. Am 1. Juni 1996 jedoch war CM Dra plötzlich um $0,08^m$ zu dunkel. Dies könnte am ehesten durch den Vorübergang eines Planeten mit 0,85fachem Jupiterdurchmesser vor der Scheibe eines der Sterne erklärt werden, denn gegen die Entstehung eines großen Sternflecks als alternative Erklärung spricht, daß CM Dra sowohl am Tag zuvor als auch am Tag danach exakt die normale Helligkeit hatte. Der angenommene Planet dürfte eine Bahnperiode von mehreren Monaten haben, denn die Helligkeit blieb während des mutmaßlichen Vorüberganges dreieinhalb Stunden lang konstant und müßte die Bahn des Doppelsterns subtil, aber meßbar beeinflussen.[9]

Wochen später ging es munter weiter: Da wurde der Planet von 16 Cyg B entdeckt, der mindestens 1,5 Jupitermassen aufweist und eine Bahnhalbachse von 1,7 AE hat, aber eine Exzentrizität von 0,7. Ob hierfür die Mehrfachnatur seiner Sonne verantwortlich ist, bleibt unklar. 16 Cyg A und B umkreisen einander auf einer extrem langgestreckten Bahn (Exzentrizität 0,9 bis 0,95), und die seltenen Begegnungen der beiden Doppelstern-Komponeten alle paar 100000 Jahre könnten die Bahn des Planeten von B in einer Weise stören, daß sie exzentrisch wird und bleibt. Oder aber Planeten von Doppelsternen entstehen von vornherein auf elliptischen Bahnen. Oder noch ein anderer Mechanismus ist am Werke.

Auch der Stern HD114762 galt zunächst als vielversprechender Planetenkandidat. Dann wurde seine Masse jedoch auf elf Jupitermassen hochkorrigiert. Nach neueren Berechnungen scheint er nur neun Jupitermassen zu haben und fällt somit in den gleichen Bereich wie 70 Vir. Schade, daß dieser von David Latham entdeckte Planet erst so spät als solcher eingeschätzt wurde, denn er ist, im nachhinein betrachtet, die erste extrasolare Planetenentdeckung. So aber gebührte der Ruhm 51 Pegasi. Er kam in die Schlagzeilen, die eigentlich dem Begleiter von HD114762 zugestanden hätten.

Anhand der vielen extrasolaren Planetenentdeckungen in unserer Milchstraße läßt sich mittlerweile ein Trend ablesen. Es gibt einmal Systeme mit jupiterartigen Planeten auf runder Bahn und in großem Abstand zur Sonne (unser Sonnensystem, UMa), und es gibt solche mit jupiterähnlichen Planeten auf engen Kreisbahnen mit nur wenigen Tagen Umlaufzeit; und dann gibt es die ganz exotischen Systeme mit dicken Jupitern, die sich oft an der Grenze zu braunen Zwergen bewegen, und die auf exzentrischen Bahnen ihre Sonne umlaufen.[10]

»Vor einem Jahr«, schreibt »Skyweek«, »würden die meisten Astronomen unser eigenes Sonnensystem für typisch erklärt haben, und Computersimulationen schienen das zu untermauern. Aber jedes der ungefähr zehn fremden Planetensysteme, die in den letzten 12 Monaten entdeckt wurden, ist völlig anders aufgebaut.«

Hier sieht man einmal mehr, wie schnell sich eine als gesichert geltende Annahme ändern kann. Wie schnell man neue Erkenntnisse akzeptieren muß, die man zuvor noch für unmöglich gehalten hätte. Und man sieht auch, daß Computeranalysen zwar unbestritten sehr hilfreich sind, aber nicht unfehlbar.

Der Stern, der erdähnliche Planeten besitzen könnte – Beta Pictoris

»Scheibe um Stern könnte gekrümmt sein durch einen unsichtbaren Planeten«, so lautete die Überschrift einer Pressemitteilung.[1] Das Hubble-Space-Teleskop hat der NASA deutliche Beweise dafür zur Verfügung gestellt, daß ein in etwa jupitergroßer Planet existiert, der Beta Pictoris umkreist.

Detaillierte Hubble-Bilder von der inneren Region der Staubwolke, die 200 Meilen umfaßt und den Stern einhüllt, zeigen eine unerwartete Krümmung. Forscher sagen, diese Krümmung könne am ehesten durch den Schwerkraftzug eines unsichtbaren Planeten erklärt werden.

Der vermutete Planet würde sich innerhalb einer etwa fünf Milliarden Meilen weiten leeren Zone im Zentrum der Scheibe befinden. Von dieser Zone ist schon lange vermutet worden, daß sie Planeten beherbergen könnte, doch erst die Hubble-Beobachtung liefert dafür deutlichere Beweise. Eine alternative Theorie für die »Trümmerfreiheit« der Sonne wäre die, daß es schlicht und einfach zu warm für Eispartikel ist.

Mit den Worten »Überraschenderweise kreist die innere Region der Scheibe in einer anderen Ebene als der Rest der Scheibe um den Stern«, äußerte sich Chris Burrows vom Space Telescope Science Institute in Baltimore, Maryland, der diese Resultate beim Treffen der American Astronomical Society in San Antonio, Texas, präsentierte. Als er die Hubble-Bilder analysierte, die im Januar 1995 aufgenommen worden waren, entdeckte Burrows eine ungewöhnliche Wölbung in der Scheibe, die mit der Kante zum Blickfeld hin geneigt war. »Solch eine Krümmung kann nicht sehr lange anhalten«, sagte Burrows. Und weiter: »Dies bedeutet, daß irgend etwas immer noch die

231

Scheibe bewegt und so eine grundlegend abgeflachte Form bedingt. Die Existenz der Krümmung ist ein starker, wenn auch indirekter Beweis für die Existenz von Planeten in diesem System.« Falls Beta Pictoris ein Sonnensystem wie unseres hätte, dann würde es eine ähnliche Krümmung produzieren. Burrows:»Das Beta-Pictoris-System scheint wenigstens einen Planeten zu haben, der dem Jupiter, sowohl was seine Größe als auch seine Umlaufbahn betrifft, nicht unähnlich ist. Felsige Planeten wie die Erde könnten Beta Pictoris ebensogut umkreisen. Leider gibt es hierfür noch keine Beweise. Jeder Planet wird mindestens eine Milliarde mal lichtschwächer sein als der Stern und kann gegenwärtig selbst mit Hubble nicht beobachtet werden.«

Eine andere Erklärung für die Krümmung wäre die, daß die Scheibe aufgrund der Schwerkraftwirkung eines vorbeiziehenden Sternes in Bewegung gekommen ist. Diese Möglichkeit ist jedoch sehr unwahrscheinlich, da lediglich die innere Region der Scheibe beeinflußt ist. Burrows schätzt die Chance, daß eine derartige Begegnung stattgefunden haben könnte, auf 1:400.000 ein.»Obwohl Beta Pictoris vermutlich mindestens 100 Millionen Jahre alt ist, dürfte die Krümmung, wolle man sie mit einer ›planetenlosen‹ Ursache erklären, nicht so lange andauern.«

Von der Größe der Welle kann Burrows auf die Masse des Begleiters schließen.»Er muß wohl innerhalb der Krümmung liegen, vermutlich innerhalb der freien Zone, die um Beta Pictoris existiert.« Zu nahe am Stern kann der Planet nicht sein, da in diesem Fall der Schwerkraftschub des Planeten ein»Rütteln« des Sternes verursachen würde. Derartige radiale Geschwindigkeitsveränderungen sind bei Beta Pictoris nie beobachtet worden.

Burrows schätzt, daß der Planet 1/20 der Masse des Jupiter aufweist. Der Planet muß innerhalb des Aktionsradi-

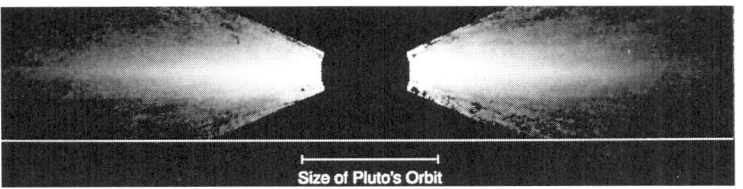

Das erste NASA-Foto einer fremden Sonne mit Planeten: Beta Pictoris.

Ein Radioteleskop

233

us liegen, der typisch für Planetenentfernungen innerhalb unseres Sonnensystems ist – irgendwo zwischen der ungefähren Erd-Sonne-Entfernung und der Sonne-Pluto-Entfernung. Pluto, der neunte und soweit uns bekannt letzte Planet in unserem Sonnensystem, ist etwa 30mal weiter von der Sonne entfernt als die Erde.

Falls der angenommene Planet so fern von Beta Pictoris wäre, wie der Jupiter von der Sonne entfernt ist, dann müßte er auch die gleiche Masse aufweisen wie Jupiter. Die Umlaufbahn des Planeten muß schräg stehen, und zwar ungefähr drei Grad zur Ebene der Beta-Pictoris-Scheibe. Das ist die typische Schrägstellung der Umlaufbahnen in unserem eigenen Sonnensystem.

Der Stern liegt im Sternbild »Malerstaffelei« (Pictor), das am südlichen Himmel steht und in unseren Breiten nicht sichtbar ist. Das präzise Alter von Beta Pictoris ist unbekannt, doch wird er generell als ein reifer, aber gewöhnlicher Stern eingeschätzt, der etwas heißer sein dürfte als unsere Sonne.

Auch 51 Pegasi und Gliese 229 umkreisen einen gewöhnlichen Stern. Doch ist Beta Pictoris der einzige Kandidat, der den Eindruck macht, daß er ein Planetensystem besitzen könnte, welches dem unseren ähnlich ist.

Beta Pictoris ist zudem der einzige bekannte Stern mit einer ihn vollständig umgebenden Gas- und Staubscheibe, die optisch betrachtet werden kann. Obwohl etwa ein Drittel der hellsten nahen Sterne, wie aus den Daten des Infrared Astronomy Satellite (IRAS) geschlossen werden kann, von solchem Staub umgeben sind, haben am Boden stationierte Teleskope keine weiteren derartigen Scheiben entdeckt.

Verschiedene Hubble-Programme suchen zur Zeit nach diesen Scheiben. Man erhofft sich viel von dem NICMOS (Near Infrared Camera and Multi Object Spectrometer), das im Februar 1997 während der Service-Misson ins Weltraumteleskop eingebaut wurde.

Die Fotos von Beta Pictoris, am 17. Januar 1996 von Chris Burrows vom Space Telescope Science Institute herausgegeben, tragen die vielsagende Überschrift: »Gekrümmte Scheibe könnte auf die Anwesenheit von Planeten um den Stern Beta Pictoris hindeuten«.

Es ist das erste Bild, das die innere Region einer Staubscheibe von 200 Milliarden Meilen Durchmesser zeigt. Aufgrund des grellen Lichts des Zentralsterns blieb diese Scheibe den Beobachtern, die den Stern durch auf dem Boden der Erde stationierte Teleskope studierten, verborgen. Sie wurde einfach durch das helle Licht überstrahlt.

Die Scheibe um Beta Pictoris erscheint spindelartig, da sie so geneigt ist, daß sie mit der Kante zu unserer Sicht steht. Die Scheibe besteht aus mikroskopischen Staubkörnern aus Eis und Silikat-Teilchen, die offensichtlich von dem Stern reflektiert werden. Das Bild legt nahe, daß die zentrale Lichtung durch einen oder sogar durch mehrere Planeten besetzt ist, die aus der Scheibe heraus angehäuft wurden und dann kleine Teilchen hinwegfegten. Der helle Stern, der in der Mitte der Scheibe liegt, ist auf diesem Bild nicht zu sehen, sein Licht wird abgeblockt.

»Skyweek« 11/1997 berichtet, daß es mittlerweile tatsächlich einen Kandidaten gibt, der dem Beta-Pictoris-System ähneln könnte. Es handelt sich um ein junges Doppelsternsystem namens BD+31 643, das aber leider 50mal weiter entfernt ist als Beta Pictoris. Entsprechend rar sind die Details. Allerdings scheint die Staubscheibe, die dieses Doppelsternsystem umgibt, größer zu sein als die von Beta Pictoris (6.600 Astronomische Einheiten gegenüber 1.000 bei Beta Pictoris). Man weiß ebenfalls, daß es auch bei der Staubscheibe um BD+31 643 eine innere staubfreie Zone gibt, die erheblich größer ist als ihr Gegenstück bei Beta

Pictoris. Das dürfte aber darauf zurückzuführen sein, daß hier gleich zwei Sterne den Mittelpunkt bilden. Im Gegensatz zu Beta Pictoris hat die neu entdeckte Scheibe eine bläuliche Farbe, was auf sehr kleine Staubteilchen hinweist, deren Bahn nicht stabil ist. Der Staub muß permanent nachgeliefert werden. Möglicherweise befinden sich Planetesimals (protoplanetares Material) in der Scheibe, die sich schon zusammengeballt haben. Bei deren Kollisionen untereinander könnte neuer Staub frei werden.

Nachdem wir auf unserer Reise durch das Weltall unser Sonnensystem verlassen haben, haben wir auf unserer Tour Sterne entdeckt, die dem Tode geweiht waren, und wir haben Sterne gesehen, die »geboren worden sind«. Erstaunt nahmen wir zur Kenntnis, daß das Leben der himmlischen Gestirne wie biologisches Leben, letztendlich auch wie unserer eigenes verläuft.

Weiter konnten wir einen Blick auf »Planetenwiegen« im Weltall werfen. Wir waren Zeugen der Entstehung von Planeten, und dadurch konnten wir erahnen, wie unsere Erde einst entstanden sein mag.

Wir sind weiter auf Sonnen gestoßen, die fernab von unserer liegen und die allem Anschein nach Planeten besitzen. Oft ist es nicht sicher, ob es sich bei diesen Sternbegleitern wirklich um Planeten handelt, manchmal scheint es sich um einen »verhinderten Stern«, einen Braunen Zwerg, zu handeln. Zuweilen werden auch andere Alternativen diskutiert. Denn viele der Planeten wurden nur indirekt wahrgenommen, durch Schwerkraftwirkungen und Bahnabweichungen des zentralen Sterns. Berechnungen führten zu der Planetenhypothese. Einige Wissenschaftler wollen andere Ursachen für die entdeckten Effekte geltend machen, doch die Planeten-These scheint die aufgetretenen Effekte am besten erklären zu können.

Beta Pictoris ist ein Stern, der mit ausgesprochen hoher

Wahrscheinlichkeit einen Planeten, wenn nicht sogar ein Planetensystem besitzt. Zumindest scheint er einen jupiterartigen Planeten in seiner Umlaufbahn zu halten – und es besteht die Möglichkeit, daß sich auch erdähnliche Planeten in seinem Schwerkraftfeld befinden könnten.

Gibt es erdähnliche Planeten um Beta Pictoris? Existieren andere Sterne, die erdähnliche Planeten in ihrer Umlaufbahn haben? Werden möglicherweise, so rasant wie die Planetenentdeckung in den letzten Jahren vor sich ging, weitere derartige Funde zu erwarten sein? Die Astronomen sagen: Ja!

Aber gibt es dort Leben? Wenn es schon erdähnliche Planeten um eine fremde Sonne gibt, wäre es dann nicht möglich, daß einige von ihnen den richtigen Sonnenabstand besitzen, Temperaturen und Lichteinstrahlung vielleicht sogar so optimal sein könnten, daß sich dort intelligentes Leben entwickeln konnte?

Kann es Zivilisationen im fernen Weltall geben? Ist es möglich, daß die Evolution irgendwo im tiefen Weltall ähnlich wie bei uns oder auch auf andere Weise stattgefunden hat, so daß sich im Raum tatsächlich fremde Rassen aufhalten – Rassen ähnlich denen, auf die das »Raumschiff Enterprise« in den Folgen der Star Trek-Saga immer wieder stößt?

Aber wenn dem so ist, dann sind diese Zivilisationen sehr, sehr weit von uns entfernt. Mit Raumschiffen können wir sie wohl kaum erreichen. Sollten wir warten, bis entweder sie oder wir vielleicht irgendwann einmal die Technik besitzen, die einen Besuch möglich macht? Sollten wir weiter auf die Radioastronomie bauen, die sehr finanz- und zeitaufwendig ist? Besteht überhaupt eine Möglichkeit, mit fremden Zivilisationen in Kontakt zu treten? Sind derartige Unternehmen sinnvoll? Was treibt uns an, derartig aufwendige Forschungen zu betreiben?

Das sind Fragen, die wir im nächsten Kapitel dieses Buches einmal gründlich unter die Lupe nehmen wollen.

KAPITEL 4

Die Suche

Warum überhaupt?
Und wie fing alles an?

Dezember 1931. Es ist eisig. Das Arbeiten an der großen Radioantenne der Bell Telephone Laboratories ist in dieser Kälte nicht angenehm für Karl Guthe Jansky. Seine Finger frieren fast an. Er befindet sich fünfzig Kilometer südlich von New York in Homdel auf einem alten Kartoffelacker. In dem geheizten winzigen Verschlag kann man es aushalten. Aber draußen? Bei diesem Frost oder bei Sturm verklemmt sich doch ständig etwas an dieser etwa dreißig Meter breiten Antennenanlage. Es ist ein gigantisches Gerät, das Jansky hier aufgestellt hat. Ein Holzgestell mit viereckigen Antennen. Es sieht aus wie die Tragflächen eines monströsen Doppeldeckers aus der Pionierzeit der Luftfahrt. In der Mitte sitzt ein Antrieb, dessen Aufgabe es ist, mit Hilfe von vier aus einem alten Auto ausgebauten Rädern die gesamte Anlage auf einer kreisrunden Schiene aus Holzklötzen zu drehen. Jansky nennt das Ungetüm »Walzertante«. Diese »Walzertante« läßt sich linksherum und rechtsherum drehen.

Trotz der Kälte ist Jansky froh um diesen Job. Die Zeiten sind nicht gut. Weltwirtschaftskrise. In einem Kraftakt haben seine Eltern es ihm ermöglicht, sein Studium zu beenden.

»Es ist wahrlich keine Pionierarbeit«, denkt der 23jährige Jansky, »mit neuartigen Antennenanlagen herauszubekommen, welche Ursachen die laufenden atmosphärischen Störungen haben, die den transatlantischen Funkverkehr und den Küsten-Radioverkehr beeinträchtigen.« Für die Bell Company aber ist diese Untersuchung wichtig, will man doch Funkempfänger bauen und verkaufen.

Gemäß den Anweisungen seines Arbeitgebers läßt Jansky die Antenne bei gleichbleibender Geschwindigkeit alle zwanzig Minuten um ihre Achse kreisen. Von allen Seiten prasseln die atmosphärischen Störungen auf Janskys »Walzertante« ein. Bald kann er alle Störungen voneinander unterscheiden. Lokale Störungen, die von einem Gewitter kommen, sind ganz anders als Störungen aus größerer Entfernung.

Aber die Geräusche haben alle etwas gemeinsam: ein unregelmäßiges Knattern und Krachen. Ein Geräusch jedoch, das immer wieder auftritt, unterscheidet sich völlig von den bisher aufgefangenen atmosphärischen Störsignalen. Es hält an, wird stärker, schwächt sich wieder ab. Manchmal bleibt es weg oder wird durch andere Geräusche überlagert.

Jansky ist besessen von dem Wunsch, herauszubekommen, was es ist. Ohne Erfolg setzt sich der ehrgeizige Jansky mit den Wetterstationen in Verbindung. Kommen die Störungen möglicherweise aus New York? Werden sie dort von einer elektrotechnischen Anlage erzeugt?

Das Rauschen bleibt auch sonntags. Also keine Fabrik! Keine technische Anlage! Lichtreklamen? Störsignale, die von Schiffen kommen?

Die »Walzertante« wird gedreht. Nein, von Norden kommt das Rauschen nicht. Nicht aus New York. Nicht aus dessen Hafenanlagen. Merkwürdig: Das Rauschen bleibt nicht auf einer Stelle, es wandert mit gleichbleibender Geschwindigkeit von Osten nach Westen.

Der Radio- und Funkempfang wird durch das Rauschen nicht beeinflußt. Sollte sich Jansky jetzt nicht auf seine Aufgabe besinnen und nur die Störungen festhalten, die den Funkverkehr negativ beeinflussen? Nein, das kommt dem jungen Radioingenieur gar nicht in den Sinn. Jansky wird von der einen Frage beherrscht: »Woher kommt dieses von Osten nach Westen wandernde Geräusch? Hat es etwas mit der Erddrehung zu tun?«

Jansky geht gar soweit, daß er die Anlage umbaut. Die senkrecht ausgerichtete Antenne wird nun so modifiziert, daß sie sich schräg nach oben verschieben läßt. Nun kann Jansky auch den höher gelegenen Teil des Himmels absuchen.

Die Neuausrichtung der Antennen ist recht mühselig. Und sie muß oft durchgeführt werden. Und dann ist da der Spott der Kollegen. »Er will hoch hinaus.« »Der Neue will die höheren Sphären erforschen.«

Die Kälte macht Jansky allerdings mehr zu schaffen als der Spott.

Weihnachten steht vor der Tür. Die Zeit der Geschenke, der Familie, des gemeinsamen Singens. Nicht so für den jungen Radioingenieur. Heiligabend eignet sich hervorragend für Experimente mit der Antenne. Denn nun kann man wirklich ausschließen, daß irgendwo gearbeitet und als Nebeneffekt dieses Rauschen verursacht wird. Jansky verbringt Weihnachten hinter seinem Gerät und schaut durch das schmale Fenster seiner Bretterbude hinaus aufs Land. Es schneit die ganze Nacht. White Christmas. Die Sonne geht auf. Da, plötzlich – das Geräusch. Schnee und Sonne sind vergessen. Feineinstellung justieren, Verstärker einstellen. Hören. Das Pfeifen wird lauter, schwingt auf und ab. Fünf Minuten lang. Dann wird es schwächer. Jansky schaltet die »Walzertante« ein, dreht sie um einige Grad. Das Rauschen ist wieder in voller Stärke vernehmbar. Jansky blickt auf die Sonne, die den weißen Schnee bescheint. Kommt das Signal von der Sonne? Nein. Es war schon da, bevor die Sonne aufging. Aber aus dem Weltall?

»Wie war das doch gleich? Die Erde dreht sich um die Sonne. Das ganze Sonnensystem mit allen Planeten rotiert mitsamt der Milchstraße.« Sorgfältig skizziert Jansky seine Gedanken. Das Sonnensystem. Die Erdumlaufbahn. Und die Erde dreht sich schließlich wiederum um sich selbst. Jansky macht außerhalb der Erdumlaufbahn einen weiteren Punkt, der von der Erde aus gesehen seitlich liegt. Sollte hier ein Stern stehen, der störende Strahlen aussendet? Der junge Radioingenieur zeichnet eine Linie zwischen diesem angenommenen Stern und der Erde. »Also, die Erde läuft um die Sonne, und wenn der Stern, der die Strahlung aussendet, etwas westlich von der Sonne steht, dann müssen diese Störimpulse, die das Geräusch auslösen, auch früher zu empfangen sein«, so seine Gedanken.

Das wäre doch die Erklärung! Um den Stern zu finden, macht sich Jansky nun daran, die Zeit genau auf die Sekunde festzuhalten, in der das Rauschen erstmals vor dem Aufgang der Sonne auftrat. Dann kann ein Astronom vermutlich den Standpunkt dieses Gestirnes errechnen. Peinlich genau notiert sich Jansky jede Einzelheit, legt eine mit dem 1. Januar des Jahres 1932 beginnende Tabelle an, in der er seine Beobachtungen monatsweise festhält. Links am Rand stehen die einzelnen Tage, rechts oben, quer über das ganze Blatt gehend, die genauen Stundenangaben, zu welchen Zeitpunkten tagsüber das Geräusch auftrat und wann dessen Dauer und Stärke gemessen wurden. Jansky muß sich nach der Sonne richten. Im Sommer sitzt er bereits um vier bei der »Walzertante«, im Winter erscheint er später als seine Kollegen zur Arbeit.

»Er spinnt nun total!« ist der zu erwartende Kommentar einiger Arbeitskollegen.

Davon unbeeindruckt macht Jansky weiter. Das Geräusch tritt jeden Tag ein wenig früher als die Sonne auf. Der 23jährige greift zur Stoppuhr, wartet jeden Morgen mit dem Kopfhörer auf den Ohren auf das erste Rauschen. Die so festgehaltenen Zeiten ergeben einen Vorsprung von täglich vier Minuten. Das sind im Monat zwei Stunden.

Aber was bedeutet das alles? Jansky befragt einen Astronomen, Dr. Bart J. Bok aus Holland, den er zufällig kennt.

Dr. Bok ist der Meinung, daß das Rauschen nur so erklärt werden kann, daß es von einem Stern oder einer Gaswolke stammt, die eine Strahlung aussendet. Nach einem Einblick in eine seiner Tabellen stellt Dr. Bok fest, daß das Geräusch aus der Richtung des Sternbildes Sagittarius (Schütze) stammen müßte; und in der gleichen Richtung befindet sich auch der sogenannte Mittelpunkt unseres Milchstraßensystems.

Sollte die Störung von dort kommen, aus 30000 Lichtjahren Entfernung? Der sehr interessierte Astronom nimmt die Unterlagen mit.

Die Radioastronomie war geboren.

5. Mai 1933: Die »New York Times« meldet: »Neuartige Radiowellen aus dem Zentrum der Milchstraße.« Weltweit wird nun über Janskys Entdeckung berichtet.

Abend desselben Tages. Eine Sendung der blauen Welle:

»Meine Damen und Herren! Wir haben Ihnen schon öfters Übertragungen über große Entfernungen geboten. Sie kamen über unseren Kontinent von einer Küste zur anderen, über den Atlantik aus Europa und über den Pazifik aus Australien. Was wir aber heute abend senden, schlägt alle bisherigen Rekorde in der Überbrückung von Entfernungen!

Es geht dabei nicht mehr um eine Übertragung auf unserer guten alten Erde, sondern weit von ihr entfernt aus dem

Sternenhimmel, außerhalb unseres Sonnensystems, aus dem Zentrum der Milchstraße. Sie wurden zu einer Zeit ausgesandt, als es bei uns auf der Erde noch Menschen gab, die kläglich in Höhlen hausten.

In wenigen Minuten werden Sie nun die Zeichen aus der Tiefe des Universums hören, die wir mit einer Spezialantenne der Bell Telephone Laboratories in Homdel, südwestlich von New York, aufgefangen und auf Platte genommen haben. Ich lasse sie jetzt ablaufen.«

Und dann ging das von Jansky entdeckte Geräusch auf Sendung. Dreimal unterbrach der Sender das Rauschen, um zu demonstrieren, daß es sich deutlich von anderen Geräuschen unterschied.

Nun entbrannten Diskussionen. Viele Menschen waren überzeugt davon, daß es sich bei diesen Geräuschen um Signale außerirdischer Wesen handelte.

Begeistert von diesem Gedanken baute der Funkamateur Grote Reber in Wheaton, Illinois (USA), eine hohlspiegelartige Drahtantenne, die immerhin einen Durchmesser von zehn Metern besaß. In ihrer äußeren Form ähnelte sie einem riesigen Autoscheinwerfer. Heute steht sie als Museumsstück vor dem Eingang des National Astronomy Observatory in Green Bank, West Virginia.

Reber machte mit der neuen Antennenform die Feststellung, daß der Himmel voll von diesen Radiogeräuschen aus dem All zu sein schien. Er war der erste Forscher, der eine Art »Radiokarte« des Himmels erstellte.

Anfang April 1967: Die sowjetische Nachrichtenagentur TASS meldet, daß drei sowjetische Wissenschaftler des Sternberg-Instituts für Radioastronomie regelmäßige, in einem Abstand von hundert Tagen wiederkehrende Radioimpulse aufgefangen haben, die mit den bisherigen wissenschaftlichen Erkenntnissen nicht erklärt werden könnten.

Diese von einer Sta-102 genannten Quelle ausgehenden Strahlungsimpulse kämen aller Wahrscheinlichkeit nach von einem sechs Milliarden Lichtjahre entfernten »Gestirn«. Allerdings dauerten sie nur kurze Zeit und fluktuierten dabei in ihrer Stärke, um dann wieder für hundert Tage zu verschwinden.

Auch hier wurde vermutet, daß es sich um Botschaften intelligenter Lebewesen handeln könnte, die sich auf diese Weise mit vernunftbegabten Bewohnern anderer Sternensysteme in Verbindung zu setzten versuchten. Für diese Annahme sprach die Registrierung der aufgefangenen Impulse. Sie waren ziemlich unregelmäßig. Oder stammten diese Unterschiede in den sonst regelmäßig gezackten Linien auch von Störungen, die von der Erdatmosphäre oder von außerirdischen (natürlichen) Quellen verursacht worden waren?

Ähnliche Beobachtungen hatte man verschiedentlich auch vorher bei der Aufzeichnung anderer Radioimpulse gemacht, die von Radioastronomen aufgefangen worden waren.[1]

Heute wissen wir, daß es sich bei diesen Signalen nicht um die Botschaften außerirdischer Intelligenzen handelte. Wir kennen heute zwei Formen von Objekten im Weltall, die Radiostrahlen aussenden: Pulsare und Quasare.

Ein Pulsar ist eine Radioquelle, die in kurzen, sehr regelmäßigen Impulsen strahlt. Diese Impulse liegen oft weit unter einer Sekunde. Man geht davon aus, daß es sich bei den Pulsaren um rasch rotierende sogenannte Neutronensterne handelt, also um Sterne, die aus Neutronen in dichtester Packung bestehen. Diese Sterne haben eine geringe Leuchtkraft und eine unvorstellbar hohe Dichte. Theoretisch können sie als das Endstadium eines massereichen Sterns angesehen werden.

Diese Pulsare sind für viele aufgefangene Signale verantwortlich, die zunächst den außerirdischen Intelligenzen angedichtet wurden. Ein sehr bekannter Pulsar befindet sich im Krebsnebel.

Ein Quasar ist ein sehr weit entferntes, außerordentlich helles Objekt, das neben Licht auch starke Radiowellen aussendet. »Quasar« steht für »quasistellares Radio-Objekt«. Der erste Quasar wurde 1963 entdeckt. Im Spektrum der Quasare herrscht eine gewaltige Rotverschiebung, die auf den Dopplereffekt zurückgeführt wird. Das wiederum deutet auf Entfernungen von Milliarden von Lichtjahren hin und setzt entsprechend eine ungeheure Leuchtkraft des Quasars voraus, die das Hundertfache ganzer Galaxien erreichen müßte. Es gibt auch veränderlich strahlende Quasare. Zwei Teams von Astronomen gaben am 19. November 1996 dramatische Hubble-Teleskop-Bilder heraus, die zeigen, daß Quasare in einer bemerkenswerten Vielfalt von Galaxien »leben« (auch hier wurde wieder dieses Wort gebraucht!), viele von ihnen sind gewaltsam kollidiert. Dieses komplizierte Bild legt nahe, daß es eine Vielzahl von Mechanismen für das Erscheinen von Quasaren, den energiereichsten Objekten im Universum, gibt.[2] Jedenfalls scheinen sie für die Signale verantwortlich zu sein, die von den Russen aufgefangen wurden.

Man hatte sie zunächst für Signale außerirdischer Intelligenzen gehalten, und Reber hat seine Antenne aus diesem Gedanken heraus gebaut. Der Antrieb für ihn war die Möglichkeit, daß die merkwürdigen Signale Botschaften seien. Es war wieder diese Faszination. Der Kontakt mit anderen Welten schien greifbar nahe. Wie damals mit den Marskanälen. Der Mensch sehnt sich nach dem Kontakt mit außerirdischen Intelligenzen. Und genau wie Schiaparelli nicht allein blieb, fand auch Reber zahlreiche Anhänger. Riesige und kostspielige Programme wurden entwickelt, um doch noch auf dem Radiowege mit Außerirdischen in Kontakt zu kommen. Gut, die damals aufgefangenen Signale stammen von Pulsaren und Quasaren. Aber warum sollten nicht »echte« Außerirdische auf diesem Wege versuchen, mit uns in Kontakt zu treten? Man ließ diese Möglichkeit nicht außer acht. Fieberhaft wird in allen Teilen der Welt der Himmel nach den Botschaften Außerirdischer abgesucht. SETI, »Search for Extraterrestrial Life«, heißt das Schlagwort: Suche nach außerirdischem Leben.

Warum? Warum wollen wir unbedingt mit Außerirdischen in Kontakt treten oder von diesen kontaktiert werden?

Bereits vor vielen Jahrhunderten gab es Menschen, die sich die Frage nach Leben außerhalb der Erde stellten. Dabei fanden sie in den Sternen am Himmel einen geeigneten Ort. Ob nun in Sternenkonstellationen (Sternbilder) Götter verehrt oder einzelne Sterne mit Göttern in Verbindung gebracht wurden – immer spielte die Astronomie eine bedeutende und entscheidende Rolle. Lange hat es gedauert, bis die Menschheit erkannt hat, daß unsere Sonne, unsere Erde nicht der Mittelpunkt der Welt sind, sondern nur kleine Rädchen im großen Uhrwerk des Universums. Bereits Metrodorus, ein griechischer Philosoph aus dem 4. Jahrhundert vor Chr., sah es als absurde Behauptung an, daß die Erde die einzige bewohnte Welt im Universum sein solle. Das wäre gleich so, als würde man behaupten, in einem ganzen Hirsefeld wüchse nur ein einziges Korn.[3] Viele andere Wissenschaftler und Philosophen haben sich mit diesem Problem in den vergangenen Jahrhunderten befaßt.

Der Berliner SETI-Experte Hans-Jörg Vogel schreibt über das SETI-Projekt:

»In diesem Projekt wird die, wie nicht nur ich meine, wichtigste Menschheitsfrage gestellt: ›Sind wir allein im Weltall?‹

Das Ziel dieses Projektes ist nicht nur die Suche nach weiteren intelligenten Zivilisationen im Universum, sondern auch die Vorbereitung auf eine mögliche Kommunikation mit ihnen. Vielfältig sind die Meinungen darüber in Wissenschaftskreisen. Sie gehen vom Bejahen einer Kommunikation mit außerirdischen Zivilisationen bis hin zur strikten Ablehnung einer Kommunikation aus Sicherheitsgründen. Wie dem auch sei, der Gedanke eines Informationsaustausches mit einer vielleicht viel weiter in ihrer Entwicklung fortgeschrittenen Zivilisation ist faszinierend, und ich finde, diese Möglichkeit sollte die Erde sich nicht entgehen lassen. Also heißt es zur Zeit für uns: Weitersuchen!«

Ist es die wichtigste Menschheitsfrage, die Frage, ob wir allein im Weltraum sind, ob es da noch andere gibt, andere, ebenso »intelligent« wie wir, vielleicht noch intelligenter? Warum ist uns das so wichtig?

Erich von Däniken schreibt im Vorwort zu seinem Buch »Zurück zu den Sternen«:

»Das Verlangen nach Frieden, die Suche nach der Unsterblichkeit, die Sehnsucht nach den Sternen – all dies gärt tief im menschlichen Bewußtsein und drängt seit Urzeiten unaufhaltsam nach Verwirklichung.

Ist dieses dem Menschenwesen tief eingepflanzte Drängen selbstverständlich? Handelt es sich tatsächlich nur um menschliche ›Wünsche‹? Oder steckt hinter diesem Streben nach Erfüllung, diesem Heimweh nach den Sternen etwas ganz anderes?

Ich bin überzeugt, daß unsere Sehnsucht nach den Sternen durch ein von den ›Göttern‹ (außerirdische Astronauten, die vor langer Zeit hier waren und ihre Gene mit denen von Primaten kreuzten, um intelligente Wesen ›nach ihrem Bilde zu formen‹) hinterlassenes Erbe wachgehalten wird. In uns wirken gleichermaßen Erinnerungen an unsere irdischen Vorfahren und Erinnerungen an unsere kosmischen Lehrmeister. Das Intelligentwerden des Menschen scheint mir nicht das Ergebnis einer endlosen Entwicklung gewesen zu sein.«

Man könnte diese Sehnsucht nach den Sternen auch psychologisch erklären. Der Mensch ist immer auf der Suche nach Höherem, nach etwas, das ihn führt. Der Mensch war einst ein Rudeltier. Bevor er zum Menschen wurde, wie wir ihn heute kennen, hatte er ein Leittier. Leittiere gibt es in der menschlichen Gesellschaft nicht mehr. Sicher, es gibt Politiker, Staatsführer, aber niemand, dem wir bedingungslos vertrauen und folgen würden, so wie unsere Vorfahren ihrem Leittier. So würde die Bedeutung der Religionen verständlich, die jedoch dem Menschen nicht den Frieden gebracht haben, den er erwartet hatte, sondern statt dessen Widersprüche in den jeweils heiligen Schriften, Religionskriege, Unterdrückung. Die Wissenschaft bietet sich ebenso als »Leittier« an, doch auch sie hat schon zu oft versagt. Bietet sich da nicht das Unbekannte an, die Welt über uns, die Pracht der funkelnden Sterne? Ist dieser Ort nicht geeignet, um unser verlorenes »Leittier« zu suchen?

Das Autorenteam Fiebag/Sasse schreibt in seinem Buch »Mars – Planet des Lebens« über die Raumfahrt:

»Unsere natürliche Umwelt endet nicht in den äußeren Schichten der Atmosphäre. Das Weltall selbst ist Natur – unsere Erde hingegen nur ein kleiner, zwar sehr schöner, aber im kosmischen Maßstab nicht einmal ein besonders repräsentativer Ausschnitt daraus. Raumfahrt muß daher als langfristig vorgegebenes, evolutionäres Ziel verstanden werden und kann nicht von kurzfristigen, vorgeblich ›bodenständig-wissenschaftlichen‹ Überlegungen allein abhängig gemacht werden.«

»Warum?« Diese Frage wurde auch dem berühmten Raketenpionier Wernher von Braun immer wieder gestellt. Und vielleicht hatte er die prägnanteste und beste Antwort auf die Frage, warum wir für teueres Geld immer wieder Raketen und Raumsonden in unser Sonnensystem

schießen, warum wir es uns einiges kosten lassen, herauszufinden, ob es auf dem Mars tatsächlich Spuren von Leben, wenn auch nur in Form von Mikroben, gibt, warum
wir Botschaften per Raumsonde aus unserem Sonnensystem hinausschießen, warum wir Botschaften an die
zukünftigen Bewohner eines Planetenmondes senden,
warum wir letztendlich den Himmel mit riesigen Radioteleskopen absuchen, um nach Signalen von außerirdischen
Lebewesen zu fahnden, warum kostspielige und zeitauf-
wendige Unternehmen gestartet werden, über Jahrzehnte
hinweg, unermüdlich und immer wieder in der Hoffnung,
eines Tages Erfolg zu haben.

Wernher von Braun sagte auf die Frage nach dem Sinn
und Zweck für das Vordringen des Menschen in den Weltraum:

»Weil es die Bestimmung des Menschen ist.«

Projekte, die außerirdisches Leben aufspüren sollen

Im Frühjahr 1960 begann die systematische Suche nach fremden Zivilisationen im Weltall mit Hilfe der Radioastronomie, einem Zweig der Astronomie, der letztlich auf Jansky und seine »Walzertante« zurückgeht. In jenem Frühjahr benutzte man einen 26m-Radiospiegel, der am National Radio Astronomy Observatory in Green Bank, West Virginia, stationiert war. Das Unternehmen wurde in erster Linie durch den Astronomen Frank Drake geleitet. Es war das »Projekt Ozma«. »Ozma« leitet sich von der Königin des sagenhaften Landes Oz ab, das nach den Kinderbüchern von Frank L. Baum unendlich weit von uns entfernt und schwer zu erreichen ist. Viele exotische Tiere soll es in diesem Land geben. Und »exotisch« ist vielleicht das Stichwort. Exotische, fremde Lebewesen sollten mit diesem Projekt »Ozma« aufgespürt werden.

Zunächst hatte man sich überlegt, aktiv Funksignale von der Erde aus zu anderen Zivilisationen zu senden. Als Problem wurde hierbei jedoch die lange Laufzeit angesehen, das heißt der Weg des Signals hin und die Antwort zurück. Damals hatte man Sterne wie Alpha Centauri, Epsilon Eridianus und Tau Ceti im Auge. Und da würde die Sendung der Radiosignale hin und zurück über 20 Jahre betragen.

Man entschied sich für einen anderen Weg. Wenn es auf den dortigen etwaigen Planeten technisch begabte Menschen gäbe, dann würden sie vielleicht von sich aus bereits Radiosignale aussenden, teils, um sich selbst mit Radiosendungen zu versorgen oder Funkkontakte mit ihren eigenen Raumschiffen aufrechtzuerhalten, teils aber auch, um aktiv mit anderen Zivilisationen Kontakt aufzunehmen.

Meiner Meinung nach hat man hier etwas einseitig gedacht. Wir senden auf Grund der langen Laufzeiten keine Radiosignale aus, um in Kontakt zu kommen, von anderen wird dies aber erwartet und vorausgesetzt, daß die »Anderen« dies, wenn sie denn technisch dazu in der Lage sind, ganz selbstverständlich tun würden, ohne Rücksicht auf die langen Laufzeiten. Was, wenn die fremden Intelligenzen ebenfalls so denken wie wir und keine Signale aussenden? Dann wäre eine Kontaktaufnahme schlichtweg unmöglich! Oder stecken hinter diesem passiven Verhalten ganz andere Gründe?

Jedenfalls hatte man sich beim »Projekt Ozma« dazu entschieden, nur Signale aufzufangen. Solche künstlichen Radiosignale wären leicht von der natürlichen Radiostrahlung im Weltall zu unterscheiden. Die Untersuchungen liefen vor allem nahe der Frequenz von 1420 Megahertz (MHz) oder 21 cm Wellenlänge. Daß man ausgerechnet diese Wellenlänge wählte, ging auf einen Vorschlag von Cocconi und Morrison von der Cornell-Universität zurück. Erstens ergibt sich nahe dieser Wellenlänge eine verhältnismäßig geringe Störungswirkung von seiten der Planetenatmosphäre und der galaktischen Radiostrahlung, also der in unserem Milchstraßensystem erzeugten Radiowellen. Zweitens haben wir bei 21 cm Wellenlänge die Strahlung des neutralen, interstellaren Wasserstoffs. Auf dieser Wellenlänge würden vermutlich auch die Radioastronomen anderer Planeten zahlreiche Untersuchungen anstellen. Der Gedanke an eine »kosmische Standardfrequenz« erscheint also durchaus naheliegend. Eine kosmische Standardfrequenz, die um 1420 MHz liegt.

Leider verlief das Projekt »Ozma« durchweg negativ, doch das ist nicht weiter verwunderlich. Die Wahrscheinlichkeit, bereits bei so nahe gelegenen Sternen ins Schwarze zu treffen, ist außerordentlich gering.

Das Projekt wurde jedoch fortgesetzt und auf über 300 Sterne ausgedehnt. Dieses Projekt »Ozma«-Folgeunter-

nehmen schloß verschiedene Radioobservatorien mit ein –
leider ohne Resultat.[1]

Nicht lange nach dem fehlgeschlagenen Projekt »Ozma«,
nämlich im Jahr 1961, trafen sich hoch angesehene und ge-
achtete Astronomen in Green Bank, einer bekannten Sternwarte in West-Virginia, in der auch ein Radioteleskop von
passabler Größe stationiert ist. Dort wurde von Frank Drake, dem Initiator des Projekts »Ozma« eine Formel vorgeschlagen, die seither als die Grundlage aller weiterführen-
den Diskussionen bezüglich der Problematik »Suche nach
außerirdischem Leben« gilt. Sie lautet:

$$N = R \cdot fp \cdot nö \cdot fl \cdot fi \cdot fk \cdot L.$$

Hierbei steht »N« für die Anzahl der außerirdischen Zivilisationen, während »R« die Anzahl der in jedem Jahr
neu entstehenden Sterne der Milchstraße bedeutet. »fp« ist
der Anteil der Sterne mit Planetensystemen, während »nö«
für den Anteil der Planeten innerhalb einer Ökosphäre
steht (das ist ein kugelschalenförmiger Bereich um einen
Stern, in dem die Temperaturen das Entstehen und das Erhalten von Leben zulassen. In unserem Sonnensystem gilt
die Venus als die innere Grenze der Ökosphäre, der Mars
beendet sie nach außen hin. Eventuell muß man die Ökosphäre noch schmaler ansetzen). »fl« bezeichnet den Anteil der Planeten, auf denen tatsächlich Leben entstanden
ist, während »fi« den Anteil der intelligenten Zivilisationen beschreibt. »fk« steht für den Anteil der technischen
Zivilisationen, und »L« steht für die Lebensdauer einer
technischen Zivilisation.

Bei der Betrachtung der Formel fällt auf, daß die einzelnen Faktoren vom Allgemeinen zum Speziellen gehen und
dabei immer spekulativer werden, von der Anzahl der in
jedem Jahr neu entstehenden Sterne der Milchstraße bis
zur Lebensdauer einer technischen Zivilisation. Daß es
Sterne mit Planetensystemen gibt, kann mittlerweile als

gesichert angesehen werden. Danach wird es aber schwieriger. Wir vermuten, daß sich bei Beta Pictoris Planeten in einer Ökosphäre befinden könnten, aber sicher wissen wir dies nicht. Und danach wissen wir gar nichts. Die Formel soll gewissermaßen auch nur ein Raster darstellen, das alle benötigten Faktoren zusammenfaßt. Um eine Aussage der Wahrscheinlichkeit intelligenter Zivilisationen innerhalb unserer Milchstraße machen zu können, muß jeder Faktor abgeschätzt werden. Und darüber herrscht keine Einigkeit unter den Astronomen. Differenzen gibt es beispielsweise beim Faktor »N«. Wie groß ist der Prozentsatz technischer Zivilisationen wirklich? Wie will man denn das bei so vielen Unbekannten ermitteln? Wie will man abschätzen, wie viele Planeten es in der Milchstraße gibt? Wir haben einige wenige entdeckt, andere entpuppten sich als »Braune Zwerge«, bei wieder anderen ist man sich nicht sicher. Wie viele Planeten gibt es noch? Wie viele werden noch entdeckt werden? Wie viele können gar nicht entdeckt werden, weil sie von ihrem hellen Hauptstern überstrahlt werden? Wie viele wurden einfach deswegen nicht entdeckt, weil man nicht überall gleichzeitig hinsehen kann, auch mit dem Hubble-Teleskop nicht? Wie will man effektiv abschätzen, wie viele Planetensysteme es in der Milchstraße gibt?

Ist Leben Zufall oder Notwendigkeit im Universum? Muß Materie zwangsweise chemische Verbindungen bilden, die letztlich zur Entstehung von Leben führen können? Ist es Zufall? Ist die Erde der einzige Planet im Universum, der eine Zivilisation trägt, oder gibt es deren möglicherweise lediglich eine Handvoll? Oder ist, wie christliche Fundamentalisten behaupten, die Erde der Planet, den Gott für die Menschen auserwählt hat, der Planet und sonst keiner?

Wenn wir uns aber die (vermuteten) Lebensspuren in Marsmeteoriten und die vermuteten Lebensformen auf Europa sowie die Tatsache, daß es auch andere Planeten in fremden Sonnensystemen gibt, vor Augen halten, sowie die Tatsache, daß Meteoriten (auch) rechtsdrehende Aminosäuren beinhalten, dann können wir daraus schließen, daß Leben doch als Notwendigkeit angesehen werden sollte, zumindest wenn wir die genannten Faktoren zusammen betrachten.

Ein Argument, das immer wieder vorgebracht wird, ist das, daß die Erde schließlich ein recht junger Planet sei, der zudem in einem jungen Planetensystem liege. Aus diesem Grunde wird oft davon ausgegangen, daß es allein in unserer Galaxis sehr viele technische und intelligente Zivilisationen geben muß, die unserer eigenen um einiges, vermutlich sogar um Millionen von Jahren voraus sind. Eine optimistische Schätzung geht davon aus, daß rund 0,001 % aller Sterne unserer Milchstraße Planeten mit technischen Zivilisationen haben. Das entspräche einer Million außerirdischer Völker. Weiter würde dies bedeuten, daß die nächsten von ihnen aller Wahrscheinlichkeit nach schon in einigen hundert Lichtjahren Entfernung zur Erde existieren könnten. Manche Experten sind der Ansicht, daß solche Zivilisationen sogar in stetem Nachrichtenaustausch stehen.

Weniger optimistisch eingestellte Experten sprechen von wenigen hundert technischen Zivilisationen in unserer Galaxis. Diese seien vermutlich zerstreut und mußten sich ohne die Möglichkeit, Kontakte zueinander aufzubauen, unabhängig voneinander entwickeln.[2]

Es ist also außerordentlich schwer, abzuschätzen, wie viele Zivilisationen denn nun in unserer Milchstraße zu Hause sind, ganz zu schweigen von technischen Zivilisationen.

Nur: Sollten die optimistischen Schätzer recht haben, dann müßte die Kontaktaufnahme von der Erde aus auch

möglich sein. Trotzdem war das Projekt »Ozma« ein Fehlschlag!
Es sollte jedoch nicht das letzte seiner Art bleiben.
Ernst zu nehmende Forschungsprojekte beschäftigen
sich auch weiterhin mit dem Problem der Kontaktaufnahme mit hochentwickelten außerirdischen Zivilisationen.
In den Jahren 1971/72 wurden im Rahmen des Projekts
»Ozpa« neun Sterne untersucht. Bei »Ozma 2« stand in
den Jahren 1972-76 die Untersuchung von 674 Sternen auf
dem Programm. »Qui Appelle«, ein weiteres Suchpro-
gramm, lief im gleichen Zeitraum ab. 1973 wurde »Mania« aktiv. Einundzwanzig besondere Objekte wurden
nach kurzen Lichtimpulsen untersucht. Das Programm
dauerte bis 1974. Das »Serendip-Projekt«, eine Ganzhim-
mel-Untersuchung, dauerte von 1976-1982 an. Ein weiteres Projekt, das wieder unter dem Namen »Mania« lief,
untersucht seit 1978 93 Objekte nach optischen Zeichen
von Zivilisationen. In den Jahren 1978-1982 führte »Serendip« eine weitere Suche durch. 1981 hielt »Signal«
nach pulsierenden Signalen aus dem galaktischen Zentrum
Ausschau. 1981/82 suchte »SETA« nach Artefakten im Er-
de/Mond- und Sonne-Erde-System.[3]
1982 wurde von der Internationalen Astronomischen
Union (IAU), das ist eine weltweite Organisation von Be-
rufsastronomen, auf ihrer Generalversammlung im griechischen Patras die Kommission 51 »Search for Extraterrestrial Life« (Suche nach außerirdischem Leben) ge-
gründet.
Die Forschungsgruppe hat über 300 Mitglieder. Sie treffen sich im Rahmen von Symposien, um Erfahrungen aus-
zutauschen und Arbeitsergebnisse zu diskutieren. 1984 traf
man sich in Boston, 1987 in Balatonfüred (Ungarn) und
1990 im französischen Cenis. Mittlerweile hat sich die

IAU-Kommission einen neuen Namen gegeben: Bioastronomy.[4]

Am Jahrestag der fünfhundertsten Wiederkehr von Kolumbus' sogenannter »Entdeckung der Neuen Welt«, am 12. Oktober 1992, begann die bisher größte und umfangreichste Suche nach intelligenten Bewohnern im Kosmos. Die NASA finanzierte ein Projekt, das eine zehn Jahre lange systematische Suche nach Radiosignalen außerirdischer Zivilisationen vorsah und unter der Bezeichnung »MOP« (Microwave Observing Project) laufen sollte. In einer weiteren Phase des »MOP« war sogar eine globale Abtastung des gesamten Firmamentes vorgesehen.[5]

Auch Hans-Jörg Vogel vom »Forschungsarchiv SETI-Berlin« (FAS) spricht in diesem Zusammenhang von einer neuen Phase in der SETI-Forschung. Mit Hilfe neuester Technik wolle eines der spektakulärsten Projekte der NASA seine Forschungen qualitativ und quantitativ bedeutend verbessern. Seit über 30 Jahren wird das Weltall von den Astronomen mit kleineren und großen Radioteleskopen nach künstlichen Signalen abgehorcht. Bisher hatten aber alle Aktionen leider keinen Erfolg. Die untersuchten Radiosignale verzeichneten keinerlei künstliche Modulation, die eventuell auf »Informationsmüll« oder auf zielgerichtete Sendungen einer anderen Zivilisation hinweisen könnten. Außer dem Problem, daß die vorhandene Technik noch zu leistungsschwach ist, muß man sich natürlich auch die Frage stellen, wie denn eine solche außerirdische Botschaft überhaupt aussehen könnte.

Bei der Suche nach künstlichen Signalen konzentrieren sich die Radioastronomen auf Radiowellen zwischen ein und zehn Gigahertz. Das sind theoretisch 100 Milliarden Kanäle für eine mögliche Sendung von außerirdischen Zivilisationen. Diese Kanäle alle gleichzeitig zu überwachen ist unseren Astronomen zur Zeit aber völlig unmöglich.

Aber wo soll man mit der Suche beginnen, und auf welchem Kanal würden die Außerirdischen senden? Um irgendwann einmal (Ergebnismöglichkeit kann auch 0 sein!) ein Ergebnis zu erhalten, muß also der gesamte Himmel systematisch abgesucht werden. Für diese komplexe Aufgabe wurde nun der neue Superempfänger der NASA entwickelt und in Betrieb genommen.

Professor J. Heidmann, Radioastronom am Observatorium von Paris, hält sehr viel von diesem Empfänger. Er ist der Auffassung, mit diesem Gerät hätten die Wissenschaftler nach drei Minuten mehr Sterne untersucht als in den 30 Jahren vorher. Eine fast unvorstellbare Arbeitsintensität des Gerätes.

Der wichtigste Teil der Anlage ist das sogenannte Multikanal-Analysegerät (MCSA). Mit diesem sind die Wissenschaftler in der Lage, gleichzeitig zehn Millionen Frequenzkanäle zu verarbeiten. Der Rechner ist so ausgelegt, daß er nur solche Signale festhält, die sich vom gewöhnlichen Hintergrundrauschen abheben. Diese Signale werden dann auf einen möglichen künstlichen Ursprung überprüft.

Bald werden die Sende- und Empfangsstationen in Arecibo (Puerto Rico), in Goldstone (Kalifornien/USA) und in Canberra (Australien) bei der Suche nach den außerirdischen Zivilisationen ein Trio bilden. Die Anlage »Deep Space Network« in Goldstone ist erst seit dem 12.Oktober 1992 in Betrieb. Die australische soll 1997 folgen.

Während dieser Zeit werden hauptsächlich zwei Programme durchgeführt:

Erstens wird eine Forschergruppe den gesamten Himmel nach Radiosignalen abhorchen, zweitens soll eine weitere Gruppe sich bei ihrer Suche auf etwa 800 sonnenähnliche Sterne im Umkreis von 100 Lichtjahren konzentrieren.

Bei den Untersuchungen werden die Sterne ca. 15 Minuten lang abgehorcht. Die Anlage ist technisch so ausge-

stattet, daß mit ihr Signale bis zu einer Leistung von
10 – 27 Watt pro Quadratmeter aufgefangen werden können.

Die Kosten für dieses neue Projekt werden mit 100 – 150
Millionen Dollar veranschlagt. Bei der momentanen geringen Wahrscheinlichkeit auf Erfolg ist das eine enorme
Summe. Deshalb nehmen auch andere Radioteleskope
nach und nach an diesem Projekt, der Suche nach »außerirdischen Intelligenzen«, teil. So zum Beispiel Anlagen in
Argentinien, in Rußland und in Indien.[6]

Die NASA ist vor allen Dingen aus zwei Gründen am
SETI-Projekt interessiert. Das Vorrecht dieser amerikanischen Weltraumorganisation ist es, den Ursprung und die
Verteilung von Leben im Weltraum zu studieren. Die Entdeckung technologischen Lebens würde natürlich die Bedeutung der entdeckten Planeten steigern. Und das ist ein
Ziel des NASA-Programms bei fremden Planetensystemen. Die NASA leitete fünfzehn Jahre der Forschung und
technologischen Erweiterung und investierte im Oktober
1992 58 Millionen Dollar in ein Programm, das eine Beob-
achtungszeit von zehn Jahren vorsah und »High Resoluti-
on Microwave Survey« (HRMS) genannt wurde, was soviel bedeutet wie »hochauflösende Mikrowellen-Vermes-
sung«. Nach lediglich einem Jahr der Beobachtung mit
Systemen, die einen Prototypen dieses HRMS darstellten,
wurde das Projekt aus finanziellen Gründen vom Kongreß
gestoppt. Es war bei weitem die teuerste Suchaktion, die
jemals geplant wurde.

Nachdem der Kongreß diesem Projekt die finanzielle
Unterstützung versagt hatte, lief das Unternehmen auf pri-
vater Basis unter dem Namen »Project Phoenix« weiter.

Durchaus viele Suchaktionen waren in den letzten drei
Jahrzehnten geführt worden. Das HRMS hat allerdings
weitaus mehr Möglichkeiten und ist einfach umfassender.

Es sollte systematisch nach einer Vielzahl von Signalen suchen, quer durch die vollständige Reihe der verheißungsvollsten Mikrowellenfrequenzen. Zu diesem Zweck sollten Supercomputer eingesetzt werden, und zwar auf den größten verfügbaren Radioteleskopen, mit Signalerkennung in Echtzeit und direkter Bestätigung. Die NASA-Suche war auf zwei sich ergänzende Strategien hin ausgelegt. Einmal eine gezielte Suche nach ausgewählten sonnenähnlichen Sternen und eine schnelle Himmelsvermessung in alle Richtungen. Andere Suchmethoden waren typischerweise empfänglich für lediglich eine einzige Art von Signal, deckten nur eine enge Reihe von Frequenzen ab. Verwendet wurden Ausrüstungen mit wenigen Möglichkeiten. Und sie konnten die Signale nicht sofort überprüfen. In den ersten Minuten des Unternehmens führt das HRMS mehr Suchen zu Ende als alle anderen vorherigen Programme zusammen.

Signalentwickelnde Systeme, die für die Himmelsvermessung entworfen wurden, wurden nach dem Rückzieher des Kongresses in das »Deep Space Network« (bedeutet »Netzwerk Tiefer Weltraum«) der NASA einverleibt. Die NASA hat sich damit einverstanden erklärt, die Systeme, die für die gezielte Suche entwickelt worden waren, dem nun privaten SETI-Projekt zur Verfügung zu stellen, das unter der Leitung des »SETI Institute« weitergeführt wurde. Das Institut fuhr damit fort, privates Kapital aufzubringen und es für den Teil des HRMS-Projektes zu verwenden, der von nun an unter dem Begriff »Project Phoenix« laufen sollte. Die ersten Beobachtungen fanden am australischen Parkes-Observatorium statt.

Das SETI-Institut ist eine gemeinnützige Kooperation, die so etwas wie einen Dachverband für Untersuchungen und Lehrprojekte bei der Suche nach außerirdischem Leben darstellt. Das Institut führt Forschungen auf einer Reihe von Gebieten durch, einschließlich aller wissenschaftlichen und technischen Aspekte der Astronomie und Planetologie, der chemischen Evolution, dem Ursprung des Lebens, der biologischen sowie der kulturellen Entwicklung. Projekte des Institutes wurden von namhaften Unternehmen gesponsert, so von der NASA und dem Jet Propulsion Laboratory, einer NASA-Einrichtung in Kalifornien, der IAU sowie von Organisationen wie NSF (National Science Foundation/Nationale Wissenschaftsstiftung), DOE (Departement of Energy/Energieministerium) und USGS (United States Geological Society/Geologische Gesellschaft der USA), weiter von dem Argonne National Lab, der Alfred P. Sloan Foundation (Stiftung), der privaten Industrie wie auch von privaten Stiftungen. Gegenwärtig gibt es etwa zwanzig aktive Projekte am Institut.

Das »SETI Institute« war der Hauptentwickler der Instrumente für die gezielte Suche mittels HRMS. Die NASA wird dem Institut auch dauerhaft gestatten, jene Instrumente für die fortgesetzte Suche zu verwenden, nachdem die Fertigungsphase des HRMS beendet ist. Das Institut hat das wissenschaftliche Team und Ingenieurteam des HRMS-Projektes behalten, und gemeinsam mit seinen Mitarbeitern ist nun eine geplante Steigerung und Ausdehnung der Elektronik und Software für die gezielte Suche (Targeted Search) geplant. Seit Februar 1994 wurden alle Arbeiten durch private Stiftungen unterstützt. Falls jährlich ungefähr drei Millionen an Spendengeldern eingingen, dann könnte das SETI-Institut der Brennpunkt für SETI-Bemühungen in aller Welt werden. Es wird das geplante Projekt-Phoenix-Beobachtungsprogramm zu Ende führen, während es eine andere parallele Anstrengung leiten will – nämlich das Entwerfen und Entwickeln von Systemen mit wesentlich größerer Kapazität.

Was die Dauer des »Project Phoenix« betrifft, so gibt das SETI-Institute bekannt, daß ursprünglich eine Zeit der beobachtenden Phase geplant war, die bis zum Jahr 2001 andauern sollte. Die tatsächliche Zeit, die gebraucht werden würde, wird von der Verfügbarkeit der Beobachtungsanlagen und der Stärke von außerirdischen Radio-Frequenz-Interferenzen abhängen sowie von der Geschwindigkeit, in der Verbesserungen in Empfangssystemen gemacht werden können, und natürlich auch davon, ob ein stichhaltiges Signal entdeckt werden kann oder nicht.

Die »SETI Institute Targeted Search« hat eine Anzahl von Merkmalen, die sie von vorherigen und auch von gegenwärtigen Suchern unterscheidet: Da ist einmal eine beständige Spektrum-Berichterstattung mit engen Kanälen über eine lange Reihe von Frequenzen von 1000 bis 3000 MHz. Ein weiteres Merkmal ist die Echt-Zeit-Datenverarbeitung, das heißt, die in Frage kommenden Signale werden gleich überprüft. Das Suchsystem kann sowohl nach beständigen als auch nach pulsierenden Signalen fahnden. Weiter kann das Gerät nach Signalen suchen, die sich in der Frequenz verschieben könnten. Und schließlich ist die Benutzung der größten verfügbaren Radioteleskope möglich.

Die gegenwärtige Suche wird unterstützt und ausgetragen von vielen Institutionen und Personen. Da ist einmal die University of California, Berkeley. Deren Astronomen führen eine »Serendip III« genannte Suchaktion am Arecibo-Observatorium in Puerto Rico durch. Die Planetary Society, eine unabhängig privat gegründete Organisation, führt das »Project Beta« durch, sowohl an der Harvard Universität als auch in Argentinien. Die Ohio State University leitet eine beginnende Vollzeit-Suche mit einem großen freiwilligen Einsatz. Neben dem HRMS hat die NASA ebenso eine Suche mit infraroten Wellenlängen an der Universität von Berkeley begründet, ein Teil des Serendip-Programms, das das META-System in Harvard und das Ohio State System aufwertet. In kleinerem Maße hat es begrenzte Suchaktionen gegeben, die sich weiterentwickelten zu der durch unabhängige Wissenschaftler geführten Suche in den Vereinigten Staaten und anderen Ländern. Das SETI Institute erhöht nun die privaten Stiftungen, um die »Targeted Search Portion« der NASA als »Project Phoenix« weiterzuführen.

»Um zu bestätigen«, erklärt das Institut, »daß ein Signal von einer anderen Zivilisation stammt, müssen wenigstens zwei Observatorien in der Lage sein, es zu empfangen. Sollte einmal ein künstliches Signal bestätigt sein, und zwar in der Art, daß es einen außerirdischen Ursprung hat und von intelligenten Wesen stammt, dann wird die Entdeckung so schnell wie möglich und so umfassend wie möglich bekanntgegeben werden. Eine Grundsatzerklärung über die folgenden Aktivitäten nach der Entdeckung außerirdischer Intelligenzen, die durch sechs internationale Weltraum-Organisationen gutgeheißen wurden, bestimmt, wie diese Bekanntmachung auszusehen hat. Das SETI Institute hat einen Plan für Aktionen, die der Grundsatzerklärung gleichen. Das Ziel des Planes ist, sicherzustellen, daß Neuigkeiten schnell und breit verteilt werden. Tatsächlich werden Wissenschaftler des SETI-Instituts als Teil des Prozesses der Bestätigung eines möglichen Signals mit anderen Observatorien in Kontakt treten, um in Frage kommende Signale mit deren eigener Ausrüstung zu untersuchen.«

Aber wie sollen wir erkennen, was das Signal bedeutet? Falls es ein absichtliches Signal ist, dann wird es nicht schwer zu entschlüsseln sein, meinen die Verantwortlichen des SETI Institute. Um ein Signal zu erhalten oder über interstellare Entfernungen hinweg zu senden, müßte eine Zivilisation die Grundlagen der Wissenschaft und vor allen Dingen auch der Mathematik verstehen. Deshalb würde eine Nachricht von anderen Zivilisationen wahrscheinlich eine Sprache verwenden, die auf universeller Mathematik und auf physikalischen Prinzipien aufbaut. Signale, die eine Zivilisation zu eigenen Zwecken benutzen würde, wären wahrscheinlich sehr schwer zu dechiffrieren und könnten eine nicht entschlüsselbare Nachricht enthalten.

Das hieße also konkret, wenn außerirdische Zivilisationen uns ein Signal zukommen lassen *wollen*, dann würden wir dieses auch entziffern können, da ihre Sprache auf den gleichen universellen Gesetzen basieren dürfte. Aber was ist, wenn die »Anderen« gar nicht wollen, daß ihre Funksprüche von uns aufgefangen werden? Möglicherweise weil wir ihnen zu »primitiv« sind, um offiziell kontaktiert zu werden? Dann säßen wir auf dem trockenen. Oder, was noch schlimmer wäre: Was, wenn die Außerirdischen aggressive Absichten hätten und wir deshalb ihre Signale nicht dechiffrieren könnten? Dann säßen wir ganz schön auf dem Präsentierteller. Nehmen wir einmal an, irgendwelche Außerirdischen sind irgendwann auf die Erde aufmerksam geworden, auf welche Weise auch immer, wir könnten deren Signale nicht entschlüsseln, wenn sie es vorzögen, nur *untereinander* zu kommunizieren.

Eine weitere ganz wichtige Frage, die dem SETI Institute immer wieder gestellt wird, ist die, ob der Sender eine Möglichkeit hat, zu erkennen, daß seine Nachricht aufgefangen worden ist. Vermutlich wird dies nicht der Fall sein, denn wir müßten, um dem Sender mitzuteilen, daß wir eine Nachricht empfangen haben, zurücksenden. Das SETI Institute hat keinerlei Plan für eine derartige Erwiderung von Botschaften, die von außerirdischen Zivilisationen stammen. Angesichts eines internationalen SETI-Standort-Entdeckungs-Protokolls, das zur Zeit in Erwägung gezogen wird, würden die Länder der Erde gemeinsam entscheiden, ob und wie sie antworten.

Bei dieser Sitzung wäre ich gerne dabei. Ich kann mir vorstellen, daß es dabei recht turbulent zugehen könnte. »Auf keinen Fall zurücksenden, die Botschaft könnte eine Falle sein! Die wollen uns angreifen und versklaven«, könnte der Vertreter eines mißtrauisch eingestellten Landes ausrufen. »Auf jeden Fall antworten! Wir wollen alles über das außerirdische Leben erfahren«, würde ein Wissenschaftler ausrufen. »Aber wie antworten?« könnte ein auf Sparsamkeit bedachter Politiker einwenden. Die Ein- und Ausrichtung eines entsprechenden Senders wäre sicher sehr kostspielig. »Steuererhöhungen, Ergänzungsabgabe!« könnten andere rufen. »Aber was wollen wir antworten?« »Alles über uns? Schließlich wollen wir ja auch alles über die erfahren!« »Aber wenn die unsere Informationen nutzen, um uns zu schaden, was ist dann? Sollten wir nicht lieber Stück für Stück antworten?« »Salami-Taktik? Nach so langer Zeit des Suchens wollen wir die fremde Zivilisation, die wir endlich gefunden haben, mit oberflächlichen Informationen abspeisen?« So könnte eine oder könnten zwei oder auch zehn Sitzungen ablaufen, die die Frage, ob und wie man auf eine gerade empfangene außerirdische künstliche Botschaft reagieren soll, erörtern. Oder *ist* man sich längst einig? Hat man die Debatten heimlich geführt und schon lange abgeschlossen? Liegt bereits ein entsprechender Geheimplan in der Schublade? Auch diese Möglichkeit müssen wir ins Auge fassen.

Wir haben so viel von Signalen gehört, die empfangen werden sollen, senden wir denn gar nicht selbst, um die Möglichkeiten der eventuellen Kontaktaufnahme voll auszuschöpfen? Auch diese Frage wird dem SETI Institute gestellt. Ausdrücklich wird erklärt, daß das »Project Phoenix« nur zu dem Zweck entwickelt wurde, um in den Weltraum hineinzuhorchen, um auf künstliche Signale aufmerksam zu werden. Mehr oder weniger lapidar wird dann darauf hingewiesen, daß die Menschheit schon seit Beginn des 20. Jahrhunderts unabsichtlich Signale in den Weltraum schickt – durch Radio, Fernsehen und andere Kommunikationsmittel sowie militärisches Radar. Unsere frühesten Fernseh-Transmissionen haben die Erde vor mehr als fünfzig Jahren in Richtung Weltraum verlassen.

Ein paar – meist symbolische – Botschaften waren auch dabei. Eine Botschaft, die 1974 vom Arecibo-Observatorium verbreitet wurde, bestand aus einem einfachen Bild, das unser Sonnensystem beschrieb, den Elementen, die wichtig zum Leben sind, den Strukturen des DNA-Moleküls und der Gestalt eines menschlichen Wesens. Die Botschaft wurde ausgesandt in Richtung des Kugelsternhaufens M13, der ungefähr 25000 Lichtjahre von der Erde entfernt ist.

Gesendet wird also, aber auf Sparflamme. Aufs Geratewohl in einen beliebigen Kugelsternhaufen hinein, um es vereinfacht auszudrücken. Sicher, man hat sich schon überlegt, wohin man sendet, ganz zufällig wird die Auswahl von M 13 nicht gewesen sein. Aber *eine* Sendung, in *eine* Richtung. Ist das nicht ein wenig mager? Besteht überhaupt eine gewisse Wahrscheinlichkeit, daß ausgerechnet dort eine Rasse sitzt, die mit unseren Signalen etwas anfangen kann und will?

Was das Senden betrifft, weiß man also noch nicht so richtig, was man will. Sendet man so breiträumig wie irgend möglich, nachdem man die Geräte dazu entwickelt hat, dann erhöht sich natürlich die Wahrscheinlichkeit, daß irgend jemand diese Signale auffängt. Nur, sollten sie tatsächlich aufgefangen werden, dann wissen wir ja immer noch nicht, von wem. Sind es forschende Wesen? Ist es eine friedliche Zivilisation? Sind es Eroberer? Ich denke, man befindet sich beim Senden in einem Zwiespalt. Einerseits will man natürlich so viele Möglichkeiten wie nur irgend möglich ausschöpfen, um mit fremden Zivilisationen in Kontakt zu kommen, andererseits hat man Angst, man könnte auf eine Rasse stoßen, die kriegerische Absichten hegt. Und so entscheidet man sich für eine halbe Sache: Man sendet nur, um auch diese Möglichkeit nicht außer acht gelassen zu haben, aber man sendet so vorsichtig, daß die Erfolgsaussichten praktisch gleich Null sind.

Etwas schmunzeln muß ich, wenn ich an unsere unbeabsichtigten Weltraumsendungen denke. Ich stelle mir gerade vor, wie ein außerirdischer Wissenschaftler, der erwartet, daß die Botschaften einer fremden Rasse nach den universal gültigen Gesetzen von Physik und Mathematik aufgebaut sind, verzweifelt versucht, diverse deutsche Werbesendungen, einen Zeichentrickfilm oder gar die Harald-Schmidt-Show zu entschlüsseln.

Nun wird es wieder ernster, vielleicht ernüchternder, möglicherweise beruhigender, je nach dem, wie man zu der ganzen SETI-Problematik steht. Was ist, wenn kein Signal aufgefangen wird? Eine Frage, die immer wieder an das SETI-Institute herangetragen wird. Würde keine Botschaft einer fremden Zivilisation empfangen, dann hätte man die Technologie, die bereitgestellt wurde, doch besser verwenden können, um irdische Probleme zu lösen. Das SETI-Institute, mit Unterstützung der staatlichen Wissenschaftsstiftung NSF und der NASA, hat bereits ein wichtiges Nebenprodukt des NASA-HRMS-Projektes entwickelt, Material, das den wissenschaftlichen Lehrplan deutlich aufwertet. Der Gegenstand von außerirdischen Zivilisationen stellt vor allem für junge Menschen einen meist unwiderstehlichen Anreiz dar, Wissenschaft oder Mathematik zu studieren.

Die Kosten des Projekts Phoenix belaufen sich auf ungefähr vier Millionen Dollar pro Jahr, die entweder durch Überweisungen jährlicher Beiträge oder aus einer Stiftung von ungefähr 100 Millionen Dollar aufgebracht werden können. Setzt man dies in Relation, dann beträgt dies ein wenig mehr als einen Penny pro Amerikaner im Jahr. Was sagen denn andere Wissenschaftler zu der Suche nach extraterrestrischem Leben?

Hören wir uns einige Stimmen an:

«Mehr und mehr Wissenschaftler fühlen, daß der Kontakt mit anderen Zivilisationen nicht mehr länger ein Traum ist, sondern ein natürliches Ereignis in der Geschichte der Menschheit, das möglicherweise in der Lebenszeit vieler von uns eintreten wird. Es könnte einen der wichtigsten und tiefschürfendsten Beiträge für die Menschheit und unsere Zivilisation darstellen.« Diese Aussage stammt aus einem Bericht des »Astronomy Survey Comittee« der National Academy of Science aus dem Jahr 1972.

Die gleiche nationale Wissenschaftsakademie meinte im Jahre 1982: »Es ist schwer, sich eine aufregendere astronomische Entdeckung vorzustellen oder eine, die einen größeren Eindruck auf die menschlichen Wahrnehmungen macht als die Entdeckung außerirdischer Intelligenzen.«

1991 sagte dieselbe Organisation: »Die Entdeckung von protoplanetaren Scheiben im letzten Jahrzehnt (die andere Sterne umgeben) und die fortlaufend im interstellaren Raum entdeckten hochkomplexen organische Moleküle verleihen uns größere wissenschaftliche Hilfe bei dieser Unternehmung.«

Alle zehn Jahre prüft die National Academy of Science wissenschaftliche Projekte und hat SETI dreimal hintereinander empfohlen.

Die Euphorie, die Überschwenglichkeit, die aus diesen Zeilen spricht, läßt in mir Erinnerungen an eine Zeit wach werden, in der ich reihenweise christlich-fundamentalistische Literatur verschlang. Besonders die Wendung »...und vielleicht wird es sich in der Lebenszeit einiger von uns ereignen« erinnert an solche Traktate. Die Verfasser bauen besonders gerne Hinweise auf die nahe Widerkunft Jesu Christi in ihre Literatur ein. Da sind es nicht die protoplanetaren Scheiben, die uns hoffen lassen, sondern die Wiedererrichtung des Staates Israel im Jahre 1948 und die endgültige Einnahme Alt-Jerusalems im Juni 1967 durch die israelische Armee, die nach den Aussagen Jesu Christi in den Evangelien und nach alttestamentlichen Textstellen als Vorzeichen für die Ankunft des Herrn auf Erden angesehen werden.

Schwingt hier nicht der Gedanke mit, daß sich in unserer Zeit irgend etwas gravierend ändern *muß*? Auch Negativdenker haben sich auf unsere Zeit versteift. Der Weltuntergang wird für 1999 ins Auge gefaßt, schließlich gibt es da eine große Sonnenfinsternis, die mit einer Jahrhundertwende zusammenfällt und auf die nach manchen Interpreten auch der berühmte Seher Nostradamus Bezug nimmt. In den siebziger Jahren wurde von den Amerikanern das Wiederauftauchen der Insel Atlantis als das größtmögliche umwälzende Ereignis angesehen, das in naher Zukunft stattfinden könnte. Es rangierte noch vor der Wiederkunft Christi. Nach dem amerikanischen Seher Edgar Cayce, der in den dreißiger und vierziger Jahren dieses Jahrhunderts aktiv war, würde diese Katastrophe zwischen 1958 und 1998 stattfinden und massive geologische Umwälzungen mit sich bringen. Esoteriker hingegen sind überzeugt davon, daß *keine* Katastrophen auf uns zukommen, sondern ein friedliches Zeitalter. Drückt sich in all diesen Voraussagen und Wünschen nicht der Gedanke aus, daß in unserer Gesellschaft irgend etwas nicht stimmt, daß irgend etwas passieren *muß*, daß ohne die Hoffnung, daß sich »bald etwas tun wird«, das entscheidende Veränderungen bringt, das Leben sinnlos erscheint? Und hat nicht die Wissenschaft möglicherweise nach und nach die Religion auch in dieser Hinsicht abgelöst? Erwartet man die Entdeckung dieser Veränderung, die sich in pervertierter Weise auch negativ ausdrücken kann, nun nicht mehr von der Religion, die uns in mancherlei Hinsicht bitter enttäuscht hat, sondern von der Wissenschaft? Erwartet man nun nicht mehr den Erlöser aus dem geistigen Himmel, sondern die Heilsbringer aus dem Weltall?

Besteht nicht die Gefahr, daß sich die durchaus ernsthaften und sinnvollen Motive und Aktionen der SETI-Wissenschaftler umkehren, daß irgendwann nicht mehr nach Botschaften von eventuell außerirdischen Intelligenzen, sondern nach einer neuen Version der Heilsbringer gesucht wird? Noch betonen die SETI-Wissenschaftler ausdrücklich, daß sie nichts mit UFOs zu tun hätten, man will seriös bleiben und über jeden Verdacht der Sektiererei erhaben sein. Dies ist bis jetzt auch ganz gut gelungen. Aber wer weiß, welche obskuren Gruppen sich die SETI-Thematik irgendwann zu eigen machen werden. Schon heute ist es kaum noch möglich, seriöse UFO-Forschung zu betreiben, da die UFOs schon mit außerirdischen Heilsbringern und religiösen Inhalten in Verbindung gebracht werden. Ist das SETI-Institute gegen eine derartige Entwicklung gefeit? Das SETI-Institute scheint die Gefahr erkannt zu haben, denn nicht von ungefähr macht es auf seiner Internet-Seite deutlich: »We have nothing to do with UFOs!« Frei übersetzt: »Mit UFOs haben wir nichts am Hut!« Bezeichnenderweise wird das SETI-Institute oft gefragt, ob im Rahmen des Projektes auch nach UFOs Ausschau gehalten wird. Die Antwort: »Nein. Die Suchstrategie ist darauf ausgerichtet, Signale von technischen Zivilisationen irgendwo in der Galaxis zu entdecken. Das hat nichts mit UFOs zu tun.«

Raumschiffe eignen sich nicht für die Suche nach anderen lebentragenden Planeten. Das SETI-Institute argumentiert: »Mit unserer besten Raketentechnologie würde ein Flug zum nächsten Nachbarn der Sonne, Alpha Centauri, der nur ganze vier Lichtjahre entfernt ist, ungefähr 40.000 Jahre dauern. Nur mit einer deutlich fortgeschritteneren Technologie könnten wir die riesigen Energiekosten vermeiden oder die Suche schneller betreiben. Relativität und die Grenzen der Lichtgeschwindigkeit sind für das gesamte Universum gültig. Ungefähr eintausend Sterne wie die Sonne befinden sich innerhalb eines Umkreises von 100 Lichtjahren. Überall dort mit Raumschiffen zu suchen, würde mehr als eine Million Jahre dauern und Unmengen von Geld verschlingen. Die Alternative dazu ist eben, nach Radio-Wellen zu suchen, mit dem technologischen Status, mit den bescheidensten Kosten.« Die Beobachtungsphase des HRMS hätte den Steuerzahler ungefähr einen Nickel im Jahr gekostet.

Daß Relativität und die Lichtgeschwindigkeit für das gesamte Universum gültig seien, wird von einigen Journalisten angezweifelt. So meint die Zeitschrift »PM«: »Bei Messungen eines Doppelsternsystems wurde Einsteins Allgemeine Relativitätstheorie mit einer Genauigkeit von 1 zu 100 Billionen bestätigt. Doch bei einer einfachen Aufgabe versagte das Formelwerk des Jahrhunderts jetzt. Damit verschwinden die Schwarzen Löcher aus der Allgemeinen Relativitätstheorie. Diese kosmischen Schwerkraftmonster sind noch nirgends entdeckt worden. Ihre Existenz läßt sich nur aus Einsteins Formeln ableiten. Jetzt müssen die Schwarzen Löcher in Zweifel gezogen werden.«

Und das Magazin »Illustrierte Wissenschaft« meint: »Die Teams von John Bahcall vom ›Institute of Advanced Studies‹ in Princeton und Francesco Paresce vom ›Space Telescope Institute‹ in Baltimore hofften, mit Hubbles Spezialkameras massenhaft ›Rote Zwerge‹ im All zu finden, die bislang als Erklärung für ein astronomisches Paradoxon dienten, wonach das All weniger sichtbare Masse aufweist, als es zur stabilen Existenz benötigt. Das Hubble-Teleskop entdeckte jedoch nur so viele dieser ›Roten Zwerge‹, daß sich damit nur mal eben 6% der fehlenden Materie erklären ließen. Nun liebäugeln die Astronomen wieder mit einer mehr als sechzig Jahre alten Theorie, nach der es sogenannte ›dunkle Materie‹ geben soll. Bislang wurde dies von den Astronomen als Hirngespinst abgetan, doch sollte es auch keine dunkle Materie geben, müßten sowohl Newtons als auch Einsteins Theorien als falsch angesehen werden.«

Schwarze Löcher sind nach einer Pressemitteilung der Hubble-Forscher vom 17. Januar 1997 endlich entdeckt worden. Somit ist ein Kritikpunkt an Einsteins Relativitätstheorie hinfällig geworden.

Der Fachjournalist Georg Lorbertz zieht jedoch noch ein anderes Indiz hinzu. Er beruft sich auf ein Experiment, das im Auftrag des MDR (Mitteldeutscher Rundfunk) und des ORB (Ostdeutscher Rundfunk Brandenburg) von dem Kölner Experimentalphysiker Professor Günter Nimtz durchgeführt wurde. Diesem sei es gelungen, Mikrowellen mit zweifacher Lichtgeschwindigkeit zu senden. Das Experiment sei vor laufender Kamera mehrmals wiederholt worden – und immer mit Erfolg. Zusätzlich wurde versucht, mit Hilfe der Mikrowellen Informationen zu übermitteln. Eine CD-Aufnahme von Mozarts 40. Symphonie wurde quasi »Huckepack« von den Mikrowellen mitgetragen. Damit sollte bewiesen werden, daß bei der überlichtschnellen Sendung nicht nur »Müll« am anderen Ende der Strecke ankommt, wie das bislang angenommen worden war. Das Experiment funktionierte sogar noch, als das Licht mit 4,7facher Lichtgeschwindigkeit gesendet wurde.

Die Reaktionen auf dieses Experiment waren nicht gerade positiv.

Professor Gerd Eilenberger dazu:»Wenn Herr Nimtz behauptet, er habe Überlichtgeschwindigkeit in der Signalausbreitung nachgewiesen, dann bestreitet er nicht nur die Richtigkeit der Einsteinschen Grundaussagen, sondern er bestreitet sogar – oder würde sogar bestreiten – die Richtigkeit der Maxwellschen Gleichungen, auf denen außerordentlich viel beruht.«

Eine weitere Meinung:»Man kann keine Informationen mit Überlichtgeschwindigkeit senden. Wenn Professor Nimtz behauptet, daß er das getan habe, dann liegt das daran, daß er nicht weiß, was er wirklich getan hat. Er hat keine Informationen mit Überlichtgeschwindigkeit gesendet, ganz sicherlich nicht. Das widerspräche ja der relativistischen Raumzeit.«

Tatsache ist, daß auch an der Technischen Universität in Wien die Messungen von Nimtz bestätigt wurden. Verantwortlich dort ist Professor Ferenc Kransz. Er sendete Laserstrahlen mit etwa dreifacher Lichtgeschwindigkeit.

Auch in Berkeley (USA) beschäftigt man sich mit dem Tunneln von Licht und kommt zu ähnlichen Ergebnissen. Dort tunnelt Professor Raymond Y. Chiao einzelne Photonen mit zweifacher Lichtgeschwindigkeit. Chiao behauptet, bei theoretischen Experimenten mit Gruppengeschwindigkeiten in einem speziellen Medium würde er Impulse mit unendlicher Geschwindigkeit und sogar mit negativer Geschwindigkeit beobachten. Chiao sagte gegenüber Klaus Simmering:»Im Prinzip hätte man das alles schon nach der Erfindung des Lasers durch meinen alten Lehrer Professor Charles Towns berechnen können. Nachdem man das Prinzip des Lasers verstanden hatte, hätte man all diese Berechnungen machen können – damals, in den sechziger Jahren. Aber aus bestimmten Gründen blieb das lange unentdeckt, vielleicht wegen unseres

Vorurteils, daß nichts schneller als das Licht sein könne. Das hat uns blind gemacht gegenüber diesen Möglichkeiten.«

Georg Lorbertz zweifelt die Brillanz eines Albert Einstein nicht an, aber er weist darauf hin, daß er seine Formeln nie im Experiment bewiesen habe. Seine Ergebnisse seien rein theoretischer Natur gewesen.

«Ohne die vermeintlichen Schranken der Relativitätstheorie«, so Lorbertz, »steht auch die interstellare Raumfahrt, die Zeitfahrer-Hypothese oder die Frage nach dem Antriebsprinzip unbekannter Flugobjekte wieder in einem ganz anderen Licht.« Lorbertz meint, daß die Gesetze von relativer und absoluter Geschwindigkeit und von den Wirkungen der Gravitation nicht unbedingt ein Hindernis für Raum-Zeit-Reisen mit extremen Geschwindigkeiten sein müßten. Lorbertz spekuliert sogar weiter, daß die Naturgesetze (die er in Anführungszeichen setzt) möglicherweise nur für den Teil der Natur Gültigkeit haben könnten, den der Mensch hundertprozentig kenne und den er verstanden hat. In den unendlichen Weiten des Alls könnten ganz andere Naturgesetze gelten als hier auf der Erde oder in unserem Sonnensystem. Lorbertz weiter: »Eine hypothetische außerirdische Zivilisation forscht und entwickelt vielleicht gar nicht unter der Beschränkung ›physikalischer Gesetze‹?«[7]

Hätte Georg Lorbertz recht, dann gäbe es natürlich die Möglichkeit, Sonden in den Weltraum zu schicken, um nach außerirdischen Wesen zu suchen. Und dann müßte man auch annehmen, daß »die Anderen« möglicherweise auch diesen Weg wählten. Auf jeden Fall würden diese Erkenntnisse bahnbrechend und von immenser Bedeutung für den Kontakt zwischen uns und den potentiellen »Anderen« sein.

Aber *sind* diese neuen Ansätze auch richtig? Sind Professor Nimtz und seine Kollegen einige dieser Ausnahmewissenschaftler, die von der etablierten Schulwissenschaft nicht ernst genommen werden und deren Forschungsergebnisse in 100 Jahren vielleicht in jedem Lehrbuch stehen werden? Oder handelt es sich um »Wichtigtuer«, die alles bisher Gültige mit aller Macht auf den Kopf stellen wollen?

Wie dem auch sei, die Arbeit von Nimtz, Chiao und ihren Kollegen sollte nicht von vornherein in Bausch und Bogen verurteilt, sondern weiterverfolgt werden. Anders als Georg Lorbertz bin ich jedoch der Meinung, daß es zu früh ist, die Entdeckungen von Nimtz und seinen Kollegen als »bahnbrechend« zu bezeichnen. Ein paar Versuche reichen nicht aus, um ein etabliertes Weltbild auf den Kopf zu stellen.

Ich möchte also (vorerst) an der Äußerung des SETI-Instituts festhalten, die Naturgesetze besäßen im ganzen Universum Gültigkeit, einschließlich der Relativitätstheorie. Und von diesem Standpunkt aus scheint eine Suche nach extraterrestrischen Intelligenzen mittels Raumsonden tatsächlich wie die Suche nach der berühmten Nadel im Heuhaufen. Ebenso die Suche der »Anderen« nach uns. Trotzdem gab und gibt es auch Ideen in diese Richtung.

Die Raumsonde »Voyager 1«, die gegen Ende 1980 den Saturn passierte und somit der Grenze unseres Sonnensystems entgegenflog, enthielt eine Tonbildplatte, die Informationen für außerirdische intelligente Lebensformen enthielt. Spielende Kinder sind zu sehen, eine Frau, die Laub zusammenrecht, die Darstellung eines Geschlechtsaktes. Geräusche wie das Pochen eines menschlichen Herzens sind ebenso wie die Klänge von klassischer Musik zu hören. All dies ist also auf dem Weg in die Unendlichkeit des Alls, um fremden Zivilisationen von uns zu berichten.

Dann gibt es die Idee der »Von-Neumann-Sonden«. John von Neumann war der Meinung, uns weit überlegene

Rassen könnten Robotersonden bauen, die in der Lage seien, identische Kopien ihrer selbst anzufertigen und sich so zu vermehren. Diese »Von-Neumann-Sonden« könnten im Laufe von Tausenden von Jahren als kosmische Späher und Boten einer hochentwickelten Intelligenz durchs Weltall reisen und nach und nach auch den letzten Winkel der Milchstraße erreichen. Gäbe es in der Milchstraße auch nur eine einzige technisch hochentwickelte Zivilisation, dann hätte sie innerhalb von schätzungsweise 300 Millionen Jahren die gesamte Galaxis kolonialisiert, so Keller in seinem »Himmelsjahr« für das Jahr 1992. Andere Autoren wie Tipler sind der Meinung, wir sollten im 21. Jahrhundert selbst mit Hilfe der »Von-Neumann-Sonden« das Weltall kolonialisieren.

Keller geht davon aus, daß andere Zivilisationen in ihrer Entwicklung wesentlich weiter fortgeschritten sind als wir. Und eine solche hochtechnische Zivilisation würde sicher Raumfahrt betreiben. So vermutet der amerikanische Astrophysiker Gerald O'Neill gar, daß eine derart fortgeschrittene Zivilisation große Raumstationen baue, in denen sie sich für die Dauer von vielen Generationen ständig aufhielte. Diese O'Neill-Kolonien wären Ersatz für das Wohnen auf einer Planetenoberfläche. Solche Kolonien könnten von Stern zu Stern reisen und zahlreiche Ableger hinterlassen.

Keller spricht auch das sogenannte »Fermi-Paradoxon« an. »Wo sind sie? Wenn die anderen existieren, warum bemerken wir dann nichts von ihnen?« ist eine Frage, die sich der Physiker Enrico Fermi immer wieder stellte. Keine O'Neill-Kolonien, keine Von-Neumann-Sonden sind bisher beobachtet worden. Gibt es überhaupt eine technische Zivilisation in unserer Milchstraße? Viele Wissenschaftler sind der Meinung, daß dies nicht der Fall ist. Es gäbe keine weiterentwickelte Rasse, die interstellare

Raumfahrt schon seit längerer Zeit betreibe.

Richtigerweise weist Keller allerdings darauf hin, daß wir die Entwicklung von intelligenten Spezies gar nicht kennen. Vergleichsmöglichkeiten fehlen, ebenso Erfahrungen. Können wir denn sicher wissen, daß technisch hochentwickelte Rassen Raumfahrt betreiben? Müssen sich außerirdische Rassen zwangsläufig wie wir verhalten? Vielleicht wollen die »Anderen« gar keinen Kontakt? Oder aber technische Zivilisationen existieren nur kurz, und sie haben gar keine Gelegenheit, interstellare Raumfahrt im größeren Stil zu betreiben. Aufgrund sich zu langsam anpassender Denkstrukturen zerstören sich Zivilisationen recht schnell, sobald sie einen bestimmten technischen Hochstand erreicht haben. Wer weiß schon, wie lange unsere eigene technische Zivilisation noch Bestand haben wird, angesichts der Tatsache, wie wir mit der Natur umspringen?

Nun gibt es aber zu der Frage, warum noch kein Kontakt zustande gekommen ist, eine ganz exotische Theorie, die von dem Amerikaner John A. Ball von der Universität Harvard vorgebracht worden ist. Es ist die Zoo-Hypothese. Die Zoo-Hypothese behauptet, daß uns fremde Intelligenzen längst entdeckt hätten, daß sie es aber vorzögen, jeden Kontakt mit uns zu vermeiden. Sie agieren im verborgenen, studieren unsere Verhaltensweisen, ähnlich wie wir Tiere in einem Zoo beobachten. Die Erde mit uns Menschen, Tieren und Pflanzen ist für die Außerirdischen ein galaktisches Wildreservat.

Natürlich kann man diese Hypothese nicht widerlegen, aber auch nicht beweisen. Aber ist es legitim, aufgrund der Tatsache, daß man keine fremden technischen Zivilisationen entdeckt hat, einfach zu schließen, daß sie eigentlich dasein *müßten*, und wenn sie dasein *müßten*, dann sind sie auch da, nur geben sie sich nicht zu erkennen? Mir erscheint diese Denkweise dann doch ein wenig zu simpel. »Wer sagt denn, daß es unter den hochentwickelten Bewohnern der Galaxis nicht auch Wilderer gibt?« sagt Sebastian von Horner vom nationalen Radioobservatorium in Green Bank, West-Virginia (USA). Und die würden uns nicht nur beobachten, sondern sie würden auch Beute machen wollen. Der Wilderer-Einwand beschränkt zumindest die Zahl der galaktischen Zivilisationen auf nur einige wenige, so Keller. Wegen der Durchmischung der Sterne infolge der differenziellen galaktischen Rotation könne es auch sein, daß wir den Außerirdischen mittlerweile verloren gegangen seien, die vielleicht vor zehn oder hundert Millionen Jahren die Erde aufgesucht hätten. Es sei schwer vorstellbar, daß die Außerirdischen so lange Zeit verborgen bleiben können, meint Keller. Diese Ansicht teile ich nicht unbedingt, denn wenn eine technische Zivilisation tatsächlich in der Lage sein sollte (was ich bezweifle), bis in unser Sonnensystem vorzudringen, auf welche Weise auch immer, dann dürfte es dieser nicht schwerfallen, sich auch auf längere Sicht hin versteckt zu halten. Jedenfalls wurde spekuliert, die Außerirdischen versteckten sich und ihre Raumschiffe im Asteroiden-Gürtel. Man solle im Infraroten nach ihnen suchen. Raumfahrzeuge hätten sicher Zimmertemperatur und würden so im infraroten Spektralbereich auffallen. Beobachtungstechnisch existiert das Problem, daß der interstellare Infrarot-Hintergrund viel intensiver ist als die anzunehmende Strahlung der Raumschiffe.

Es ist interessant. Da wird die Frage gestellt, warum bisher kein Kontakt mit außerirdischen Intelligenzen zustande gekommen ist, und die Fakten werden dermaßen verdreht und zurechtgebogen, bis sich die Außerirdischen plötzlich im Asteroidengürtel befinden, uns ständig beobachten, und da sie dort seien, müßten wir dort suchen. Hier wird ein Problem glatt ins Gegenteil verkehrt.

Aber es geht noch weiter. Eine Variante der Zoo-Hypothese ist die Embargo-Hypothese. Sie geht davon aus, daß weiterentwickelte galaktische Zivilisationen das Problem der Aggressivität gelöst hätten. Es handle sich um friedliche und geistig hochstehende Wesen, die die ganze Galaxis unter Kontrolle halten. Neuankömmlinge, die später in den »galaktischen Klub« aufgenommen werden wollen, werden zunächst auf ihre Moral hin untersucht. So wird jede neue Intelligenz beobachtet. Werden diese ihre Aggressionen ablegen und erreichen sie somit die Reife, in den »galaktischen Klub« aufgenommen zu werden? Oder werden sie sich selbst zerstören, noch bevor sie interstellare Raumfahrt betreiben?

Gerade die Embargo-Theorie entlarvt sich selbst und vielleicht die ganze Zoo-Hypothese als ein unbeweisbares Gebäude, das auf religiöse Inhalte hin ausgerichtet ist. Derartiges kann man glauben oder nicht. Entsprechende Kulte gibt es auch schon zur Genüge. Mittlerweile arbeiten solche Gruppen, wie andere religiöse Sekten auch, mit Panikmache. Wer die entsprechende moralische Reife durch sklavischen Gehorsam erreicht, wird durch fremde Raumschiffe evakuiert, bevor die Erde zerstört wird. Ist die erforderliche Reife nicht da, dann wird der Körper bei der Evakuierung zerrissen. Gerade beim Vorbeiflug des Kometen Hale-Bopp kam es in solchen Sekten, zum Beispiel bei der kalifornischen »Heaven's Gate", sogar zu Massenselbstmorden.

Für unser Thema ist es wichtig festzustellen, daß die Zoo-Hypothese völlig ungeeignet ist, die Frage zu klären, warum bisher noch kein Kontakt zustande gekommen ist. Sollte die Frage nicht eher lauten: Gibt es überhaupt außerirdisches hochentwickeltes Leben? Sind wir einfach zu ungeduldig? Suchen wir auch richtig nach ihnen? Gibt es vielleicht irgendwo ganz weit draußen im Kosmos intelligentes Leben, mit dem wir jedoch niemals in Kontakt kommen können? Dies sind die Fragen, die wir uns im nächsten Kapitel stellen müssen.

Kann eine Kommunikation überhaupt jemals zustande kommen?

Mein Lehrer in meiner Schule in Erbach im Odenwald wußte es in den siebziger Jahren ganz genau:»Es besteht kein Zweifel, daß irgendwo im Weltall, weit entfernt von uns, intelligente Zivilisationen existieren. Und ebenso besteht kein Zweifel daran, daß wir mit diesen Zivilisationen niemals in Kontakt kommen können.« Pause.»Das, was in unserer Atmosphäre als ›UFOs‹ gesehen wird, das sind alles Täuschungen wie Fata Morganas, Schwindel und Wichtigtuerei.«

»Skyweek« 10/1996:»ET rief bisher nicht an: Die ersten 209 von 1000 ausgewählten Sternen hat das Projekt Phönix mit dem Parkes-Radioteleskop bereits abgehorcht und auch viele künstliche Signale empfangen – aber alle konnten irdischen Quellen bis hin zu fernen Mikrowellenherden zugeordnet werden. Dazu bedient man sich einer zweiten, kleineren Antenne in 250 km Entfernung, um Unterschiede im Dopplereffekt an verdächtigen Signalen messen zu können. Unterdessen fordern andere SETI-Forscher, man solle statt nach Radiosignalen fremder Intelligenzen lieber nach deren optischen Kommunikationsstrecken per Laser Ausschau halten.«

Sollte mein damaliger Klassenlehrer recht haben? Sollte tatsächlich ein Kontakt niemals zustande kommen können? Warum aber der Aufwand der Suchprojekte, wenn ein Kontakt doch unmöglich ist? Oder wendet man, wie in dem»Skyweek«-Artikel angedeutet, schlicht und einfach die falsche Methode an? Damit wir bei der Suche Erfolg haben werden, muß es eben tatsächlich fremde intelligente Zivilisationen im Weltall geben.

Die Entdeckung fremder Planetensysteme läßt natürlich die Wahrscheinlichkeit dafür etwas ansteigen, sind doch hier die Grundlagen für die Entstehung von Leben zumindest indirekt nachgewiesen worden. Und wenn sich in Sternsystemen wie Beta Pictoris tatsächlich Leben entwickelt hat, dann ist auch davon auszugehen, daß sich dieses weiterentwickelt hat.

Radioastronomen haben entdeckt, daß in den interstellaren Gas- und Staubwolken komplizierte Molekülverbindungen, insbesondere Kohlenwasserstoffe vorkommen. Und das sind, wie wir ja wissen, die Grundbausteine für Organismen.[1]

Ich habe ja auch ausführlich auf die Meteoriten hingewiesen, die zweifellos Aminosäuren außerirdischen Ursprunges beinhalten.

Wir wissen also, daß es Aminosäuren im All gibt. Wir wissen auch, unter welchen Bedingungen sich Leben entwickeln kann. Und wir wissen ferner, daß Sternsysteme wie Beta Pictoris *möglicherweise* diese Bedingungen für einen ihrer potentiellen Planeten zur Verfügung stellen können. Genaugenommen wissen wir – nichts!

Zu diesem Thema hat sich der Fachjournalist Georg Lorbertz einige Gedanken gemacht. Er verweist darauf, daß allein in dem heute beobachtbaren Teil des Universums einige 10^{20} (= zehn Milliarden Billionen) Sterne existieren, von denen mehr als 50 % unserer eigenen Sonne ähnlich sind. Wie wahrscheinlich ist es, daß bei einer solch ungeheuren Zahl lediglich eine einzige Sonne von einem Planeten umkreist wird, auf dem Leben entstehen und sich entwickeln kann? Folgt man der Theorie des amerikanischen Nobelpreisträgers für Chemie, Melvin Calvin, dann ist Leben eine logische Konsequenz der bekannten chemischen Gesetze, die auf der atomaren Zusammensetzung des Universums beruhen. Das heißt unter anderem: Ist die Zusammensetzung des Universums im großen und ganzen überall gleich, können überall die gleichen chemischen Gesetze gelten und angewandt werden. Ist die Zusammensetzung nicht überall gleich, können nicht überall die gleichen chemischen Gesetze wirken wie zum Beispiel hier auf der Erde. Oft hört man, der Planet Erde konnte nur deshalb Leben hervorbringen und auch erhalten, weil er über genügend Wasser verfügt, von einer dichten Lufthülle umgeben ist und als äußeren Schutzschirm ein kräftiges Magnetfeld besitzt. Er hat als einziger Planet unseres Sonnensystems den optimalen Abstand zur Sonne und darüber hinaus die optimale Größe. Diese Art der Argumentation bedeutet aber, Ursache und Wirkung zu verwechseln. Die Bedingungen auf der Erde waren lediglich optimal für die Entwicklung von Leben, wie wir es kennen. Hätte sich die Entwicklung auf der Erde anders vollzogen, hätte sich entstehendes Leben dieser Entwicklung vermutlich angepaßt, und wir sähen heute anders aus. Auch Lorbertz verweist auf die unbestreitbare Tatsache, daß sich Lebensbausteine nicht nur auf der Erde finden. Er weiß sogar zu berichten, daß Radioastronomen Signale von mehr als 50 solcher chemischer Bausteine im All empfangen hätten, darunter Methan, Ammoniak, Wasser und sogar Ameisensäure. Daß sich aus Methan, Ammoniak und Wasserdampf Aminosäuren und Nukleinsäuren bilden können, bewiesen die Amerikaner Harold Urey und Stanley Miller schon 1952, indem sie ein Gemisch aus diesen Stoffen in einem Laborgefäß mit elektrischen Entladungsblitzen bombardierten. Man könne daher durchaus behaupten, daß Leben »automatisch« entsteht, wenn ein bestimmtes Niveau chemischer Komplexität erreicht ist. Eine Meinung, zu der heute die meisten Wissenschaftler tendieren.

Aus diesen Erkenntnissen schließt Lorbertz, daß es einmal allein in unserer Galaxis eine Vielzahl an Sternen geben müsse, die als Kandidat für ein Planetensystem in Frage kämen. Er verweist auf die interstellaren Molekülwolken, die im All nachgewiesen wurden.

Wichtige Voraussetzung für die Entstehung von Leben ist ein geeignetes Planetensystem. Ein Planetensystem ist zum Beispiel das der Sonne.

»Man muß wissen, daß wir auf einem Planeten leben, der sich auf einer fast kreisförmigen Bahn um einen ziemlich typischen G-Stern bewegt (G-Stern = gelber Stern, Vertreter sind z. B. die Sonne und Capella, Temperatur um ca. 5.500°K). Die fast konstante Entfernung von der Sonne ermöglicht einen Temperaturbereich, in dem Wasser flüssig ist. Dies ist für das irdische Leben, das auf dem Element Kohlenstoff basiert, von entscheidender Bedeutung. Wäre die Sonne kleiner, müßte die Erde ihr näher stehen, um den für flüssiges Wasser erforderlichen Temperaturbereich zu erhalten (bei Sternen, die größer sind als unsere Sonne, wird es unwahrscheinlicher, daß sich Leben auf eventuell vorhandenen Planeten entwickelt, da massereiche Sterne eine kürzere Lebensdauer haben, das Leben aber zu seiner Entwicklung wahrscheinlich Jahrmilliarden braucht). Daß dieser besondere Temperaturbereich so wichtig ist, liegt an den komplizierten chemischen Reaktionen der Lebensbausteine: Zu hohe Temperaturen überleben die komplexen Moleküle nicht, zu niedrige Temperaturen lassen die chemischen Reaktionen zu langsam ablaufen. Dies sind die wichtigsten Gründe dafür, weshalb sich Leben, wie wir es kennen, in unserem Planetensystem nur auf der Erde und nicht etwa auf dem Merkur oder Neptun entwickeln konnte. In der Unendlichkeit des Universums nach Leben zu suchen, würde demnach also bedeuten, zunächst nach erdähnlichen Planeten zu suchen, die in ähnlichem Abstand wie die Erde zur Sonne um einen unserer Sonne vergleichbaren Stern kreisen. Abgesehen davon, daß einiges dafür spricht, daß erdartige Planeten häufig sind, ist dies tatsächlich *keine* zwingende Notwendigkeit. Das zuvor Gesagte bezieht sich nämlich auf die irdischen

Lebensformen, die allesamt auf dem Element *Kohlenstoff* aufbauen. Daneben sind aber auch kristalline oder gar gasförmige Lebensformen denkbar, die zu ihrer Entwicklung durchaus nicht auf flüssiges Wasser angewiesen sind. Die wichtige Voraussetzung des optimalen Temperaturbereiches, wie er auf der Erde herrscht, ist damit hinfällig. Daneben könnte als Grundlage für die Entstehung des Lebens anstelle des Kohlenstoffs auch Stickstoff oder Silizium dienen. Die Anzahl der geeigneten Planetensysteme steigt dadurch beträchtlich. Leben auf Stickstoff- oder Silizium-Basis könnte sich dann auch auf Planeten wie Merkur oder Neptun entwickelt haben.«

Georg Lorbertz' Ausführungen sind zum Teil spekulativ und werden von vielen Wissenschaftlern nicht geteilt, deswegen sind sie jedoch nicht weniger interessant, und man sollte sich hüten, hier gleich »unwissenschaftlich« oder »pseudowissenschaftlich« zu schreien, wenn auch einige Schlüsse – etwa »das Argument mit dem geeigneten Temperaturbereich sei hinfällig« – etwas zu voreilig sind.

Zur Frage, warum bisher noch kein Kontakt zustande gekommen sei, schreibt Georg Lorbertz: »Nun, bei den vermuteten zwei Milliarden Planetensystemen allein in unserer Galaxis ähnelt eine solche Suchaktion der Suche nach der berühmten ›Nadel im Heuhaufen‹. Wo soll man anfangen? Unklar ist ja selbst, wonach man überhaupt suchen soll. Nach Radiosignalen? Aber nach welcher Frequenz soll man Ausschau halten? Auch optische und Röntgenfrequenzen sind nicht auszuschließen. Noch problematischer wird die Suche, wenn eine außerirdische Zivilisation gar nicht entdeckt werden möchte und kein Interesse hat, andere, zum Beispiel uns, zu entdecken. Dann könnte man beispielsweise nach der Energie suchen, die diese Zivilisation umsetzen muß, um ihre Gesellschaft lebensfähig zu halten. Wird nun diese Energie lediglich oder größtenteils im Infrarotbereich abgestrahlt, ergibt sich das Problem, diese eine Infrarot-Quelle von Hunderten anderer zu unterscheiden, die durch zirkumstellare Staubhüllen zustande kommen. Das Problem, was für eine Art von Ortungsgerät man nun konstruieren muß, um die Suche nach außerirdischen Zivilisationen optimal zu gestalten, ist also äußerst diffizil.«

Lorbertz weist ausdrücklich darauf hin, daß die Suche von morgen nicht zwangsläufig ergebnislos verlaufen müsse. Denn dafür sei die Wahrscheinlichkeit, daß Leben auch außerhalb der Erde existiert, einfach zu groß.[2]

Ganz im Gegensatz zu Lorbertz glaubt Hans-Jürgen Keller, daß die Voraussetzungen, die zur Entwicklung von Leben geführt hätten, zu speziell seien, als daß die Wahrscheinlichkeit bestünde, daß andernorts ein ähnlicher Vorgang stattgefunden hat. Diese nüchterne Tatsache könnte auf einfache Art und Weise erklären, warum ein Kontakt bislang noch nicht zustande gekommen ist.

Keller geht davon aus, daß die Erde mit hoher Wahrscheinlichkeit der einzige bewohnte Planet in unserer Milchstraße ist. Dies müsse jedoch nicht unbedingt bedeuten, daß wir allein im Universum leben. Wenn in nur jeder tausendsten der viele Milliarden Sonnen umfassenden Galaxien Leben entstanden sei, dann wäre es millionenfach im All vorhanden. In einem solchen Fall wäre allerdings eine Kontaktaufnahme unmöglich, wir blieben immer durch Raum und Zeit getrennt.

Warum glauben die SETI-Wissenschaftler, daß es in der Milchstraße Leben gibt? Dazu schreibt das SETI Institute, daß Wissenschaftler in der letzten Hälfte des Jahrhunderts eine Theorie der »kosmischen Evolution« entwickelt haben. Diese Theorie nimmt an, daß Leben ein natürliches Phänomen ist, das sich wahrscheinlich auf Planeten mit geeigneten Umweltbedingungen entwickelt. Wissenschaft-

liche Beweise zeigen, daß das Leben auf der Erde relativ
schnell entstanden ist, und so nimmt man an, daß Leben
auf ähnlichen Planeten, die sonnenähnliche Sterne umkreisen, zwangsläufig auftreten wird. Mit der gewaltigen Zahl
von bis zu 400 Billionen Sternen allein in unserer Milchstraße und der möglicherweise hohen Zahl von erdähnlichen, bewohnbaren Planeten um andere Sterne sei es
wahrscheinlich, daß fortgeschrittene technologische Zivilisationen weiter im Weltall verteilt sind. SETI testet diese
Hypothese durch die Suche nach spezifischen Manifesta-
tionen intelligenten Lebens.

Wie kann man denn so sicher sein, daß irgendeine Technologie aus solch großen Distanzen entdeckt werden wird,
ist eine weitere berechtigte Frage, die dem SETI-Institute
häufig gestellt wird. Die Standardantwort ist die, daß
Technologie viele Verwendungen hat, unter ihnen sind
Kommunikation und aktive Entdeckung und Instrumente
wie z. B. Radar. Um diese Aktivitäten auf der Erde zustande zu bringen, benutzt unsere Technologie elektromagnetische Wellen wie z. B. Licht, Radio und Infrarotwellen. Um
über interstellare Distanzen hin entdeckbar zu sein, dürfen
Signale nicht durch interstellares Plasma absorbiert werden. Radiowellen wandern mit der geringsten Absorption
oder Verzerrung durch den Weltraum. Die meisten SETI-
Suchprogramme konzentrieren sich auf Mikrowellen, das
sind Radiowellen in der Frequenz-Reichweite von 1000
bis 10000 Megahertz. Radiowellen werden auch von
natürlichen Objekten abgestrahlt, ihre Frequenzbänder
sind weiter als ein paar hundert Hertz, sie sind selten polarisiert, und sie sind nicht konstant in ihrer Phase. Künstliche Signale, die durch Transmitter und Antennen erzeugt
werden, sind oft beschränkt durch eine schmale Frequenz-
Reichweite, sind hoch polarisiert und haben Wellenspitzen
in Phasen. Künstliche Signale könnten codierte Informa-

tionen enthalten, während dies bei natürlichen Signalen nicht der Fall ist.

Natürlich wird das SETI-Institute auch oft gefragt, ob vergangene Suchaktionen irgend etwas gefunden hätten. Die Antwort lautet:»Nein!« Alle Suchaktionen, die darauf ausgerichtet waren, künstliche Signale aus dem Weltraum aufzufangen, seien in vielerlei Hinsicht sehr begrenzt gewesen. Es wurden generell Ausrüstungen benutzt, die zu anderen Zwecken angefertigt worden waren. Sie hatten ebenfalls Grenzen, was ihre Empfindlichkeit, die Frequenz-Berichterstattung, die Art der Signale, die sie empfangen konnten, und die Anzahl der Sterne oder die Richtungen, in welcher der Himmel abgesucht worden war, betraf.

Allerdings haben trotz dieser Einschränkungen einige der Suchaktionen ungeklärte Signale gefunden. Weil die Daten oft erst lange nach der Beobachtung verarbeitet wurden, konnte keines der in Frage kommende Signale unmittelbar überprüft werden. Spätere Beobachtungen, die Tage oder Monate nach dem erstmaligen Empfangen dieser Signale durchgeführt wurden, konnten keines dieser in Frage kommenden Signale erneut orten. Um sicher sein zu können, daß ein Signal von außerirdischen Zivilisationen stammt, muß es unabhängig bestätigt werden, und es muß gezeigt werden, daß es von einem Punkt jenseits unseres Sonnensystems stammt. Das Projekt Phoenix würde gerade in Frage kommende Signale testen, so das SETI Institute.

So, nun haben wir aber gehört, daß auch dieses Projekt bisher *keine* künstlichen Signale auffangen konnte. Die Geräte, die zu diesem Zwecke benutzt werden, gelten als viel ausgereifter als die bisherigen Suchgeräte, die Wellenlängen sind breiter – aber wir haben immer noch keinen Kontakt. Dieser hätte aber zustande kommen müssen,

wenn es in unserer Milchstraße von fremden Zivilisationen nur so wimmelte, wie von vielen angenommen
wird. Oder hat Keller recht, wenn er schreibt, daß es auf
Grund dieser Indizien in unserem Milchstraßensystem
wohl kaum technisch hochentwickeltes Leben geben könne? Hat mein alter Klassenlehrer recht, wenn er sagt, es
gäbe ganz sicher irgendwo weit draußen im tiefen Weltall
technische Zivilisationen, mit denen wir jedoch niemals in
Kontakt treten könnten? Oder sind gar exotische Ideen be-
rechtigt, die von einer unerkannten Anwesenheit außerirdischer Raumschiffe im Asteroiden-Gürtel oder sonstwo
ausgehen, die ihre Funksignale so verschlüsseln, daß wir
sie nicht als künstlich erkennen können? Haben vielleicht
die Verschwörungstheoretiker recht, die behaupten, daß
unsere Regierungen schon lange heimlich in Kontakt mit
außerirdischen Zivilisationen stünden, daß diese jedoch
vor uns verschwiegen werden?

Wie ich bereits schrieb, halte ich von den »exotischen«
Erklärungsversuchen nicht allzuviel, da sie ein Problem
(nämlich, daß kein Kontakt zustande kommt) auf spekulative
Weise ins Gegenteil verkehren, ohne dafür konkrete Beweise
oder auch nur stichhaltige Indizien vorlegen zu können.

Also ist der Kontakt nicht möglich? Sollen wir die Suche abbrechen oder weitermachen? Sollen wir doch selbst
mehr senden? Oder müssen die bisherigen Suchstrategien
neu überdacht werden?

Sprach man einst in euphorischer Weise von CETI
(Communication with extraterrestrial Intelligences), so redet man heute nur noch von »SETI«. Aus »Kommunikation« wurde »Suche«. Und die war bislang erfolglos.

Chris Dimperl verweist auf einen Plan, der als »Project
Cyclops« bekannt werden sollte. Es handelte sich um eine
großangelegte Studie des Ames-Forschungsprogrammes
der NASA. Im Jahre 1970 hatte man sich überlegt, daß es

für die Suche nach extraterrestrischen Intelligenzen an einem geeigneten Radioteleskop fehle, das den speziellen Anforderungen dieser Aufgaben gerecht würde. Man wollte eine ganze Batterie von Radioteleskopen koppeln und auf diese Weise ihren Wirkungskreis erheblich erweitern. Mit einem Wald aus Teleskopen hätte die Möglichkeit bestanden, alle Fixsterne im Umkreis von 1000 Lichtjahren einer genauen Untersuchung zu unterziehen. Aus Kostengründen – das Projekt hätte etwa 10 Milliarden Dollar verschlungen – konnte es leider nie verwirklicht werden.

Utopischere Gedanken kamen von dem kürzlich verstorbenen genialen Astronomen Carl Sagan. Dieser hielt es für möglich, daß ein Netz in der Milchstraße bereitstünde, das Informationen über die Raumkrümmung der Schwarzen Löcher schnell über weite Strecken leiten könne.

Vor einigen Jahren erschien in einer astronomisch-grenzwissenschaftlichen Fachzeitschrift »Skylight aktuell« (Sommer 1990) ein Artikel des Autors Thomas Mehner, der sich intensiv mit der SETI-Problematik auseinandersetzte. Die Frage, die er in jenem Artikel stellte, war, ob wir auch auf die richtige Weise nach außerirdischen Intelligenzen suchen.

Thomas Mehner denkt, daß das Entwickeln technisch ausgereifterer Radioteleskope möglicherweise *ein* Weg sein kann, er meint jedoch, daß in dieser Angelegenheit noch weit mehr berücksichtigt werden müsse.

Auch Mehner stellt die Auffassung in Frage, daß eine außerirdische Vernunft Bruchstücke von wissenschaftlichen Erkenntnissen in Form von »allgemeingültigen« mathematischen und physikalischen Begriffen mitteilen würde.

Mehner glaubt ebenfalls, daß es in den Tiefen des Weltalls wohl Wesen geben dürfte, die dem Menschen und seiner Denk- und Handlungsweise ähnlich sind. Er geht jedoch davon aus, daß eine außerirdische Intelligenz die objektive Wirklichkeit vermutlich anders wahrnehmen wird als wir. Und wenn dem so ist, dann dürften die Gesetze unserer Physik und Mathematik stellenweise nicht mit den ihren übereinstimmen. Der Komplex von Begriffen, also der Symbolbestand, der eventuellen Botschaften beiliegt, würde sich vermutlich erheblich von dem unseren unterscheiden. Und selbst dann, wenn es uns gelingen sollte, eine derartige Botschaft zu entschlüsseln, besteht immer noch keine Garantie dafür, daß sie auch mit dem Orginal identisch ist. Wir können nicht noch einmal nachfragen oder um genauere Informationen ersuchen, denn es besteht keine Rückverbindung. Der Informationssender müßte also, um eine aus seiner Sicht unmißverständliche Botschaft zu übermitteln, einen Weg wählen, der Fehler weitgehend ausschließt.

Die Übermittlung rein wissenschaftlicher Informationen basiert auf einem hierarchischen Prinzip: Man schreitet vom Einfachen zum Komplizierten. Das Verlieren eines einzigen Bestandteiles, bedingt etwa durch eine technische Störung oder aufgrund linguistischen Nichtverstehens, macht das Entschlüsseln der nachfolgenden Teile unmöglich. So erhält man dann nur Bruchstücke eines rätselhaften Ganzen.

Die von Thomas Mehner vorgebrachten Ideen könnten natürlich eine Erklärung für das Problem darstellen, warum bisher noch kein Kontakt zustande gekommen ist. Auch Mehner glaubt nicht, daß Kontakte auf der Basis der Radioastronomie gänzlich unmöglich sind, er meint aber, daß man nach solchen Botschaften auch auf anderen Wegen suchen solle.

Die im Kosmos bestehenden Orte einer Vernunft seien nicht nur räumlich, sondern auch zeitlich voneinander getrennt, es gibt daher jüngere und ältere. Mehner schließt aus dieser Tatsache, daß sich außerirdische Zivilisationen, wenn sie sich an jüngere »Schwestern« und »Brüder« wenden, solchen Elementen der angesprochenen Zivilisation zuwenden, die von sehr langem Bestand sind. Die Wissenschaft ist jedoch nur ein einzelnes Element der Menschheitskultur, ein recht junges dazu. So sei die Naturwissenschaft beispielsweise erst vor 400 bis 500 Jahren entstanden.

Mehner betont ausdrücklich, daß er die Bedeutung der Wissenschaft bei der Entwicklung unserer Zivilisation nicht schmälern will. Sie habe zweifellos einen maßgeblichen Anteil, jedoch sei der Machtbereich der Wissenschaft begrenzt. Sie kann beispielsweise das Leben eines Menschen verlängern, ihn aber nicht glücklich machen. Dies könnten nur die anderen Bestandteile unserer Zivilisation.

Mehner nennt noch ein anderes Argument, das gegen eine rein wissenschaftliche Botschaft spricht: Im Unterschied zu vergangenen Jahrhunderten hat sich in unserer Zeit das Phänomen einer sogenannten »Konglomeratkultur« ausgebildet. Die Vertreter ihrer einzelnen Bestandteile kapseln sich gewissermaßen in ihrem kulturellen Mikrokosmos voneinander ab. Physiker und Mathematiker verstünden heute beispielsweise einander schwer, da sie auf verschiedenen Gebieten tätig sind. So kompliziert seien mitunter die Probleme, mit denen sie sich befassen, und ohne diese Spezialisierung seien sie gar nicht lösbar.

Mitunter entstünde der Eindruck, daß es auf der Erde mehrere völlig verschiedene Zivilisationen gäbe. Wie viele Physiker oder Mathematiker kennen heute die wichtigsten Leistungen und Richtungen der Musik, der Dichtung, der Ethik oder gar der Psychologie unseres Jahrtausends? Dabei sind Tausende von Geisteswissenschaftlern der Ansicht, daß gerade diese Leistungen eine enorme Bedeutung besitzen, und daß gerade sie den eigentlichen Inhalt unserer Ära ausmachen. Diese Experten wissen allerdings kaum etwas von der Relativitätstheorie oder von den Schwarzen Löchern.

Mehner ist sich sicher, daß die Botschaft einer außerirdischen Zivilisation kaum an einen engen Kreis von Spezialisten gerichtet sein dürfte, eher sei das Gegenteil zu erwarten: Jeder müßte die Botschaft verstehen können. So betrachtet, weise die Kunst erhebliche Vorteile auf. Sie sei erstens eine der ältesten Sprachen der Erde, und zum zweiten könnten Kunstwerke auch bruchstückweise wahrgenommen werden, ohne daß der einzelne Teil dabei seinen Wert einbüßen müßte. In diesem Falle wäre selbst das wichtigste und unscheinbarste Detail mit einem tieferen Sinn ausgestattet.

Mehner ist der Meinung, wenn eine außerirdische Vernunft sich das Ziel gesetzt hätte, uns irgendwelche Informationen mitzuteilen, dann wären dies am ehesten Daten über die Vernunft des Absenders. Es würden Daten sein, die es uns begreifen ließen, welchen Aspekt der Welt wir im Prinzip zu verstehen in der Lage seien. Mehner meint, daß über die Beschaffenheit der menschlichen Psyche unsere Malerei, Dichtung und Musik weit aussagekräftiger seien als die jüngsten Erkenntnisse der Neurophysiologie.

»Ist vielleicht alles ein Spiel?« fragt er sich. Botschaften, die von einer fremden Zivilisation stammen, könnten Spielregeln enthalten, die außerordentlich viel über die Art der Vernunft des Absenders auszusagen vermögen. Für einen Menschen wäre ein Schachspiel auf einem Brett mit nur neun Feldern vollkommen langweilig, ein ebensolches Spiel auf einem Brett mit über zehntausend Feldern dagegen überhaupt nicht zu bewältigen, das könnte lediglich ein Computer erreichen. Spiele, die Elemente der Logik und des Zufalls vereinen, sind bei uns Menschen außerordentlich beliebt. Sowohl die Spieltypen als auch die

Form der einzelnen Partien entwickeln sich gemeinsam mit der Zivilisation. In ihnen finden neue Ideen, vorherrschende Denkweisen, Neigungen und Wertvorstellungen ebenfalls ihren Niederschlag. Spiele seien mit weitaus weniger hierarchischem Wissen verbunden als die Wissenschaft. In dieser Hinsicht haben sie gewisse Ähnlichkeiten mit Kunstobjekten. An jedem Spiel könnten Lebewesen mit recht unterschiedlichem intellektuellem Niveau teilnehmen; selbstverständlich auch mit unterschiedlichem Erfolg. Aber gerade der Erfolg sei es, der es uns ermöglicht, Rückschlüsse auf die geistigen Fähigkeiten der Mitspieler zu ziehen.

Als die wichtigste und komplizierteste Etappe bei der Entdeckung der außerirdischen Intelligenzen sieht Thomas Mehner die Notwendigkeit, daß wir eine Botschaft tatsächlich erst erkennen.

Er ist der Auffassung, daß unter den vielen tausend Radioquellen, die bisher registriert wurden, und den Millionen optischer Quellen, die wir kennen, eine ganze Reihe künstlicher Objekte sind. Diese Quellen würden bereits jetzt registriert, sie entzögen sich jedoch vorerst noch unserem Verständnis. Mehner: »Die Suche nach außerirdischen Zivilisationen sollte nicht länger eine Aufgabe der Radioastronomie sein, sondern es müssen alle anderen wichtigen Aspekte unserer Zivilisationen ebenfalls Berücksichtigung finden. Generell müssen wir aber somit auch allen ungewöhnlichen Ereignissen mehr Beachtung schenken, denn möglicherweise bringen uns gerade diese ›Abnormitäten‹ auf die richtige Spur.«

Grundsätzlich denke ich ebenfalls, daß man alle Möglichkeiten ausschöpfen und sich nicht allein auf die Radioastronomie verlassen sollte. Aber »ungewöhnlichen Ereignissen Beachtung zu schenken« ist natürlich ein sehr weites Feld. Nur, wird uns die Beachtung ungewöhnlicher

Ereignisse tatsächlich auf die richtige Spur bringen, werden wir auf diese Weise Botschaften Außerirdischer erkennen können?

Frank Oschatz äußerte in einem Vortrag, den er im Jahre 1994 in Stuttgart hielt, die Idee, daß Außerirdische möglicherweise mittels außersinnlicher Wahrnehmung Kontakt zu uns aufnehmen könnten, also gewissermaßen Mentalreisen zu uns unternehmen würden. Er verweist auf Medien, die in der Lage gewesen seien, mittels außersinnlicher Wahrnehmung die Natur des Jupiterringes zu erkennen, bevor dieser auf »normale Art und Weise« entdeckt wurde. Die Medien Swann und Sherman hätten schlicht und einfach eine psychische Reise zum Jupiter unternommen und dort den Ring entdeckt.

Oschatz glaubt, daß die ASW (außersinnliche Wahrnehmung) der Weg sein könnte, mit dem Außerirdische zu uns Kontakt aufnehmen. Sie würden uns zunächst beobachten, später vorsichtig telepathische Botschaften übermitteln, die vom Empfänger jedoch mit der unbewußten Zuhilfenahme bekannter Bilder verarbeitet würden. Wen würden sie ansprechen? Irgendeinen Präsidenten vielleicht? Einen diktatorischen Staatschef, der politische Beziehungen zu solch einer Rasse sofort für sich alleine sichern würde, um anderen Staaten eine Machtdemonstration präsentieren zu können? Oschatz meint, die Rasse würde vielleicht zunächst die Situation auf der Erde eine Weile beobachten und sich dann jemanden suchen, der ungefährlich ist. Er schildert, wie so ein Kontakt ablaufen könnte: »Ein kleines Mädchen vielleicht, das auf einem Feldweg spazierengeht. Sie würden es ansprechen, um ihm mitzuteilen, was sich verändern müßte, damit die Zustände auf diesem Planeten sich ändern. Das Mädchen nimmt die außerirdische Intelligenz mit seinen psychischen Fähigkeiten wahr, weiß jedoch nichts damit anzufangen. Es projiziert ein Bild in dieses namenlose Etwas. Und da das, was das Mädchen erlebt, so unglaublich ist, daß es doch eigentlich nur vom lieben Gott kommen kann, sieht sie in diesem Etwas ein Bild der Mutter Gottes. Die Außerirdischen teilen dem Mädchen ihre Botschaft mit und verschwinden. Das Kind sorgt für die Verbreitung ihrer Geschichte.«

Nun ist es natürlich so, daß die Parapsychologie noch in ihren Anfängen steckt. Ob Außerirdische tatsächlich mittels psychischer Reisen Kontakt mit einem weit entfernten Planeten aufzunehmen in der Lage sind, das kann (und sollte) nicht von vornherein von der Hand gewiesen werden. Aber: Die Geschichte mit der ASW ist momentan kaum beweisbar, es gibt interessante Indizienbeweise, die darauf hindeuten, daß es so etwas wie ASW tatsächlich gibt. Aber Außerirdische, die uns mittels ASW über eine sehr, sehr weite Strecke Botschaften übermitteln, die von unserem Unterbewußtsein interpretiert werden? Das ist ein sehr interessanter Gedanke, jedoch nicht viel mehr. Vielleicht wird uns die Zukunft eines Besseren belehren, vielleicht aber auch nicht.

Es bleibt also bei der Radioastronomie, der einzigen Art der Kontaktaufnahme, die mit unseren derzeitigen wissenschaftlichen Möglichkeiten nachvollziehbar ist. Das Problem ist, daß die Verantwortlichen des SETI Institute davon ausgehen, daß außerirdische Botschaften relativ leicht zu entschlüsseln sind, da sie sich nach allgemeingültigen universellen Maßstäben richten, und daß es solche außerirdische Zivilisationen tatsächlich in der Milchstraße gibt. Bisherige Suchaktionen konnten nicht erfolgreich sein, da sie nicht so gut ausgerüstet waren wie das Projekt Phoenix. Projekt Phoenix konnte bisher auch noch keine Erfolge verzeichnen.

Was jedoch wird sein, wenn die eine oder andere Suchaktion tatsächlich zum Erfolg führt? Wenn plötzlich Signale aufgefangen werden, die unzweifelhaft künstlichen und außerirdischen Ursprungs sind? Wie sollten wir reagieren? Sollen wir antworten oder nicht? Auch diese Frage konnte bisher nicht eindeutig geklärt werden. Sehen wir uns einmal die Probleme an, die aus einem Kontakt in beide Richtungen entstehen könnten.

Die Probleme der Kommunikation

Professor Frank Drake hat einige Fragen aufgeworfen, die den Kontakt zu anderen Zivilisationen betreffen.[1] Welche Anhaltspunkte gibt es, daß weitere intelligente Lebensformen in unserem Universum leben? Diese Problematik hatten wir eingehend behandelt. Wo können wir nach Zivilisationen suchen, die möglicherweise weiter entwickelt sind als wir? Das ist eine Frage, die nur sehr schwer zu beantworten ist, hier können wir uns mehr oder weniger nur auf Mutmaßungen verlassen und müssen so breit wie möglich senden. Könnten wir von einem interstellaren Kontakt profitieren, und wenn ja, in welcher Richtung? Diese Frage ist kaum zu beantworten. Wir stehen noch mit keiner außerirdischen Zivilisation in Kontakt; wissen nicht, wie sich ein Kontakt auswirken wird. Wie sollten die Aufgaben bei dieser Forschung verteilt werden? Auch hierüber haben wir uns schon eingehend Gedanken gemacht. Werden gleichfalls außerirdische Zivilisationen uns suchen? Hierüber können wir nur Mutmaßungen anstellen.

Wie könnte dieser Kontakt aussehen, und wann könnte er erfolgen? Was würde es für unsere Zivilisation bedeuten, wenn wir keine weiteren außerirdischen Zivilisationen finden würden? Auch auf diesen Fragenkomplex sind wir ausführlich eingegangen.

Sollten wir auf ein Zeichen einer anderen Zivilisation aus dem Universum antworten, und wenn ja, wie? Welche Informationen sollten wir über uns weiterleiten und welche nicht? Gehen wir mit unserem Projekt ein Risiko ein?

Diese letzten drei von Frank Drake gestellten Fragen haben wir bisher nur gestreift, sie sind jedoch so wichtig, daß wir sie eingehend betrachten sollten.

Über diesen Themenkomplex hat sich der bekannte Autor Timothy Ferris ausgiebig Gedanken gemacht.

Er erinnert daran, wie Frank Drake eine kurze Botschaft an einen 24 000 Lichtjahre entfernten Stern übermittelte, woraufhin der Direktor eines der britischen königlichen Observatorien, Sir Martin Ryle, ziemlich schockiert war. Er beschwor Drake mit allem Nachdruck, niemals mehr so etwas Übereiltes zu tun. Warum? Ganz einfach deswegen, weil wir nichts über »die Anderen« wissen. Sind es tatsächlich Gleichgesinnte, die auch nur den Kontakt suchen? Oder ist es vielleicht eine aggressive Rasse, der wir ins offene Messer laufen würden? Würden wir uns mit unseren Signalen möglicherweise an eine mächtige feindliche Kultur verraten, die mit Ausrottung oder Versklavung antworten würde? Vermutlich ist diese Überlegung der Hauptgrund dafür, daß wir kaum senden, sondern nur horchen. Berechtigterweise fragt sich Ferris, ob diese Vorsicht allen technischen Zivilisationen im Kosmos gemein sei, so daß jeder horcht und keiner sendet. Das wäre natürlich auch eine Erklärung dafür, warum wir keine Antworten erhalten, warum unsere Suchaktionen erfolglos bleiben.

Aber Ferris sieht noch ein anderes Problem. Senden ist kostspieliger als empfangen. Vor allen Dingen, wenn man nicht weiß, *wohin* man senden soll. In alle Richtungen gleichzeitig zu senden, würde sehr viel Energie erfordern. Und man würde sehr lange senden. Ferris' Rechnung: »Wird gleich die erste Botschaft auf einem Planeten, der 1000 Lichtjahre entfernt ist, von kommunikationsbereiten Wesen empfangen, die sofort antworten, dann muß man zweitausend Jahre warten, bis Antwort eintrifft.« Fremden, die mehrere Millionen Jahre alt würden, wäre das vielleicht egal, aber Wesen, die über unsere bescheidene Lebensspanne verfügen, hätten damit sehr wohl Probleme.

Auch Ferris geht davon aus, daß aufgrund der Tatsache, daß die Milchstraße sehr viele Sterne aufweist, die älter als die Sonne sind, die meisten Kulturen entstanden und wieder vergangen sind, bevor wir auf der Bildfläche erschienen.

Ferris rechnet weiter: »Angenommen, es gibt heute zehntausend kommunikative Welten in unserer Galaxis, und jede existiert im Durchschnitt etwa zehntausend Jahre, bevor sie, bedingt durch Krieg, Katastrophen, abnehmendes Interesse oder andere Ursachen, ihre Sendungen einstellt. Das ist ein ziemlich optimistisches Bild – wenn zehntausend Welten im Moment Signale zu uns senden würden, könnte man damit rechnen, daß ein SETI-Unternehmen, das einen Stern pro Stunde auf jeder sinnvollen Frequenz abhören kann, um die Mitte des 21. Jahrhunderts einen Treffer landet –, es hat aber eine tragische Seite, denn es schließt stillschweigend mit ein, daß etwa eine Million Kulturen seit der Geburt der Galaxis untergegangen sind.«

Verglichen mit dem Alter der Galaxis werden Kulturen vermutlich nicht sehr lange bestehen, die meisten sind wohl bereits wieder verschwunden. Kulturen, die SETI betreiben, würden nach Ferris' Meinung feststellen, daß der größte Teil der zwischen den Welten ausgetauschten Informationen von Gesellschaften kommen, die schon lange nicht mehr existieren. Ein SETI-Unternehmen würde also eher Zeugnisse sammeln, die von einer untergegangenen außerirdischen Zivilisation hinterlassen worden sind, als daß es tatsächlich zum Kontakt mit noch bestehenden Zivilisationen kommt.

»Wie hätte man diese Informationen speichern können?« fragt sich Timothy Ferris.

Die kommunizierenden Welten würden doch sicher die Botschaften aufbewahren, die sie von fremden Gesellschaften erhalten haben, so Ferris. Erhielten wir ein umfangreiches SETI-Signal, so wäre unser Bestreben doch sicherlich, es so lange wie möglich zu erhalten. Je mehr Zeit vergeht, um so unsicherer wird diese Methode, denn gerade mit dem Vergehen der Zeit werden auch die Zivilisationen vergehen. Wenn die durchschnittliche kommunikative Gesellschaft zehntausend Jahre besteht, dann hat es eine Million Generationen gegeben, seit die ersten Welten miteinander in Kontakt getreten waren. Ferris vergleicht dies nun mit den rund dreihundert Generationen, die vergangen seien, seit erstmals Geschichte aufgezeichnet wurde. Er bezieht hierbei die Tatsache mit ein, daß viele Aufzeichnungen unserer Welt verlorengegangen sind, und er kommt zu dem Schluß, daß bis auf einen Bruchteil der galaktischen Geschichte alles im Mahlstrom der Zeit untergegangen sei. Eine so anfällige Situation reiche einfach nicht aus, nicht für uns und nicht für andere denkende Arten.

Andererseits könnte es sein, daß die Unterschiede zwischen intelligenten Arten so groß sind, daß nur wenige sich wegen der untergegangenen Archive Gedanken machen, da ihnen die anderen Kulturen ohnehin gleichgültig sind. Laut Ferris spräche dies aber für ein Aufbewahren der Unterlagen. Gesetzt den Fall, es gäbe eine Rasse intelligenter Eidechsen, dann interessierte sich diese für nichts weiter als für Eidechsen, und vorausgesetzt, die letzte Eidechsenrasse in der Milchstraße sei vor zehn Millionen Jahren untergegangen, dann wäre der Grund um so triftiger, diese zehn Millionen Jahre zeitlich zu überbrücken. Die Echsen würden es außerordentlich bedauern, wenn die eingreifenden Gesellschaften der Nichteidechsen so kurzsichtig gewesen wären, die Annalen der kosmischen Geschichte den vergänglichen Archiven einzelner Welten anzuvertrauen. Sie hätten ein ausgesprochenes Interesse daran und würden sich auch darum bemühen, daß die Geschichte der Eidechsen gepflegt wird.

Wir kommen nun aber zum Kern von Ferris' Gedanken. Dieser sieht nämlich einen Weg, all diese Schwierigkeiten zu vermeiden. Er würde eine Möglichkeit für jede Welt darstellen, sich an der interstellaren Kommunikation zu beteiligen, ohne jahrhundertelang Sterne anfunken zu müssen, bis es zu einem Kontakt kommt. Außerdem könnte man das Risiko ausschalten, seinen eigenen Standort zu verraten, und man müßte nicht die geschichtlichen Informationen ganzer Zeitalter einbüßen.

Ferris spricht von der Errichtung eines interstellaren Netzes. Was die Erstellung dieses Netzes betrifft, so seien die konstruktionstechnischen Einzelheiten einer solchen Netzstation beinahe alltäglich. Er geht aber auf einen Gegenstand ganz besonders ein, den man sich mit einer nur bescheidenen Weiterentwicklung vorstellen kann: Sonden, die gegenwärtig außerhalb unserer technischen Möglichkeiten liegen, jedoch kein uns bekanntes Gesetz der Physik oder der Informationstheorie verletzen. Sie könnten vom Menschen wahrscheinlich innerhalb der nächsten ein- oder zweihundert Jahre gebaut werden, meint Ferris. Und er fragt sich gar nicht so sehr, ob wir sie heute bauen könnten, sondern ob technisch hochstehende Kulturen sie bereits hätten bauen können. Und wenn solche Kulturen tatsächlich existieren, dann ist für Ferris die Antwort klar: Ja, höchstwahrscheinlich hätten sie diese gebaut. Die Sonden, um die es geht, sind computergesteuert. Eine Gesellschaft startet eine solche Sonde zu einem rohstoffreichen Asteroiden. Dabei ist es nebensächlich, ob sich dieser innerhalb unseres Sonnensystems oder bei einem anderen Stern befindet. Nach geglückter Landung setzt die Sonde kleine Roboter aus, die den Asteroiden nach Eisenerzen absuchen. Die Metalle werden von der Sonde eingesetzt, um größere Maschinen zu bauen, die ihrerseits die Radioantennen der Station, ihre Sonnenpaddel, den Leitrechner und die ersten ihrer vielen zukünftigen Speicherbanken bauen. Im weiteren Verlauf könnte sich die Station auch mit Teleskopen und anderen Sensoren ausrüsten, um astronomische Beobachtungen ihres Galaxisbereiches durchzuführen. Nach einiger Zeit baut die Station eine oder mehrere neue Sonden ihrer Art, sie erstellt sparsame, langlebige interstellare Raumfahrzeuge, wobei der Treibstoff von Asteroiden kommen könnte, auf denen es Wasser und Wasserstoff gibt wie z. B. dem Marsmond Phobos. Diese Sonde wird dann auf die Reise zu anderen Sternensystemen geschickt.

Ich habe bereits von Sonden geschrieben, die in den Weltraum geschickt werden sollen, um die ganze Galaxis zu erforschen. Maschinen, die sich selbst reproduzieren und die von anderen Intelligenzen möglicherweise schon losgeschickt worden sind. Aber warum hat eine solche Sonde unser Sonnensystem noch nicht erreicht? Ferris beantwortet dieses Frage zweifach. Erstens könnte eine Sonde bereits hier sein und die Sonne umkreisen. Die Ursprungssonde wäre klein, denn sie soll ja beim interstellaren Raumflug Treibstoff sparen. Sie würde ihre Arbeit vermutlich unauffällig durchführen, könnte beispielsweise ihre Sendeantennen auf der abgelegenen Seite eines stabilisierten Asteroiden aufstellen. Mit dieser Taktik könnte sie Störungen durch noch unerfahrene Gesellschaften wie unsere vermeiden, die versucht sein könnten, die Sonde im Falle des Entdeckens zu zerstören.

Hier haben wir sie wieder, die Außerirdischen, die sich hinter einem Asteroiden verstecken, wenn es sich in diesem Fall auch nur um eine unbemannte Sonde handelt, und so wird das Argument etwas verständlicher. Aber hören wir weiter, was Ferris noch zum Thema zu sagen hat.

Dieser hält die zweite von ihm selbst gegebene Antwort für wahrscheinlicher. Sonden könnten in der Nähe einiger Sterne unserer Galaxis bereits Stellung bezogen haben, nicht aber bei allen. Außerirdische Kulturen könnten zahllose sich reproduzierende Sonden aussetzen, und deren Abkömmlinge könnten letztendlich die ganze Galaxis besetzen. Hierzu müßte man jedoch auf viel zu vielen Asteroiden Erze und flüchtige Stoffe abbauen, und dazu gäbe es nun wirklich keinen Grund. Außerdem spricht Ferris davon, daß man sich, entschlösse man sich zu so einem Vorgehen, die moralischen Grundsätze einer Krebszelle zu eigen machen müßte. Ob sich da wirklich jemand dran stören würde? Wie dem auch sei – Ferris hält es für die bessere Lösung, die Reproduktionsrate der Sonden im Netz selbst zu steuern, so daß nur Stationen errichtet würden, wo und wenn die interstellare Kommunikation dies als ratsam erscheinen ließe.

Das interstellare Netz arbeite unabhängig von irgendwelchen Welten. Es hätte ein Leitprogramm, das einem Satz von genetischen Anweisungen ähnelt und ursprünglich von intelligenten Lebewesen oder einem anderen Computer erstellt wurde. Durch dieses Programm ist das Netz autorisiert, den Verkehr effizient abzuwickeln sowie eine Kopie sämtlicher Mitteilungen anzufertigen und zu verwalten, ausgenommen vielleicht verschlüsselte Botschaften, obwohl Ferris davon ausgeht, daß intelligente Wesen, die geheime militärische und nachrichtendienstliche Botschaften zu übermitteln haben, wahrschscheinlich eigene Netze benutzen. Abgesehen von der letzten Einschränkung könnte das Netz entsprechend den Anforderungen erweitert werden, damit nach neuen kommunikationswilligen Welten gesucht werden kann und um die Welten zu erforschen, die plötzlich schweigen, um zu erkunden, ob es dort noch jemanden gibt. Dieses Netz würde, wäre es erst einmal in Betrieb, ein eigenständiges Dasein führen.

Das Wesentliche des Netzes ist, daß die eigentliche interstellare Kommunikation nicht über Radioanlagen auf bewohnten Planeten läuft, sondern über automatische Stationen im Weltraum. Jede Station umrundet einen Stern. Aus dessen Licht bezieht sie die Energie. Einige könnten sich im gleichen Gebiet befinden wie ein bewohnter Planet, andere wiederum in Systemen ohne Leben. Sollte es in der Geschichte des Kosmos viele kommunikative Welten gegeben haben, dann könnten viele derartige Stationen in der Galaxis verteilt sein, je weniger kommunikative Welten, desto weniger Stationen. Gab es allerdings nur wenige derartige Welten, dann kann es logischerweise auch nur wenige oder keine derartigen Stationen geben.

Jede der automatischen Stationen hat die gleichen Hauptaufgaben. Der Funkverkehr muß abgewickelt werden, die Antennen müssen auf die anderen Stationen in der Galaxis ausgerichtet sein, und es müssen ständig Daten gesendet und empfangen werden. Diese Daten werden gespeichert, jede Station ist eine Bibliothek, die ununterbrochen Informationen in einem immer größer werdenden Speicher ablegt und verwaltet. Dann muß nach neu entstehenden Welten gesucht werden, eine weitere Hauptaufgabe der Sonde. Hierbei könnte man sich die Eigenschaften eines Rundstrahlsenders zunutze machen, der den Himmel nach einer Antwort absucht. Antennen stellen die Dachverbindungen zu neuen Welten her, sobald sich welche melden.

Timothy Ferris sieht den großen Vorzug des Netzes darin, daß es sowohl den fortgeschrittenen kommunizierenden Welten als auch den neuen dient.

Zum einen wird das Problem gelöst, daß möglicherweise jeder lauscht, aber keiner sendet. Ganz sicher überlegt es sich eine unerfahrene Spezies wie die unsere zweimal, bevor sie Signale ins All schickt, damit sie nicht einer feindlichen fremden Rasse in die Hände fällt. Beim Netz besteht diese Gefahr nicht, denn es kann ohne weiteres seine Erfassungssignale über zahlreiche Terminals aussenden. Somit würde der Standpunkt nicht verraten. Sollte eine feindlich gesinnte Rasse auf die uns absurd anmutende Idee kommen, einen Terminal zu zerstören, so hätte dies lokale Folgen, d. h. es bedeutet den Verlust eines Terminals, die Daten wären jedoch im gesamten System gespeichert, und so erleidet das gesamte Netzwerk nur einen geringen, durchaus verkraftbaren Schaden. Zudem könnte das Netz Anonymität zusichern und erklären, daß weder der Standort eines Planeten im All noch die Zeit preisgegeben wird, sofern die Bewohner des Planeten keine anderen Anweisungen geben. Diese Zusicherung kann natürlich für einen Trick gehalten werden, allerdings ist Ferris der Meinung, ein hinterhältiges, betrügerisches Netz würde langfristig keinen effektiven Nutzen bringen, und am Ende würde es auch in Verruf kommen.

Ist tatsächlich davon auszugehen, daß alle am Netzwerk arbeitenden Personen langfristig und loyal denken? Wird es dort nicht auch solche geben, die das »Sagen« haben, und solche, die »nur« Reparaturarbeiten durchführen dürfen? Wird es nicht besser und schlechter bezahlte Netzwerker geben? Werden möglicherweise einige der am Netzwerk beteiligten Personen korrupt sein? Was, wenn eine fremde, auf die eine oder andere Art reiche Rasse viel Gold, technisches Know-How oder Informationen verspricht, die für einen einzelnen oder für eine Gruppe von Belang wären, oder möglicherweise eine Formel, die Unsterblichkeit oder ein sehr langes Leben vermitteln könnte, eine Möglichkeit zur Zeitreise oder was auch immer. Wäre dann nicht zu befürchten, daß ein Arbeiter im Netzwerk oder eine Gruppe diese Informationen oder das Material gierig entgegennimmt, dabei im Gegenzug freilich der Standort eines am Netzwerk beteiligten Planeten preisgegeben würde? In diesem Falle müßte man den guten alten

Commander McLane noch einmal aus der Mottenkiste holen, der dann seinem Spezialauftrag »Rettet die Erde!« einmal mehr nachkommen müßte.

Ich gebe Ferris jedoch auf jeden Fall recht, wenn er schreibt, daß die Kommunikation über eine automatische vernetzte Station weniger riskant wäre als eine direkte Kommunikation mit einer anderen Zivilisation. Nur: risikolos ist auch sie nicht!

Mit dem Netz würden aber die Schwierigkeiten der langen Zeiten zwischen Fragen und Antworten verringert. Ferris schreibt: »Wenn z. B. bewohnte, kommunikationswillige Welten im Durchschnitt etwa zehntausend Lichtjahre voneinander entfernt sind, könnte man in sehr viel kleineren Abständen Netzterminals einrichten, vielleicht in Abständen von weniger als tausend Lichtjahren. In dem Fall könnte man bestimmte Informationen vom Netz erfragen und binnen weniger Jahrhunderte eine Antwort bekommen. So werden richtige Gespräche möglich – zeitraubend zwar, aber möglich.« Dabei ist klar, daß man nicht mit einem Menschen oder einem Lebewesen, sondern mit einem Computer kommuniziert. Aber der würde reichlich Informationen bieten, die eben von Lebewesen stammen.

Ferris betont auch die Unsterblichkeit des Netzes. Während Kulturen vergehen, bleibt das Netz bestehen und ein Großteil der galaktischen Geschichte in ihm gespeichert. Eine Katastrophe wie ein explodierender Stern könnte eine Station atomisieren oder deren Speicher löschen – doch der Schaden ließe sich rasch beheben. Die meisten der verlorenen Daten könnten über die Datenbank der anderen Stationen wiederbeschafft werden. Selbst in toten Zeiten würde das Netz weiterbestehen, wenn sich nirgendwo in der Galaxis kommunikationsbereite Welten melden.

Das Netz würde das System mit dem größten Wissen in der Galaxis werden. Es hätte Zugang zu einem größeren und kosmopolitischen Informationsspeicher als alle Welten, die es nutzen. Es hätte mehr Zeit, sein Wissen zu verarbeiten. Es könnte die riesige Menge der in seinen Dateien gespeicherten Gedanken und Erfahrungen vergleichen. Ferris bezeichnet dieses Netz sogar als intelligent. Er vergleicht die Entwicklung eines solchen Netzes mit der Entwicklung eines menschlichen Gehirnes. Auch das würde lernen. Er bezeichnet es als »etwas Ähnliches wie ein galaktisches Nervensystem«. Und weiter: »Ich kann nichts Ehrenrühriges darin erkennen, wenn Menschen als Teil einer solchen höheren Intelligenz dienen.«[2]

Mir verursacht ein solcher Gedanke recht großes Unbehagen. Wer sagt denn, daß diese künstliche Intelligenz, von der wir heute noch nicht allzuviel wissen, nicht irgendwann die Herrschaft im Universum anstrebt? Abgesehen von der Frage, ob ein solches Netz vom finanziellen und vom technischen/wissenschaftlichen Standpunkt aus irgendwann einmal errichtet werden kann, habe ich auch starke moralische Bedenken.

Zugegeben, Ferris' Idee würde viele Probleme der Kommunikation lösen, aber es würden neue entstehen. Dieses gewaltige Netz könnte anfangs gut funktionieren, aber wer weiß, was dann geschieht. Zu viele Gefahren lauern. Von Außerirdischen. Von den Betreibern des Netzes. Vom Computer selbst. Aus diesem Grunde lehne ich Ferris' Idee, so wie er sie beschreibt, ab, aber vielleicht könnte man die Grundidee in abgeschwächter Form durchführen.

»Wozu der Aufwand? Ihr sucht an der vollkommen verkehrten Stelle«, höre ich Vertreter der Paläo-Seti-These rufen. Die Außerirdischen waren doch schon vor langer, langer Zeit bei uns, und sie werden wiederkommen.

KAPITEL 5

Waren sie schon hier?

Die Idee der Prä-Astronautik

«Ich denke, wir sind der Besitz von jemandem. Daß vor langer Zeit diese Erde niemandem gehörte, daß andere Welten uns entdeckt und kolonialisiert haben, daß andere unter sich um die Erde gekämpft haben, und daß wir nun jemandem gehören.« Diese Äußerung stammt von Charles Hoy Fort, der Anfang dieses Jahrhunderts Berichte über unerklärliche Himmelsphänomene sammelte.[1] Der populäre Prä-Astronautik-Autor Walter Jörg Langbein bezeichnet ihn als den »Vater der Prä-Astronautik«. Doch was ist das überhaupt – Prä-Astronautik?

Der populärste Vertreter dieser Richtung im deutschsprachigen Raum ist Erich von Däniken. Er ist der Überzeugung, daß vor langer Zeit Außerirdische hier waren. Diese Außerirdischen hätten bei der Entwicklung des Primaten, also der Gruppe, die sich später in »Menschen« und »Affen« teilen sollte, kräftig nachgeholfen. Sie hätten gar eigene Gene mit eingebracht. Sie seien die Götter, die sprachen: »Lasset uns Menschen machen nach unserem Bilde.«

Eine Organisation, die sich weltweit mit präastronautischem Gedankengut auseinandersetzt, ist die Ancient Astronaut Society, kurz AAS, mit ihrem Präsidenten Gene Philips. Diese AAS hat nichts mit der American Astronomical Society zu tun, die sich ebenfalls AAS abkürzt. Die Ancient Astronaut Society, die ihre europäische Zentrale in der Schweiz hat, vertritt in ihren Statuten folgende Standpunkte: Entweder sei der Mensch in seiner Frühzeit durch Außerirdische besucht/beeinflußt worden oder die jetzige Hochzivilisation auf diesem Planeten sei nicht die erste. Nun ist es so, daß der Punkt mit der früheren Hochzivilisation kaum noch gelehrt wird, neuerdings nennt man seine Fachrichtung auch lieber »Paläo-SETI« als Prä-Astronautik. Eine Zeitlang war auch der Begriff »Astro-Archäologie« üblich. Die von den Paläo-Setikern vorgebrachten Indizien sind verschiedener Art. Da beruft man sich einmal auf künstliche Artefakte, die aus früherer Zeit stammen sollen. Flugzeugmodelle, eine alte Batterie, die in Bagdad gefunden wurde, und eine alte Schiffsschraube, die auf Zeiten zurückzuführen sind, in denen gemäß unserer Geschichtsauffassung noch keine Batterien, Flugzeuge oder Schiffsschrauben existiert haben können. So hat man beispielsweise Flugzeugmodelle in alten ägyptischen Gräbern gefunden. Die genannten Beispiele stellen lediglich eine ganz geringe Auswahl der von den Paläo-Setikern hervorgebrachten Indizien dar.

Weitere Argumente beziehen sich auf Eingravierungen in Stein oder Höhlenmalereien. Ein ganz bekanntes Beispiel ist die sogenannte Grabplatte von Palenque. Von Däniken ist fest davon überzeugt, daß auf dieser Grabplatte ein Raumfahrer dargestellt ist. Überlieferungen stellen ein weiteres Gerüst der prä-astronautischen Lehre dar. So will beispielsweise der Autor Zecharia Sitchin[2] aus alten sumerischen Überlieferungen herauslesen, daß den Sumerern Fluggeräte bekannt waren. Und nicht nur das. Die Fluggeräte sollen von einem Volk gesteuert worden sein, das von einem 12. Planeten unseres Sonnensystems stammt. Hier wurden zweckmäßigerweise Sonne und Mond als Planeten bezeichnet, da sonst die Überlieferung nicht gestimmt hätte. Diese Außerirdischen kämen von

Alte mesopotamische Gottesdarstellung – nach Sitchin ein Außerirdischer in seinem UFO

Eine angebliche »sumerische Sternkarte« mit vierzehn statt neun Planeten

Zeigt das sumerische Rollsiegel ein UFO über dem Streitwagen?

Nach Zecharia Sitchin wird auf diesem Rollsiegel die Erschaffung des Menschen in der Retorte durch die Außerirdischen Ea und Ninhursag dargestellt.

einem Planeten namens »Nibiru«, der sich alle 3600 Jahre der Erde nähern und dabei Katastrophen herbeiführen soll. So sei er auch für die legendäre Sintflut verantwortlich. Momentan befände er sich so weit draußen im Sonnensystem, daß er für unsere Teleskope nicht erfaßbar sei. Anfang 1997 kursierte sogar ein gefälschtes Foto, das ein Riesenobjekt zeigt, das dem Kometen Hale-Bopp folgt. Dieses Objekt soll Sitchins geheimnisvoller 12. Planet sein. Der amerikanische Kometenforscher David Tholen hat allerdings erkannt, daß es sich bei dem Foto um eines seiner eigenen Bilder handelte, wobei der Begleitstern von irgend jemandem nachträglich per Computer hineingemalt worden war.[3]

Insbesondere beruft sich Sitchin auf ein altes sumerisches Rollsiegel, das er so interpretiert, daß seine 12 Planeten hier abgebildet werden.

In einem Artikel »›Sumerische Sternkarte‹ oder Ausgeburt der Phantasie« geht der Archäologe und Assyrologe Dr. Joachim Mahlzahn in der Zeitschrift »Der Skeptiker«, Ausgabe 1/1996, auf dieses Rollsiegel ein. Es befindet sich unter dem Namen VA 243 schon seit langem im Vorderasiatischen Museum in Berlin. Allerdings macht Mahlzahn schon im zweiten Satz einen Fehler. Er erwähnt, daß Sitchin auch den Asteroidengürtel als Planeten führt, was einfach nicht stimmt. Der Asteroidengürtel wird von Sitchin nicht als Planet bezeichnet, vielmehr als die Trümmerstücke eines Ur-Planeten namens Tiamat, der bei einer Konfrontation mit dem ominösen Planeten Nibiru auseinanderbrach und aus dessen größtem Überrest die Erde wurde. Es ist richtig und auch notwendig, sich kritisch mit derartigen Thesen auseinanderzusetzen. Nur: Das Tragen von noch so vielen akademischen Titeln macht das gründliche Lesen der Materie, mit der man sich auseinandersetzen will, nicht überflüssig. Es kann nicht angehen, daß ein

Autor mit Doktortitel schon in seinem zweiten Satz den zu kritisierenden Autor falsch zitiert. Dieses Vorgehen kann und darf nicht als wissenschaftlich angesehen werden, und seriös ist es schon gar nicht.

Wie dem auch sei – auf einem solchen Planeten, der sich die meiste Zeit weit draußen im Sonnensystem befindet, kann sich niemals intelligentes Leben entwickelt haben. Sitchin zieht als Beleg für seine These zwar Jupiter und Neptun heran, die ja aus dem Inneren heraus »beheizt« werden, aber der Vergleich zu seinem zwölften Planeten ist nicht stichhaltig, und zwar ganz einfach deshalb, weil Jupiter und Neptun zwar wärmer sind, als es von der Sonneneinstrahlung her anzunehmen wäre, sich aber trotzdem auf diesen Gasriesen kein intelligentes Leben gebildet hat. Die Aussichten dafür, daß dies dort irgendwann einmal der Fall sein wird, sind äußerst gering. Und bei einem Planeten, der die meiste Zeit noch weiter draußen ist als Neptun, beträgt die Wahrscheinlichkeit für eine biologische Evolution bis zu humanoiden Wesen praktisch Null. Dabei ist noch nicht einmal bewiesen, daß es diesen umstrittenen Planeten überhaupt gibt. Vermutlich liegt hier eine Fehlinterpretation der Überlieferungen und Relikte vor, meine ich zumindest.

Eine weitere faszinierende Überlieferung ist das astronomische Wissen, das ein kleines afrikanisches Volk in Mali besitzt. Die Dogon kennen offensichtlich die Saturnringe, die vier großen Jupitermonde, die Eigenschaften von Neutronensternen, und sie kennen den Sirius B, einen kleinen Begleitstern des Sirius, der unseren Astronomen erst seit einiger Zeit bekannt ist. Hier wie im babylonischen Raum existieren Legenden, die von Wesen berichten, die aus dem Weltall kamen und ein amphibisches Äußeres hatten. Nachts übernachteten sie im Wasser, während sie tagsüber als Lehrmeister an Land gekommen seien. Ein solches Wesen aus babylonischer Überlieferung ist unter dem Namen Oannes bekannt. Viele Prä-Astronautiker sind der Meinung, daß die Dogon oder deren Vorfahren einst Besuch amphibienartiger Wesen von einem Planeten aus dem Sirius-System erhalten haben. Ein solches Wesen in der Dogon-Überlieferung ist unter der Bezeichnung Nommos bekannt.

Nun zählt aber weder Sirius A noch Sirius B zu den sonnenähnlichen Sternen, und mit einer Entfernung von 2,5 Parsec ist das Sirius-System sehr, sehr weit entfernt. Ob amphibienartige Lebewesen es wirklich geschafft haben könnten, aus dieser Entfernung in einem Raumschiff zu uns vorzudringen? Ich glaube kaum. Wobei ich betonen möchte, daß das Wissen der Dogon wirklich faszinierend ist.

Es gleicht auf vielerlei Weise dem Wissen der alten Ägypter. Auch sie hatten einen Sirius-Kult, der dem Dogon-Kult erstaunlich ähnelt. Auch die alten Ägypter scheinen Sirius B gekannt zu haben.

Die Ägypter sind überhaupt ein Volk, das keine Jugendzeit gekannt zu haben scheint, die Zivilisation war plötzlich da. Ein Ägyptologe namens Wallis Budge äußerte in einem seiner Bücher die Meinung, daß die Sumerer und die Ägypter von einer noch älteren Zivilisation abstammen müßten. Da auf der Erde keine Spuren einer solchen gefunden worden seien, gehen viele Prä-Astronautiker davon aus, daß dies eine außerirdische Zivilisation gewesen sein müsse.

Als weitere Indizien werden oft die Geschichten aus dem Alten Testament aufgeführt. So sei der Gott Jahwe vermutlich ein außerirdischer Kommandant gewesen, der das Volk Israel durch die Wüste lotste. Der Mann, der Moses im brennenden Busch entgegengetreten war, war selbstverständlich dieser außerirdische Kommandant.

Henoch, der, wie es heißt, von der Erde hinweggenommen worden war, da er mit Gott wandelte, sei in Wirklichkeit von Außerirdischen abgeholt worden. Hier berufen sich die Paläo-Setiker auch auf zwei apokryphe Henoch-Bücher. Das sind Bücher, die weder von den katholischen Theologen noch von deren evangelischen Kollegen anerkannt werden. Eine Vision, die Hesekiel hatte, wurde einmal von einem NASA-Ingenieur namens J. F. Blumrich dahingehend ausgelegt, daß es sich hierbei um ein flugfähiges Vehikel gehandelt haben kann. Die Zerstörung von Sodom und Gomorrha erinnert an eine Atombombenexplosion, und die könne ja wohl nur von Außerirdischen herbeigeführt worden sein. Überhaupt ist oft die Rede von Außerirdischen, die sich untereinander uneins waren. Also müssen entweder verschiedene außerirdische Rassen damals hiergewesen sein (was mir schon sehr unwahrscheinlich erscheint), oder eine hochzivilisierte Intelligenz muß sich zerstritten haben. Denn als es um die legendäre Sintflut ging, da waren sich nach dem sumerischen Vorbild der bei uns bekannten Sintflut-Version die Götter uneinig. Zumindest einer wollte die Menschheit retten, die Mehrheit der Götterversammlung aber die Menschheit vernichten (und die Tiere gleich mit). Dieser eine schaffte es offensichtlich, zumindest eine Familie und eine Reihe von Tieren heimlich zu warnen, so daß sie vom Zorn der Außerirdischen verschont blieben und die nachfolgende Katastrophe überleben konnten. Zorn der Götter? Warum? Nun, vor der Flut ist in der Bibel die Rede von den Gottessöhnen, die sich Menschentöchter »zu Weibern nahmen«. Deren Nachkommen seien »Riesen« gewesen. Dieser Verkehr zwischen Astronautengöttern und Menschen habe erstere wohl so erzürnt, daß die Vernichtung des Menschen geplant wurde. Andererseits soll der Mensch eine Schöpfung der Außerirdischen sein, der

Die Dogon schildern ihren Kulturbringer Nommo als großen Fisch.

Nach babylonischen Erzählungen brachte Oannes den Menschen die Kultur. Er war ebenfalls ein fischartiges Wesen und lebte im Persischen Golf.

Spätere Darstellungen zeigen Oannes nicht mehr als Fischmenschen, sondern als Gott mit übergestreifter Fischhaut.

durch Rassenvermischung entstand. In diesem Punkt herrscht jedoch unter den Paläo-Setikern ohnehin Uneinigkeit, denn manche Autoren (Sitchin) sind der Meinung, die Sintflut sei durch eine Naturkatastrophe ausgelöst worden, von der die Außerirdischen selbst überrascht wurden und flüchteten.

So verschwanden die Außerirdischen also von der Erde. Wirklich?

Der Autor Michael Appel hat ein Buch geschrieben mit dem Titel »Sie waren nie fort«. Begleiten uns Außerirdische seit unserer Entstehung? Sind sie seit damals auf der Erde? Sind die Sagen von Zwergen, Elfen, Kobolden und anderen merkwürdigen Wesen letztlich auf Außerirdische zurückzuführen?

Andere sind der Meinung, die Außerirdischen würden der Erde nur sporadisch oder sogar mit einer gewissen Regelmäßigkeit Besuche abstatten. Unsere Entwicklung würde sorgfältig von Außerirdischen überwacht.

Warum sind die Außerirdischen überhaupt gekommen? Was wollten sie von uns? Nur aus Affen Menschen machen? Oder wurde ein bestimmter anderer Zweck verfolgt? Hier und dort wird auch von einer Art Versklavung gesprochen. Mit den Menschen wurden grausame Experimente gentechnischer Art durchgeführt. Oder sie wurden gezüchtet, um als billige Arbeitskräfte für die Außerirdischen zu dienen, indem sie für diese Erz abbauten.

Dann ist da dieses magische Versprechen von der Wiederkunft, die sich in so vielen Überlieferungen festgesetzt hat, einschließlich unserer eigenen christlichen Religion. Hatten die »Astronautengötter« versprochen wiederzukommen, um ihr grausames Werk fortzusetzen, oder sind sie gar spirituelle Wohltäter, die uns in eine kosmische Gemeinschaft aufnehmen werden, wenn wir eine gewisse Entwicklungsstufe erreicht haben?

Auch hier gehen die Meinungen weit auseinander. Aber gerade der letzte Punkt läßt sich wieder zu einem Kult ausbauen. Es besteht die Gefahr, daß hier eine Art Religion entsteht. Und Ansätze sind durchaus schon zu erkennen. Ich meine damit jedoch nicht die gesamte Prä-Astronautik. Ich denke, daß diese Forschungsrichtung durchaus sinnvoll ist, möchte aber relativieren. Ich denke, daß eine ganze Menge an prä-astronautischen Indizien, von denen ich hier nur ein paar bescheidene Beispiele kurz anreißen konnte, natürlich erklärbar sind und sich viele Argumente in Luft auflösen. Andererseits bleiben, so meine ich, doch einige gewichtige Brocken übrig, die nicht so ohne weiteres erklärbar sind. Ich weiß nur nicht, ob wir zur Erklärung dieser Rätsel tatsächlich Außerirdische brauchen. Meiner Ansicht nach hat auch die oft für tot gehaltene These von der untergegangenen früheren Zivilisation etwas für sich.

Die Wahrscheinlichkeit, daß sich in unserer Vergangenheit Außerirdische auf unseren Planeten »verirrt« haben sollten, halte ich für recht gering. Und selbst wenn einmal welche hier waren, warum sollten diese ausgerechnet an unserem Planeten ein derart großes Interesse haben, daß sie immer wieder kommen oder über Jahrtausende hinweg dableiben, daß sie offensichtlich ausgerechnet mit unserem Planeten ein großes Ziel verfolgen? Gibt's auf dem Heimatplaneten der Anderen nichts zu tun? Oder an anderen Stellen im All? Sind wir Erdenmenschen dermaßen wichtig, daß wir eine solch große Rolle in den Plänen einer (oder sogar mehrerer) außerirdischen Zivilisation(en) spielen, unabhängig davon, ob wir als Sklaven, Opfer, Versuchstiere oder entwicklungsfähige Menschen gesehen werden?

Sind wir wirklich so wichtig?

Oder nehmen wir uns nur so wichtig?

Ich denke, die Forschungsrichtung, unabhängig davon, ob man sie »Prä-Astronautik«, »Astro-Archäologie« oder

»Paläo-SETI« nennt (mir behagt eigentlich keiner der drei Begriffe), hat ihre Daseinsberechtigung und sollte auf jeden Fall weitergeführt werden.

Die These, daß außerirdische Wesen in der Vergangenheit ihren Fuß auf unseren Planeten gesetzt haben, kann nicht gänzlich ausgeschlossen werden, sie ist aber nur eine Erklärungsmöglichkeit.

Die steht jedoch auf sehr wackligen Beinen (auch wenn es durchaus einige Rätsel gibt!). Die Wahrscheinlichkeit, daß unsere Vorfahren Kontakt mit intelligenten Lebewesen aus dem All hatten, kann als nicht gerade hoch eingeschätzt werden.

Wie sieht das heute aus? Statten uns die Außerirdischen in ihren »fliegenden Untertassen« einen Besuch ab? Wie sieht es mit der UFO-Thematik aus?

325

Die Sache mit den UFOs

»Der Begriff UFO stammt aus der Fliegersprache der amerikanischen Militärluftfahrt und bedeutet Unidentifiziertes Flugobjekt, nicht mehr und nicht weniger. Viele UFO-Forscher wehren sich gegen die vorschnelle Hochzeit zwischen UFOs und Außerirdischen. Für sie bedeutet ein UFO zunächst ein Objekt, das man am Himmel sichtet und nicht identifizieren kann. Doch selbst unter den Fachleuten ist man sich nicht einig. So sagte der bekannte Sachbuchautor Johannes von Buttlar in einer Fernsehdiskussion, wenn er von UFOs spreche, dann meine er sehr wohl bemannte außerirdische Flugmaschinen. Nach solchen Äußerungen tritt dann meist die Frage auf, wer überhaupt ein Experte für UFO-Sichtungen ist.«

So meint der UFO-Forscher Frank Oschatz in einem Vortrag.

Und dieser Absatz ist außerordentlich vielsagend. Der Begriff »UFO« stammt aus der Fliegersprache und bedeutet nicht mehr und nicht weniger als »Unidentifiziertes Fliegendes Objekt«. Und somit hat er nichts mit dem Thema dieses Buches zu tun. Nun kommt aber Johannes von Buttlar daher und definiert den Begriff »UFO« als außerirdisches bemanntes Weltraumschiff. Demnach gehört es also doch zu unserem Thema.

Tatsächlich hat sich unter ernsthaften UFO-Phänomen-Forschern (ja, die gibt es!) eine Definition eingebürgert, die zwischen UFOs im weiteren Sinne (UFOs i. w. S.), und »UFOs i. e. S. (im engeren Sinne) unterscheidet.

Der Begriff »UFO i. w. S.« beschreibt die Wahrnehmung eines Objektes oder Lichtes, das dem Beobachter unbekannt ist. Ein ernsthafter UFO-Phänomen-Untersucher wird nun versuchen, solche Fälle einer Identifizierung zuzuführen. Er wird die Zeugen befragen, und, wenn

Ein typisches UFO-Foto – leider eine Fälschung.

möglich, die Sichtungsgegend untersuchen und versuchen, Licht ins Dunkel zu bringen. Auch Natur- und Geisteswissenschaften werden zur Analyse mit herangezogen. Wird eine Beobachtung einer Identifikation zugeführt, dann ist es kein unidentifiziertes fliegendes Objekt mehr. Doch nun kommen wir zum zweiten UFO-Begriff. Es handelt sich um die »UFOs im engeren Sinne« (UFOs i. e. S.). J. Allen Hynek vom Center for UFO-Studies, USA, definierte den Begriff »UFO« wie folgt:

«Ein UFO ist die mitgeteilte Wahrnehmung eines Objektes oder Lichtes am Himmel oder auf dem Land, dessen Erscheinung, Bahn und allgemeines dynamisches und leuchtendes Verhalten keine logische, konventionelle Erklärung nahelegt und das rätselhaft nicht nur für die ursprünglichen Beteiligten ist, sondern nach genauer Prüfung der vorhandenen Indizien durch Personen, die technisch dazu in der Lage sind, eine Identifizierung nach dem gesunden Menschenverstand vorzunehmen, falls eine solche möglich ist, unidentifizierbar bleibt.«

Wie hoch ist nun die »UFO i. e. S.«-Quote in Deutschland? Hier schwanken die Angaben deutlich zwischen 0 – 7 %, wobei die höheren Quoten (an die 7 %) meist von äußerst optimistisch eingestellten UFO-Phänomen-Forschern ins Feld geführt werden. Alles in allem doch recht ernüchternd. Hynek redet von der »mitgeteilten Wahrnehmung« eines Objektes. Das heißt, der UFO- Phänomen-Untersucher hat es nicht mit einem konkreten »Objekt« zu tun, sondern lediglich mit dem Bericht über die Wahrnehmung eines solchen. Und mindestens 93 % dieser Wahrnehmungen können einer Identifizierung zugeführt werden, mit hoher Wahrscheinlichkeit noch deutlich mehr.

Hynek teilt in seinem Buch »UFO – Begegnungen der ersten, zweiten und dritten Art« die Sichtungen noch weiter auf.

Da sind einmal die nächtlichen Lichter. Unter den UFOs
i. e. S. stellen sie den deutlichen Löwenanteil.
Dann müssen die Tageslicht-Scheiben erwähnt werden.
UFO-Wahrnehmungen über Radar und durch das Auge:
Hynek führt die Fälle, in denen eine Sichtung durch Radar
bestätigt wird, separat auf.

Kommen wir nun zu den nahen Begegnungen:
Da sind die nahen Begegnungen der ersten Art: Ein
UFO wird gesichtet. Es hinterläßt aber weder Spuren,
noch sind Insassen auszumachen.

Nahe Begegnung der zweiten Art: Ein UFO hinterläßt
deutliche Spuren wie Seng- und Strahlungsspuren.
Auswirkungen am Boden und an Pflanzen.

Nahe Begegnung der dritten Art: Mit den Insassen eines
UFOs wird Kontakt aufgenommen.

Und schon sind wir wieder bei den künstlichen Flug-
körpern. Gibt es sie also doch? Zumindest in Amerika gingen private Untersucher lange Zeit von der Wahrscheinlichkeit außerirdischer Besucher aus oder zogen diese
ernsthaft in Betracht – und tun dies zum Teil auch heute
noch. In Deutschland herrscht unter den objektiven Untersuchern weitgehend Ernüchterung.

Andererseits existiert erst seit kurzem eine sehr interessante Statistik: Die GEP e. V., die »Gesellschaft zur Erforschung des UFO-Phänomens«, veröffentlichte im Jahre
1996 eine Fallstatistik, nach der man sogar zwei Prozent
»Good-UFO-Fälle« habe (Ein »Good-UFO-Fall« wird
vom amerikanischen Forscher Allan Hendry in dessen
Handbook so definiert, daß eine herkömmliche Erscheinung wahrscheinlich ausgeschlossen werden kann.), während man 6% immerhin als »Problematic-UFO« einstuft,
was bedeutet, daß »unter extremen Bedingungen eine
natürliche Erklärung denkbar wäre«. Fälle, die wegen
»ungenügender Daten« nicht gründlich nachrecherchiert

werden konnten, werden in dieser Statistik nicht berücksichtigt. Diese Statistik stellte eine kleine Überraschung dar: 2 % (beinahe) unerklärbarer Fälle. Zuwenig, um eine exotische These zu postulieren, zuviel, um das UFO-Phänomen »weginterpretieren« zu können, wie ich meine.[1]

UFOs treten in Wellen auf, aber auch einzeln. Die erste UFO-Welle fand kurz vor dem Übergang ins 20. Jahrhundert statt. Populär wurden die UFOs allerdings erst im Jahre 1948, als ein amerikanischer Privatflieger neun ihm unbekannte sichelförmige Flugzeuge sah, deren Flugbewegung er mit der von Untertassen verglich, die man übers Wasser springen läßt. Ein findiger Reporter prägte den Begriff »fliegende Untertassen«, die dann auch in der Welle von 1947/48, aber auch später immer wieder gesehen wurden. 1954 fand erneut eine Welle von UFO-Sichtungen statt. In Europa, vorzugsweise in Frankreich, aber auch in Amerika, wurden Sichtungen von UFOs gemeldet, oft sogar Insassen. Während man im kalten Krieg oft von Geheimwaffen des Gegners sprach, setzte sich später mehr und mehr die Meinung durch, UFOs existierten entweder nicht oder sie seien Raumschiffe aus dem Weltall. Staatliche und private Forscher untersuchten das Phänomen. Im Jahre 1965 sprach man wieder von einer Welle. Und dann wieder im Jahr 1973.

Eine Statistik des Independent Alien Network vom März 1997 weist eine deutliche Spitze von Humanoidensichtungen (Sichtungen von menschenähnlichen Wesen im Zusammenhang mit UFO-Sichtungen) im Jahr 1954 auf. Ein deutlicher Anstieg wird jedoch auch für das Jahr 1968 verzeichnet, während das Jahr 1965 dahinter zurückblieb. Auch hier fällt das Jahr 1973 wieder auf, dann 1976.

Staatliche Untersucher gehen davon aus, daß hinter den UFOs nichts Gravierendes stecke, unter den privaten Untersuchern sind die Meinungen geteilt. Einige denken sogar, die Regierungen stünden heimlich schon in Kontakt mit Außerirdischen oder es seien sogar mehrere außerirdische Rassen hier. Statistiken lassen jedoch darauf schließen, daß hinter UFO-Erscheinungen oftmals natürliche Erscheinungen stecken: die Venus, der Jupiter, Heißluftballone verschiedener Art, in neuerer Zeit oft Lichteffektgeräte, die von Diskothekenbesitzern eingesetzt werden, Fixsterne, der Mond (!), eine durch eine bestimmte Wetterlage verzerrt erscheinende Sonne, Flugzeuge, Hubschrauber, Vögel, nächtliche Schweißarbeiten, Satelliten, Ultra-Leicht-Flugzeuge, Fixsterne, Teile von Sternbildern (Orion-Gürtel), Modelle, bewußter Schwindel und vieles mehr.

Ein ungeklärter Rest bleibt rätselhaft, allerdings scheint für mich kein Anlaß zu bestehen, die Wahrscheinlichkeit für exotische Erklärungsversuche wie die der außerirdischen Besucher allzu hoch einzuschätzen.

Diskutiert wurden (und werden) etliche Theorien, die diesen ungeklärten Rest erklären könnten. Einige sind der Meinung, daß manche UFO-Beobachtungen nur deswegen unerklärbar seien, weil die vorliegenden Fakten entweder falsch oder ungenau seien. Andere denken eher an atmosphärische Phänomene wie den geheimnisvollen Kugelblitz oder sogenannte »Erdbebenlichter«, ebenso wie »Plasmaphänomene an Hochspannungsmasten«, die zu ähnlichen Erscheinungen wie dem sagenumwobenen Kugelblitz führen könnten.

Beliebter und bekannter jedoch sind exotische Erklärungsansätze: Wunderwaffen des Dritten Reiches, Überlebende des untergegangenen sagenumwobenen Kontinentes Atlantis, Zeitreisende aus der Vergangenheit oder der

Zukunft, »Außerzeitliche«, Rückkehrer einer mutierten menschlichen Rasse aus dem Jenseits, Besucher aus einer anderen Dimension, Dämonen aus der Hölle, Vorzeichen der Wiederkunft Christi und dergleichen mehr.

Aber keine These ist so populär wie die der außerirdischen Besucher. Und wie wir eingangs bereits gehört haben, setzt Johannes von Buttlar den Begriff »UFO« mit »Außerirdischen Besuchern« gleich. Doch wie hoch ist die Wahrscheinlichkeit, daß Außerirdische hier und heute unseren blauen Planeten besuchen?

Über diese Frage machte sich auch der Autor Frank Oschatz seine Gedanken. Er berief sich auf den Ende 1996 verstorbenen Astronomen Carl Sagan. Dieser stellte eine interessante Hochrechnung auf, die zu dem Schluß führt, daß ein Kontakt unwahrscheinlich ist. Seine Rechnung ist einfach und plausibel.

Gehen wir davon aus, daß die Entwicklung einer technischen Zivilisation um die zehn Millionen Jahre dauert, dann müßte es heute etwa eine Million technische Zivilisationen in unserer Galaxis geben. Wenn nun jede dieser Zivilisationen jedes Jahr ein Raumschiff ins All sendet und jedes dieser Raumschiffe einmal pro Jahr mit einem interessanten Ziel in Kontakt kommt, dann würde es dennoch nur alle zehntausend Jahre außerirdische Besucher auf der Erde geben. Es wird davon ausgegangen, daß es hundert Milliarden interessanter Ziele gibt.

Die Schätzung der Wissenschaftler, wie viele Sterne bewohnbare Planeten in Umlaufbahnen halten, beläuft sich auf etwa drei bis fünf Prozent. Das sind rund fünf Milliarden. Nach der Wahrscheinlichkeitsrechnung dürfte sich auf einigen wenigen von ihnen auch intelligentes Leben entwickelt haben. Relativ wenig also.

Auf der Erde dauerte die Entwicklung vom Einzeller bis zum Menschen etwa zwei Milliarden Jahre. Für uns unvorstellbar lange, kosmisch gesehen ausgesprochen kurz. Der Homo sapiens ist bereits seit zweihunderttausend Jahren auf der Erde. Möglicherweise gab und gibt es Planeten, auf denen Lebewesen bessere Bedingungen vorfinden. Vielleicht gibt es Planeten, auf denen Wesen existieren, die uns weit voraus sind, die einen ähnlichen Unternehmungsgeist wie wir besitzen und bei denen der Vorstoß ins All gang und gäbe ist.

Nun scheint es also äußerst unwahrscheinlich zu sein, daß sich gerade heute außerirdische Rassen auf unserer Erde befinden. Und wenn, dann müßten sie über eine derart fortschrittliche Technologie verfügen, die es ihnen erlaubt, riesige Entfernungen leicht zu überbrücken.

Sicher, wir haben von den Ansätzen gehört, daß die Reise mit Überlichtgeschwindigkeit vielleicht doch möglich ist, daß Einstein sich möglicherweise geirrt haben könnte, aber diese Ansätze sind einfach zu vage. Ansonsten wäre ein Generationsraumschiff eine Alternative, das heißt, die Außerirdischen könnten sich in ihrem Raumschiff fortpflanzen, so daß die Ur-Ur-Ur-Enkel der ursprünglichen Astronauten irgendwann zufällig in unserem Sonnensystem einträfen. In Science-fiction-Filmen wird oft die »Wurmloch-Theorie« aufgegriffen, eine Idee, nach der es im dreidimensionalen Weltall quasi Abkürzungen gäbe, mit der das normale Raum-Zeit-Gefüge umschifft werden könnte. Die Frage ist jedoch, ob die Wurmloch-Theorie zutreffend ist (bisher wurde noch keines nachgewiesen, und mir ist auch nicht bekannt, ob irgendeine Strecke im Raum von Wissenschaftlern als mögliches Wurmloch angesehen wird). Aber gesetzt den Fall, es gäbe ein solches Wurmloch, dann müßte es so gelegen sein, daß es die Heimatwelt der »UFOnauten« mit unserem Sonnensystem verbindet.

Wir haben hier von beiden Seiten her ein Problem. Zum einen weist der ungeklärte Rest der UFO-Beobachtungen

nicht zwingend darauf hin, daß künstliche Objekte die
Ursache für diese 2 – 6 % ungelöster UFO-Fälle oder einen
Teil davon darstellen, geschweige denn auf die Anwesenheit außerirdischer Wesenheiten, die sich mit Raumschiffen in unserem Erdorbit aufhalten.

Zum zweiten haben wir das Problem, das Sagan mit seiner Hochrechnung aufwirft. Und auf die Frage, wie
außerirdische Intelligenzen diese Entfernungen überbrückt
haben könnten, gibt es bisher leider nur recht vage Ansätze.

Wenn wir das Problem also von beiden Seiten betrachten, dann müssen wir eher für äußerst unwahrscheinlich
(wenn auch nicht für gänzlich ausgeschlossen) halten, daß
sich außerirdische Intelligenzen zum gegenwärtigen
Zeitraum auf unserem Planeten aufhalten.

Andererseits möchte ich betonen, daß, solange es die
ungeklärten Fälle gibt, ich die UFO-Phänomen-Forschung
für durchaus sinnvoll und notwendig halte. Sie sollte mit
allem Ernst weiterbetrieben werden, Sichtungsfälle sollten
weiterhin untersucht werden, und wenn der eine oder
andere Forscher die Arbeitshypothese, Außerirdische seien
hier und für einen Teil des UFO-Phänomens verantwortlich, in Erwägung zieht, so ist ihm dies durchaus zuzuge-
stehen, ohne daß man ihn gleich verlacht.

Um die letzten Absätze noch einmal zusammenzufas-
sen:

UFO-Phänomen-Forschung: Ja, unbedingt, da immer
wieder fremde Erscheinungen im Luftraum gesehen werden, wobei die meisten, jedoch nicht alle, aufgeklärt werden können.

Die Annahme, daß außerirdische Raumfahrer für einen
Teil des UFO-Phänomens verantwortlich sind, als Tat-
sache postulieren: Nein, auf keinen Fall, da hierzu die
Indizien fehlen.

Wir können nach allem das folgende Fazit ziehen: Die Wahrscheinlichkeit, daß außerirdische Intelligenzen existieren, ist recht hoch; die Möglichkeit, daß wir irgendwann in Kontakt kommen könnten, besteht durchaus; die Wahrscheinlichkeit jedoch, daß eine außerirdische Intelligenz bereits hier war, muß als relativ gering angesehen werden, die Wahrscheinlichkeit, daß heute außerirdische Weltraumfahrer hier sind, geht meiner Meinung nach gegen Null.

Wollen wir hoffen, daß eines Tages auf die eine oder andere Weise ein Kontakt zustande kommt.

Anhang

Adressen und Anlaufstellen

National Space Science Data Center
Code 633,4
Goddard Space Flight Center
Greenbelt, MD 20771
E-Mail: Request@nssdca.gsfc.nasa.gov
Internet-Homepage:
http://nssdc.gsfc.nasa.gov/photo gallery/photogallery.html
In dieser NASA-Abteilung können Sie eine Preisliste anfordern. Sie erhalten von dieser Abteilung NASA-Fotos in jeglicher Form.

DLR Berlin-Adlershof
Institut für Planetenerkundung
Regional Planetary Image Facility
Rudower Chaussee 5
12489 Berlin
E-Mail: rpif@terra.pe.be.ba.dlr.de
Auch hier erhalten Sie einen ausführlichen Katalog mit astronomischem Bildmaterial.

Office of Public Research
Hubble Space Telescope News
3700 San Martin Drive, Baltimore
MD 21218 USA
Internet:
http://oposite.stsci.edu/pubinfo
Hier können Sie die Pressemitteilungen und die Hubble-Bilder anfordern bzw. im Internet ansehen.

Skyweek
Redaktion: Daniel Fischer
Im Kottsiefen 10
D-53639 Königswinter
E-Mail: dfischer@astro.uni-bonn.de
Internet:
http://www.geocities.com/Cape/Canerveral/5599/mirror.html
Astronomische Wochenzeitschrift mit brandaktuellen News zu astronomischen Themen. Vertrieb: Hüthig GmbH, Im Weiher 10, D-69121 Heidelberg

SETI Institute
2035 Landings Drive
Mountain View
CA 94043, USA
Internet:
http://www.seti-inst.edu
Die Koordinations- und Informationsquelle zur SETI-Problematik schlechthin.

Forschungsarchiv SETI (FAS)
Hans-Jörg Vogel
Lindenberger Str. 25
13156 Berlin
Deutschsprachige Anlaufstelle zur SETI-Problematik. Herausgabe der jährlich erscheinenden »FAS-Info«.

Ancient Astronaut Society (AAS)
Erich von Däniken
Postfach
CH-3803 Beatenberg
Internet:
http://www.access.ch/aas/aas/aas.html
Deutschsprachige Anlaufstelle zur Paläo-SETI-Thematik und Herausgeber der zweimonatlich erscheinenden Fachzeitschrift »Ancient Skies«.

Magazin für Grenzwissenschaften
Walter L. Kelch und Stefan Rickes
Niederstr. 31
D-56637 Plaidt
Ausgesprochen breit angelegtes Fachmagazin mit zweimonatlicher Erscheinungsweise. Astronomie (Hubble-, Mars-News), UFO-Phänomen-Forschung und Paläo-SETI sind nur einige der behandelten Themen. Eigenes Buchprogramm.

Gesellschaft zur Erforschung des UFO-Phänomens
Hans-Werner Peiniger
Postfach 2361
D-58473 Lüdenscheid
E-Mail: gep.eV@t-online.de
Internet:
http://home.t-online.de/home/gep.eV/
Seriöse Meldestelle bezüglich Sichtungen unbekannter Flugobjekte im Luftraum.

Independent Alien Network
Wladislaw Raab
Rumfordstr. 20
D-80409 München
E-Mail: Christian.Dimperl@t-online.de
Internet:
http://ourworld.compuserve.com/Homepages/Chris_Dimperl/
Seriöse Anlaufstelle für Alien-Begegnungen
Herausgeber des »Ufo-Report«

Weitere interessante Zeitschriften:
CENAP-Report   Werner Walter
                 Eisenacher Weg 16
                 D-68309 Mannheim
                 (kritische Fachzeitschrift zur UFO-
                 Thematik)

Unknown Reality UIG, Mario Ringmann
                 Hamburger Str. 11
                 D-15234 Frankfurt/Oder
                 (Fachzeitschrift zu den Themen UFOs,
                 SETI, Paläo-SETI und vieles mehr)

Challenge   Georg Lorbertz
                 Sinspelter Straße 3
                 D-54675 Utscheid
                 (Fachzeitschrift zu Themen wie SETI,
                 UFO-Thematik und vieles mehr)

UFO-Nachrichten Werner L. Foster
Postfach 1211
D-87630 Obergünzburg-Kempten

UFO-Kurier Jochen Kopp
Hirschauerstr. 10
D-72108 Rottenburg

Interessante Internet-Adressen:
http://www.fas.org/mars/
(Thema Mars und Marsmeteoriten. Viele Querverweise!)

http://barsoom.msss.com/education/facepage/face.html
(Die Marsgesicht-Seite)

http://linex3.linex.com/ufo
(Alles vom Marsgesicht bis zum UFO-Thema)

http://www.huygens.com/sign/allemand/som.htm
(Thema Botschaft zum Saturn)

http://www.empire.net/~whatmoug/Extrasolar/extrasolar
visions.html
(Thema Planeten in anderen Sonnensystemen)

http://mc.harvard.edu/seti/
(Thema SETI-Problematik)

http://setileaque.org/homepg.html
(Thema (SETI-Problematik)

http://albert.ssl.berkeley.edu/serendip
(SETI-Problematik)

http://www.jsc.uky.edu/faculty/vinced/classes/ast/191/radi
o.htm
(Thema Radioteleskope. Viele Bilder!)

http://ourworld.compuserve.com/homepages/d_d_5
(Umfangreiches Archiv zum Thema Grenzwissenschaften
aller Art, also auch Paläo-SETI und UFOs)

http://home.allgaeu.org/mosterra/
(UFOs und andere Grenzwissenschaften)

http://www.ufos.de
(UFO-Thematik)

http://members/aol.com/ufoclub

http://home.t-online.de/home/RGerlach/homepage.htm
(UFO-Thematik)

http://home.t-online.de/home/S.Wandrei/
(UFO-Thematik)

http://home.t-online.de/home/Roland.M.Horn/

Literaturverzeichnis

Autorenteam: Cambridge Enzyklopädie der Astronomie, München 1989

Autorenteam: Zeitreisen, Berlin 1995

Bord, Janet und Colin: X-Akte: Außerirdische, Rastatt 1997

Bürgin, Luc: Mondblitze, Berlin 1996

Buttlar, Johannes von: Leben auf dem Mars, München 1987

Däniken, Erich von: Erinnerungen an die Zukunft, Wien/Düsseldorf 1968

Drake, Frank, Prof. und Dava Sobel: Signale von anderen Welten; Essen 1994

Dunlop, Storm: Astronomie für Einsteiger, Stuttgart 1987

Elsässer, Hans: Weltall im Wandel, Stuttgart 1985

Fiebag, Johannes/Sasse, Torsten: Mars – Planet des Lebens, Düsseldorf 1996

Fort, Charles: The Complete Books, New York 1974

Gaebert, Hans W.: Der große Augenblick in der Astronomie, 2. Aufl. 1974

Hain, Walter: Das Marsgesicht, München 1995

Henseling, Robert: Mars – Seine Rätsel und seine Geschichte, Stuttgart 1925

Herrmann, Joachim: dtv-Atlas zur Astronomie, München 1990

Herrmann, Joachim: Wissenschaft aktuell, München 1981

Hesemann, Michael: Geheimsache U.F.O., Neuwied 1994

Hoagland, Richard C.: Die Mars-Connection, Essen 1992

Hynek, J. Allen: UFO- Begegnungen der ersten, zweiten und dritten Art, München 1978

Jackson, Francis / Moore, Patrick: Leben im Universum?, Frankfurt a. M. 1989

Keller, Hans-Ulrich: Das Kosmos-Himmelsjahr 1991, Stuttgart 1990

Keller, Hans-Ulrich: Das Kosmos-Himmelsjahr 1994, Stuttgart 1993

Keller, Hans-Ulrich: Das Kosmos-Himmelsjahr 1997, Stuttgart 1996

Kippenhahn, Rudolf: Unheimliche Welten, München 1987

Langbein, Walter Jörg: Das Sphinx-Syndrom, München 1995

Langbein, Walter Jörg: Bevor die Sintflut kam, München 1996

Ley, Willy: Die Himmelskunde, Wien/Düsseldorf 1965

Ludwiger, Illobrand von: UFOs – Zeugen und Zeichen, Berlin 1995

Mehner, Thomas (Hrsg.): Das große Experiment, Suhl 1994

Miles, Frank: Aufbruch zum Mars, Stuttgart 1988

Moore, Patrick: Das Weltall, München 1988

Puttkamer, Jesco von: Jahrtausendprojekt Mars, München 1996

Rétyi, Andreas von: Ergebnisse der Planetenforschung, Jupiter und Saturn, Stuttgart 1989

Rétyi, Andreas von: Wir sind nicht allein, München 1993

Rétyi, Andreas von: Das Alien-Imperium, München 1995

Ronan, Colin A.: Das Kosmosbuch der Sterne, Stuttgart 1982

Rükl, Antonin: Welten, Sterne und Planeten, München 1987

Schmidt, Arno: Aus julianischen Tagen, Frankfurt a. M. 1979

Schulz, Bruno: Steine, die vom Himmel fallen, Wittenberg 1956

Sitchin, Zecharia: Der zwölfte Planet, München 1989

Spencer, John: Geheimnisvolle Welt der UFOs, Wien 1992

Steckling, Fred und Glen: Wir entdeckten außerirdische Basen auf dem Mond, Rottenburg 1996

Temple Robert K. G.: Das Sirius-Rätsel, Frankfurt 1977

Tipler, Frank J.: Die Physik der Unsterblichkeit, München 1994

Velikovsky, Immanuel: Welten im Zusammenstoß, Berlin 1994

Velikovsky, Immanuel: Erde im Aufruhr, Berlin 1994

Walter, Werner: UFOs – Die Wahrheit, Königswinter 1996

Weiner, Jonathan: Planet Erde, München 1987

Anmerkungen:

»Gibt es Leben auf der Erde?« – Das Experiment
1 Skyweek 44/1993
2 FAZ vom 28. 01. 1997
3 Fiebag/Sasse 1996

Außerirdisches Leben – wie stellen wir es uns vor?
1 Die Filme sah ich zum größten Teil selbst, Daten und Details stammen aus Hain: Das Marsgesicht

Die wissenschaftlichen Grundlagen
1 dtv-Atlas zur Astronomie 1990
2 Hermann 1981
3 Jackson/Moore 1989

»Leben auf dem Mond«
1 Skyweek 46+47/1996
2 Bürgin 1996
3 s. Dunlop 1987
4 wie Anm. 1
5 Willy Ley 1965
6 CENAP-Report-Special vom Sommer 1983, Mannheim 1983
7 Steckling 1996
8 s. Schmidt 1979
9 Beobachtungen gesammelt von: Fort 1974

Blonder Schönling von der Venus

1 Skyweek 1/1997
2 Jackson/Moore 1989
3 CENAP-Report-Special vom Sommer 1983
4 Charles Eckehard: Ist dies Adamskis Untertasse in:
   CENAP-Report Nr. 128
5 Jackson/Moore 1989

Dauerbrenner »Leben auf dem Mars«

1 s. CENAP-Report Nr. 128, Mannheim 1986 und
   JUFOF 107, Lüdenscheid 1996
2 BZ v. 6.4.93
3 s. Frank Miles 1988
4 s. hierzu: Skyweek, Ausgaben 32-47/1996. Zur gesamten
   ALH-Problematik s. a. Magazin für Grenzwissenschaften, Ausgabe 10/1996, sowie http://www.fas.org/mars/
5 s. hierzu Horn: Das Erbe von Atlantis, CTT-Verlag,
   Stadelstr. 16, 98509 Suhl, September 1997
6 Skyweek 41/1993
7 Skyweek 12/1995
8 s. hierzu Skyweek, ab Ausgabe 40/1996
9 Berliner Zeitung vom 9./10. 11. 1996
10 Skyweek 7/1997

Die rätselhaften Monde der Gasplaneten
1 von Rétyi 1989
2 wie Anm. 1
3 Skyweek 26 und 27/1996
4 Skyweek 49/50/1996 und Skyweek 40-43/1996
5 Skyweek 18/1996
6 Rétyi 1989
7 Skyweek 14/1996
8 Skyweek 2/1997/ DLR
9 Skyweek 32/1996
10 Skyweek 48/1996

Meteoriten und Kometen als Lebensträger?
1 s. Jackson/Moore 1989
2 Schulz 1956
3 Skyweek 7/1997

Geburt und Tod von Sternen
1 Exploring the Universe with the Hubble Space Telescope – NASA (The Superintendent of Documents, Was-
 hington DC): Herausgeber Valerie Neal, Essex Coope-
 ration, Huntsville, Alabama
2 Hubble Space Telescope News: PRESS REALEASE
 NO.: STScI-PRC96-37 v. 17. 12. 1996 HUBBLE CEN-
 SUS TRACKS A STELLAR BABY BOOM
3 Hubble Space Telescope News: PRESS RELEASE
 NO.: STScI-PR95-44
4 Hubble Space Telescope News v. 15. April 1996
5 Astro-Files – A History of the Crab Nebula, AURA/
 NASA

Erst durch Hubble aufgespürt: Planetenwiegen im fernen Weltall

1 Hubble Space Telescope News vom 20. Nov. 1995, zur Verfügung gestellt vom MPI über die Redaktion des Magazins für Grenzwissenschaften. Kontaktadresse: Herr Eugen Hintschges, Pressereferat der Max-Planck-Gesellschaft, Generalverwaltung der Max-Planck-Gesellschaft, Hofgartenstraße 2, 80539 München

Gerade erst entdeckt: Planeten in fernen Sonnensystemen

1 Skyweek 42-43/1995
2 Keller 1996
3 Skyweek 42-43/1995
4 Keller 1997
5 Skyweek 46/1995
6 Skyweek 3/1996
7 Skyweek 3/1996
8 Skyweek 5/1996
9 Skyweek 23-24/1996
10 Skyweek 40-43/1996

Der Stern, der erdähnliche Planeten besitzen könnte – Beta Pictoris

1 Hubble Space Telescope News vom 17. Januar 1997

Warum überhaupt? Und wie fing alles an?

1 Gaebert 1974
2 siehe hierzu Hubble Space Telescope News vom 19. November 1996
3 Informationsblatt der FAS-Berlin, Ausgabe 2

Projekte, die außerirdisches Leben aufspüren sollen
1 s. Hermann 1981
2 Chris Dimperl in: UFO-Report 4/1996
3 Hans-Jörg Vogel in: Unknown Reality 7/96
4 Keller 1991
5 s. Keller 1991
6 FAS-Info 1/1996
7 s. Georg Lorbertz in: Challenge 3/1995

Kann eine Kommunikation überhaupt je zustande kommen?
1 s. Keller: Das Himmelsjahr 1992
2 FAS-Info 2/96

Die Probleme der Kommunikation
1 Drake: Signale von anderen Welten
2 s. Materialsammlung: Zeitreisen, Beitrag von Timothy Ferris

Die Idee der Prä-Astronautik
1 nach Ulrich Magin in: Magazin für Grenzwissenschaften Nr. 17
2 Zecharia Sitchin 1989
3 Skyweek 2/1997

Die Sache mit den UFOs
1 Roland M. Horn: Wie die Untertassen fliegen lernten. Plaidt 1997. Die Fallstatistik der Gesellschaft zur Untersuchung des UFO-Phänomens finden Sie im »Journal für UFO-Forschung« Ausgabe 5/1996

Register